大 学 化 学

第 2 版

刘 霞 主编

中国农业大学出版社
·北京·

内 容 简 介

　　本教材是为高等农林院校工科各专业化学基础课而编写的。全书共 10 章,分别是原子结构与元素周期系、分子结构、溶液和胶体、化学反应速率、化学热力学基础与化学平衡、溶液中的离子平衡、化学与材料、能源化学、化学与生命、绿色化学等。

　　本教材可作为高等院校工科各专业化学基础课教材,也可供相关专业技术人员参考。

图书在版编目(CIP)数据

大学化学/刘霞主编. —2 版. —北京:中国农业大学出版社,2017.12
ISBN 978-7-5655-1925-3

Ⅰ.①大… Ⅱ.①刘… Ⅲ.①化学-高等学校-教材 Ⅳ.①O6

中国版本图书馆 CIP 数据核字(2017)第 265496 号

书　名 大学化学　第 2 版	
作　者 刘　霞　主编	
策划编辑 刘　军　张　蕊	**责任编辑** 张　蕊
封面设计 郑　川	
出版发行 中国农业大学出版社	
社　址 北京市海淀区圆明园西路 2 号	**邮政编码** 100193
电　话 发行部 010-62818525,8625	**读者服务部** 010-62732336
编辑部 010-62732617,2618	**出　版　部** 010-62733440
网　址 http://www.caupress.cn	**E-mail** cbsszs @ cau.edu.cn
经　销 新华书店	
印　刷 涿州市星河印刷有限公司	
版　次 2017 年 12 月第 2 版　　2017 年 12 月第 1 次印刷	
规　格 787×980　16 开本　　16 印张　　300 千字	
定　价 38.00 元	

图书如有质量问题本社发行部负责调换

第 2 版编写人员

主　　编　　刘　霞（中国农业大学）

参编人员　　张增强（西北农林科技大学）

　　　　　　孟　磊（河南农业大学）

　　　　　　王作山（中北大学）

第 1 版编写人员

主　　编　　刘　霞（中国农业大学）

副 主 编　　张增强（西北农林科技大学）

参编人员　　孟　磊（河南农业大学）

王作山（中北大学）

第2版前言

大学化学是高等农林院校水利、土建和机电等工科各专业本科生必修的重要基础课。编者根据多年的教学经验和取得的教学研究成果,2006年7月由中国农业大学、西北农林科技大学、河南农业大学和中北大学等院校共同策划,编写了第1版教材。根据新版培养方案的需要,于2017年对原有教材进行修订更新,组织编写了第2版教材。

本教材以化学基础理论为起点,首先介绍了原子结构、分子结构、溶液和胶体、化学反应速率、化学热力学基础与化学平衡以及溶液中的离子平衡,对于基础理论和基础知识的阐述力求精简,做到言简意赅。接着对于材料、能源和生命等化学应用知识的介绍,力求阐明化学与其他学科的关系和在社会中所处的地位和作用,并侧重强化化学知识在实际中的运用,以激发学生的学习兴趣,培养学生分析问题和解决问题的能力。本教材的突出特点为追踪化学学科的最新发展动向,及时反映化学领域的前沿知识,以开阔学生的视野。

第2版教材在第1版教材基础上增加了溶液与胶体一章并附新版元素周期表,同时对附录内容进行了相关修订。

本书由中国农业大学刘霞担任主编,参加本书编写的有中国农业大学刘霞(第1、2、3、6、10章),河南农业大学孟磊(第4章),西北农林科技大学张增强(第5、9章),中北大学王作山(第7、8章)。全书由刘霞统稿。

在本书的编写过程中,曾得到北京理工大学冯长根教授、西北农林科技大学李华教授、中北大学胡双启教授、河南理工大学景国勋教授的热情帮助和大力支持。河南农业大学李鑫博士为本书编写做了很多辅助性工作。在此一并表示衷心的感谢。

另外,本书编写还参考和引用了参考文献中的有关内容,在此对相关作者和出版社表示诚挚的谢意。

由于作者水平有限,书中疏漏和错误之处在所难免,恳请广大读者批评指正。

编　者

2017年7月于北京

第 1 版前言

大学化学是高等农林院校水利、土建和电子等工科各专业本科生必修的重要基础课。编者根据多年的教学经验和取得的教学研究成果,2006 年 7 月由中国农业大学、西北农林科技大学、河南农业大学和中北大学等院校共同策划,编写了本教材。

本教材以化学基础理论为起点,首先介绍了原子结构、分子结构、化学反应速率、化学热力学基础与化学平衡以及溶液中的离子平衡,对于基础理论和基础知识的阐述力求精简,做到言简意赅。而对于环境保护、材料、能源和生命等化学应用知识的介绍,力求阐明化学与其他学科的关系和在社会中所处的地位和作用,并侧重在强化化学知识在实际中的运用,以激发学生的学习兴趣,培养学生分析问题和解决问题的能力。本教材的突出特点为追踪化学学科的最新发展动向,及时反映化学领域的前沿知识,以开阔学生的视野。为此,编写了"绿色化学"一章,除了介绍绿色化学及其发展、绿色化学原理和绿色化学技术外,还重点介绍了绿色农药、生物柴油、可降解塑料和绿色洗衣粉等最新知识。

本书由中国农业大学刘霞担任主编,西北农林科技大学张增强担任副主编。参加本书编写的有中国农业大学刘霞(第 1、2、5、10 章),河南农业大学孟磊(第 3、6 章),西北农林科技大学张增强(第 4、9 章),中北大学王作山(第 7、8 章)。全书由刘霞统稿。

在本书的编写过程中,曾得到北京理工大学冯长根教授、西北农林科技大学李华教授、中北大学胡双启教授、河南理工大学景国勋教授的热情帮助和大力支持。河南农业大学李鑫博士为本书编写做了很多辅助性工作。中国农业大学出版社策划编辑刘军同志、责任编辑田树君同志为本书出版付出了辛勤的劳动。在此一并表示衷心的感谢。

另外,本书编写还参考和引用了参考文献中的有关内容,在此对相关作者和出版社表示诚挚的谢意。

由于作者水平有限,书中疏漏和错误之处在所难免,恳请广大读者批评指正。

编　者

2007 年 7 月于北京

目　录

1 原子结构与元素周期系

【知识要点】

1. 了解核外电子的运动特性,了解波函数、原子轨道、电子云等基本概念。

2. 了解 4 个量子数的物理意义和表述方法。

3. 掌握核外电子排布所遵循的基本原理和规则,能正确书写常见元素的核外电子排布式和价电子构型。

4. 了解原子结构与元素周期性的关系,了解元素按 s、p、d、ds、f 分区的情况。掌握原子半径、电离能、电子亲合能和电负性的递变规律。

原子是由原子核和电子组成的。在化学反应中,原子核并不发生变化,只是核外电子的运动状态发生变化。电子在原子核外的运动状态和该原子的化学性质是紧密相关的。了解原子的结构及其核外电子的运动规律,是认识物质性质及其变化规律必不可少的理论知识。

1.1　核外电子的运动特性

电子在原子核外的运动属于微观粒子的运动,它与宏观物体的运动规律有着显著的不同,具有能量量子化、波粒二象性和统计性重要特征。

1.1.1　量子化特性

氢原子是最简单的原子,因此研究核外电子的运动规律首先是从氢原子开始的。将高纯的低压氢气充入真空管中,然后施以高压使氢气放电,氢分子便离解为氢原子并激发而发光,光通过狭缝经三棱镜折射,得到一系列按波长次序排列的不连续的线状谱线,即氢原子光谱,见图 1-1。氢原子光谱在可见光区有 4 条明亮的谱线,分别标记为 H_{α},H_{β},H_{γ},H_{δ},波长依次为 656.3,486.1,434.0,410.2 nm。

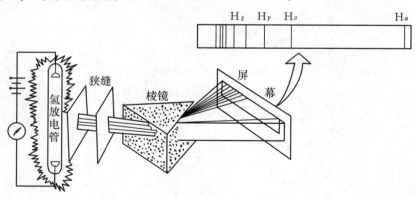

图 1-1　氢原子光谱实验示意图

为了解释氢原子线状光谱,1913 年,丹麦物理学家玻尔(N. Bohr)提出了氢原子结构的假设,即玻尔模型。他假设原子中的电子只能在固定的半径和确定能量的轨道上绕原子核做圆周运动,此时电子既不吸收能量也不释放能量,而是处于一种稳定状态,称为定态,而定态的半径和对应的能量只能是分立的数值,是量子化的。当电子从一个轨道跃迁到另一个轨道上时,就要吸收或释放能量,其能量为跃迁前后的两个轨道能量之差,由于电子运动时的能量是不连续的,所以氢原子光谱是线状光谱。

玻尔模型成功地解释了氢原子光谱以及类氢离子如 He^+、Li^{2+} 等的光谱。但无法解释多电子原子光谱,也不能解释氢原子光谱的精细结构,这是因为玻尔理论没有完全摆脱经典力学的束缚,认为电子在固定轨道上绕核运动是不符合微观粒子运动的特性。电子除了能量量子化的特性外,还具有波粒二象性的特征。

1.1.2　波粒二象性

电子等微观粒子的运动与宏观物体显著不同的是,既有粒子性又有波动性,这种特征称为微观粒子的波粒二象性。

1924 年,法国物理学家德布罗依(L. de. Broglie)在光的波粒二象性的启发下,大胆地提出了实物微粒(如电子、原子等)也具有波粒二象性的观点,认为实物微粒除具有粒子性外,还具有波的性质,并存在以下关系式:

$$\lambda = \frac{h}{P} = \frac{h}{mv} \tag{1-1}$$

此式称德布罗依关系式,式中:h 为普朗克常量,λ 为波长(德布罗依波长),m 为微粒的质量,v 为微粒的运动速度,P 为动量。

德布罗依关系式将实物微粒的粒子性(动量 P 是粒子性的特征)和波动性(波长 λ 是波动性的特征)通过普朗克常量 h 定量联系起来。

1927 年,美国物理学家戴维逊(C. T. Divission)和革麦(L. H. Germeer)用电子衍射实验完全证实了电子具有波动性,从而证实了德布罗依观点的正确性。一束电子流以一定速度穿过镍晶体(作为光栅),投射到照相底片上,得到一系列明暗交替的衍射圆纹,见图 1-2。根据电子衍射实验得到的电子波波长与按德布罗依

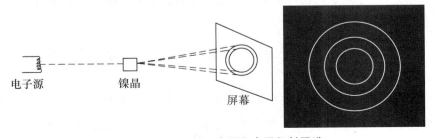

图 1-2　电子衍射示意图和电子衍射图谱

关系式计算出来的波长完全一致,由此证实了电子具有波动性的结论。随后实验证实质子、中子、原子、分子等微观粒子也同样都具有波动性。波粒二象性是电子等实物微粒运动的重要特征。

电子具有粒子性是比较容易理解的,具有波动性就不那么容易理解了。下面通过电子衍射实验来讨论实物粒子的波到底是怎样的一种波呢? 当用较强的电子流时,在很短的时间内便得到电子衍射图像;当改用很弱的电子流时,也可以得到同样的衍射图像,只是需要的时间较长。若改用单个的电子,随着时间的增加,在底片上则会出现一个一个斑点,表现粒子性,这些斑点并不重合,也看不出规律性。但时间足够长时,在底片上就会出现完整的衍射图像,这与用较强电子流得到的衍射图像一样。由此可见,电子波动性是大量电子运动所表现出来的性质,是遵守"统计性"规律的结果。

在电子衍射图像中,衍射强度大的地方,波的强度大,电子出现的几率大;衍射强度小的地方,波的强度小,电子出现的几率小。也就是说在空间任何一点处波的强度和电子在该处出现的几率成正比。因此,电子等实物粒子所表现的波动性是具有统计意义的几率波。

1.2　核外电子运动状态的描述

量子力学从微观粒子具有波粒二象性出发,认为微观粒子的运动状态可用波函数 ψ(读作波赛)来描述,它是空间坐标 x, y, z 的函数 $\psi(x, y, z)$,用来描述核外电子的运动状态。波函数是通过解薛定谔方程得到的。

1.2.1　波函数和原子轨道

1926 年,奥地利物理学家薛定谔(E. Schröding)提出了描述微观粒子运动状态的波动方程,建立了近代量子力学理论。波动方程又称薛定谔方程,它是二阶偏微分方程,其数学形式为:

$$\frac{\partial^2 \psi}{\partial x^2} + \frac{\partial^2 \psi}{\partial y^2} + \frac{\partial^2 \psi}{\partial z^2} + \frac{8\pi^2 m}{h^2}(E-V)\psi = 0 \tag{1-2}$$

式中:E 为体系的总能量;V 为体系的势能;m 为粒子的质量;h 为普朗克常量;x,y,z 为粒子的空间坐标;$\frac{\partial^2 \psi}{\partial x^2}, \frac{\partial^2 \psi}{\partial y^2}, \frac{\partial^2 \psi}{\partial z^2}$ 为微积分符号,它分别表示 ψ 对 x, y, z 的二阶偏导数。

解薛定谔方程,可以求出描述微观粒子运动状态函数式(波函数)和所对应的能量。一个波函数代表微观粒子的一种运动状态和与之相对应的能量,波函数也称原子轨道。

为了方便,解方程时一般先将空间直角坐标(x,y,z)变换成球坐标(r,θ,φ),两种坐标之间的关系,见图1-3。在求解过程中引入3个参数n,l,m。这样得到的ψ是包含3个常数项(n,l,m)和3个变量(r,θ,φ)的函数式,其通式为:

$$\psi_{n,l,m}(r,\theta,\varphi)=R_{n,l}(r)\cdot Y_{l,m}(\theta,\varphi) \tag{1-3}$$

式中:R为电子离核距离r的函数,所以$R_{n,l}(r)$称为波函数的径向部分;Y为角度θ,φ的函数,$Y_{l,m}(\theta,\varphi)$称为波函数的角度部分。

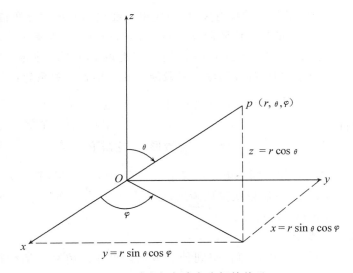

图 1-3　球坐标与直角坐标的关系

1.2.2　4 个量子数

解薛定谔方程,为了得到合理的解,需引入3个参数(n,l,m)并按一定的规则取值,这3个参数称为量子数。波函数ψ和3个量子数(n,l,m)的取值有关,其中n称为主量子数,l称为角量子数,m称为磁量子数。要保证波函数有确定的物理意义,n,l,m3个量子数的取值规则如下:

$n=1,2,3,4,\cdots,\infty$;

$l=0,1,2,3,\cdots,n-1$;　　　　　　　　共取 n 个数值

$m=0,\pm1,\pm2,\pm3,\cdots,\pm l;$　　　共取 $(2l+1)$ 个数值

1.2.2.1　主量子数 n

主量子数 n 表示电子在核外出现几率最大区域离核的平均距离,是决定原子轨道能量高低的主要因素。对于单电子来说,其能量只由 n 决定,n 相同,能量就相同。n 只能取 $1,2,3,4,\cdots$ 等正整数。n 值越大,电子离核的平均距离越远,能量越高。n 值表示电子层,与 n 值相对应的电子层符号为:

n　　　　　　　　　　　1　2　3　4　5　6　7 …
电子层符号　　　　　　　K　L　M　N　O　P　Q …

1.2.2.2　角量子数 l

角量子数 l 与电子的角动量有关,即决定电子在空间的角度分布情况,确定原子轨道的形状。l 的取值受 n 值限制,l 可取 $0,2,3,\cdots,n-1$,共有 n 个取值。例如当 $n=2$ 时,l 只能取 $0,1$ 两个值;当 $n=3$ 时,l 只能取 $0,1,2,3$ 个值。每个 l 值表示一个亚层。l 值与其相应的光谱学符号及原子轨道形状的关系为:

l　　　　　　　　0　　　　1　　　　2　　　　3　　　　4
光谱符号　　　　　　s　　　　p　　　　d　　　　f　　　　g
原子轨道形状　　　　球形　　哑铃形　　花瓣形

n 值相同,l 值不同时,同一电子层又形成若干个电子亚层,其中 s 亚层离核最近,能量最低;p,d,f,g 亚层依次离核渐远,能量依次升高。在多电子原子中,原子轨道的能量是由 n 和 l 共同决定的。

1.2.2.3　磁量子数 m

磁量子数 m 描述原子轨道在空间伸展方向。可用来解释光谱线在磁场中的分裂现象。

m 的取值受 l 的限制,取值为 $0,\pm1,\pm2,\cdots,\pm l$,共有 $2l+1$ 个值。当 $l=0$ 时,$m=0$,即 s 轨道只有一种空间取向(球对称形,没有方向性);当 $l=1$ 时,$m=+1,0,-1$,p 轨道有 3 种空间取向,分别为 p_x,p_y,p_z;当 $l=2$ 时,$m=+2,+1,0,-1,-2$,d 轨道有 5 种空间取向,分别为 $d_{z^2},d_{xy},d_{yz},d_{xz},d_{x^2-y^2}$。

通常把 n,l 和 m 确定的电子运动状态称原子轨道。s 只有一个原子轨道,p 亚层有 3 个轨道(p_x,p_y,p_z),d 亚层有 5 个轨道($d_{z^2},d_{xy},d_{yz},d_{xz},d_{x^2-y^2}$),f 亚层有 7 个轨道,见表 1-1。

表 1-1 量子数与原子轨道

n	l	轨道	m	轨道数	
1	0	1s	0	1	1
2	0	2s	0	1 ⎱	4
2	1	2p	$+1,0,-1$	3 ⎰	
3	0	3s	0	1 ⎱	
3	1	3p	$+1,0,-1$	3 ⎬	9
3	2	3d	$+2,+1,0,-1,-2$	5 ⎰	
4	0	4s	0	1 ⎱	
4	1	4p	$+1,0,-1$	3 ⎬	16
4	2	4d	$+2,+1,0,-1,-2$	5 ⎬	
4	3	4f	$+3,+2,+1,0,-1,-2,-3$	7 ⎰	

从表 1-1 可见,磁量子数不影响原子轨道的能量。n 相同,l 相同的原子轨道能量是相等的,称等价轨道或简并轨道。如 $l=1$ 有 3 个简并轨道(p_x,p_y,p_z),$l=2$ 有 5 个简并轨道(d_{xy},d_{yz},d_{xz},$d_{x^2-y^2}$,d_{z^2}),$l=3$ 有 7 个简并轨道,而各电子层的轨道数为 n^2。

1.2.2.4 自旋量子数 m_s

自旋量子数 m_s 表示电子的自旋运动。它不是解薛定谔方程得到的,而是为了说明光谱的精细结构提出来的。电子除绕核旋转外,还绕自身的轴做自旋运动,自旋运动也是量子化的。自旋量子数 m_s 取值为 $+\frac{1}{2}$ 和 $-\frac{1}{2}$,表示电子的两种不同状态,常用正、反箭头表示,即"↑"和"↓"。

1.2.3 波函数、原子轨道和电子云

1.2.3.1 波函数和原子轨道

原子核外电子的运动状态用波函数描述。一个波函数 $\psi_{n,l,m}(r,\theta,\varphi)$ 对应一个原子轨道。原子轨道的大小、形状及空间取向由 n,l,m 确定。另外,也可以用图形表示,由于图形具有直观、形象、分布突出等优点,广泛应用在物质结构的研究中。

在球坐标中,波函数 $\psi_{n,l,m}(r,\theta,\varphi)$ 解离成角度部分 $Y_{l,m}(\theta,\varphi)$ 和径向分布 $R_{n,l}(r)$ 的乘积。以 $R(r)$ 对 r 作图,表示任何角度方向上 $R(r)$ 随 r 的变化,就得到原子轨道的径向分布图。以 $Y_{l,m}(\theta,\varphi)$ 随 θ 和 φ 变化所得的图像,称为原子轨道角度部分图。s,p,d 原子轨道角度分布图见图 1-4。

注意:原子轨道分布图中的"+""−"不是正、负电荷的含义,而是表示 $Y_{l,m}$ (θ,φ) 数值是正值、负值。它表示原子轨道角度分布图形的对称关系。符号相同,对

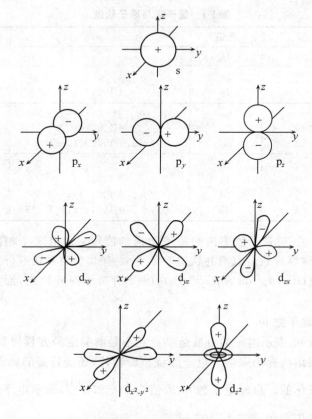

图 1-4　s,p,d 原子轨道角度分布图

称性相同;符号相反,对称性不同。原子轨道角度分布图的正、负号对化学键的形成有重要意义。从图 1-4 可以看出,p_x,p_y,p_z 轨道的角度分布图相似,只是对称轴分别为 x,y,z 而已,d 轨道的角度分布图除 d_{z^2} 外,其余的 4 个图形相似,只是伸展方向不同。f 轨道角度分布图在此不做介绍。

1.2.3.2　几率密度和电子云

在经典物理学中,波函数绝对值的平方是波的强度。德国物理学家波恩(Born)用类比的方法,指出 $|\Psi|^2$ 与电子在空间某处出现的概率密度成正比。为了直观起见,用小黑点的疏密程度表现电子在核外出现的概率密度大小。电子出现概率密度大的地方用密集的小黑点表示,电子出现概率密度小的地方用稀疏的小黑点表示,这样得到的图像称为电子云。它是电子在核外空间各处出现几率密度大小的形象化描述,电子的概率密度又称电子云密度。氢原子 1s 电子云见图 1-5。

从图 1-5 可见,电子的几率密度随离核距离的增大而减小,在单位体积出现的几率以接近原子核处为最大。s,p,d 轨道的电子云角度分布图见图 1-6。原子轨道角度分布图和电子云角度分布图基本相似,区别有两点:①原子轨道角度分布图有正、负之分,电子云角度分布图全部为正值,这是由于 Y 平方后,总是正值。②电子云角度分布图比原子轨道角度分布图"瘦"些,这是 Y 值是小于 1 的,因此 Y^2 一定是小于 1 的。

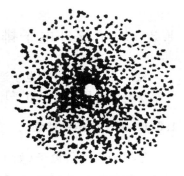

图 1-5 1s 电子云

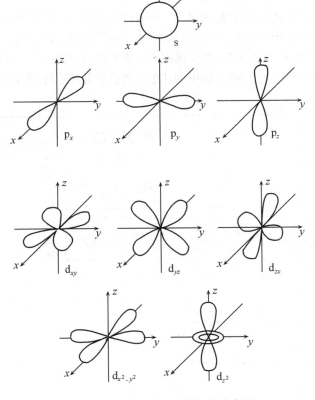

图 1-6 s,p,d 电子云的角度分布图

1.3　原子核外电子排布和元素周期律

　　氢原子核外的一个电子通常位于基态的 1s 轨道上。除氢以外,其他元素的原子都是多电子原子。多电子原子的核外电子是按能级顺序进行排布的。

1.3.1　原子轨道的能级

　　氢原子或类氢离子(如 He^+,Li^{2+},Be^{3+},B^{4+} 等)核外只有一个电子,原子基态、激发态的能量只决定于主量子数,与角量子数无关。而多电子原子的能级是由主量子数和角量子数共同决定的。

1.3.1.1　多电子原子轨道的能级

　　1939 年,美国著名化学家鲍林(L. Pauling)根据原子光谱实验结果以及理论推算,总结出多电子原子轨道能级相对高低顺序,并用图近似地表示出来,该图称鲍林原子轨道近似能级图,见图 1-7。图中圆圈表示原子轨道,其位置的高低表示各轨道能量的相对高低,图中每一个虚线方框中的几个轨道能量是相近的,称为一个能级组。

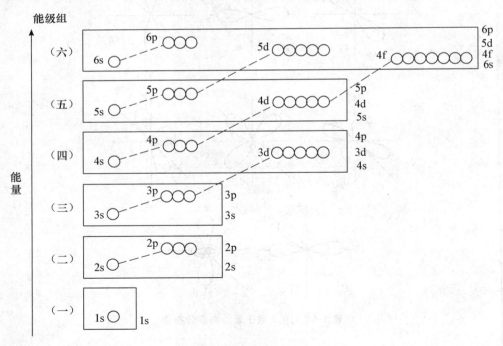

图 1-7　鲍林近似能级图

由图 1-7 可见,轨道能量高低有如下规律:

(1)角量子数 l 相同时,主量子数 n 越大,轨道能量越高。如:

$$E_{1s} < E_{2s} < E_{3s} < \cdots$$
$$E_{2p} < E_{3p} < E_{4p} < \cdots$$

(2)主量子数 n 相同时,角量子数 l 越大,轨道能量越高。如:

$$E_{ns} < E_{np} < E_{nd} < E_{nf} < \cdots$$

这种现象称为能级分裂。

(3)主量子数 n 和角量子数 l 都不同时,用“$n+0.7l$”来判断能量的高低,“$n+0.7l$”值越大,能级越高。如:

$$E_{4s} < E_{3d}$$
$$E_{6s} < E_{4f} < E_{5d} < E_{6p}$$

这种现象称为能级交错。

多电子原子的能级分裂和能级交错现象可以用屏蔽效应和钻穿效应来解释。

1.3.1.2　屏蔽效应和钻穿效应

(1)屏蔽效应　在多电子原子中,电子不仅受到原子核的吸引,也要受到其他电子的排斥作用。某一电子受其他电子的排斥作用消弱了原子核对该电子的吸引作用,使有效核电荷降低,此作用称为屏蔽效应。可表示为

$$Z^* = Z - \sigma \tag{1-4}$$

式中:Z 为核电荷;Z^* 为有效核电荷;σ 为屏蔽常数,为被抵消掉的核电荷。

σ 值可根据斯莱脱(J. C. Slater)提出的经验规则进行计算,其规则如下:

①外层电子对内层电子的 $\sigma = 0$;

②同层电子间的 σ 为 0.35,但 1s 上的电子间的 σ 为 0.30;

③$(n-1)$ 层对 n 层电子的 σ 为 0.85,$(n-2)$ 层或更内层电子对 n 层电子的 σ 均为 1.00。

【例 1-1】　分别计算钾原子中一个 4s 电子和 3d 电子的有效核电荷。

解:钾原子 4s 电子,其有效核电荷为

$$Z^* = Z - \sigma = 19 - (0.85 \times 8 + 1.00 \times 10) = 2.20$$

钾原子 3d 电子,其有效核电荷为

$$Z^* = Z - \sigma = 19 - 1.00 \times 18 = 1.00$$

　　计算表明,4s 电子的有效核电荷比 3d 电子大,说明 4s 轨道能量比 3d 轨道能量低。屏蔽效应很好地解释了能级交错现象。

　　(2)钻穿效应　由于电子运动具有波动性,离核较远的电子可钻到离核较近的地方,从而靠近原子核,这种现象称为钻穿效应。钻穿结果降低了其他电子对该电子的屏蔽作用,起到了增加有效核电荷、降低电子能量的作用。电子钻得越深,电子的能量越低。

　　钻穿能力的大小与主量子数 n 和角量子数 l 有关。当主量子数 n 相同时,角量子数 l 越大,钻穿能力越小。例如,4s,4p,4d,4f 钻穿能力的大小可以从径向分布图(图 1-8)看出。由图可见,4s 有 4 个峰,4s 电子钻穿作用大;4p 有 3 个峰,钻穿作用小于 4s;4d 有 2 个峰,钻穿作用更小;4f 只有 1 个峰,几乎不存在钻穿作用。钻穿效应实质上是由于 s,p,d,f 等径向分布不同引起的能量效应,从而导致能级分裂。

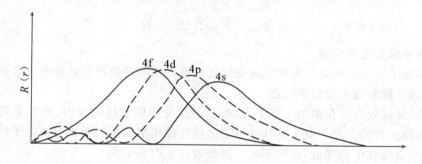

图 1-8　4s,4p,4d,4f 的径向分布图

　　屏蔽效应和钻穿效应是从两个侧面描述多电子原子中电子之间的相互作用对轨道能级的影响。因此,能级交错现象同样可以用钻穿效应来解释。

1.3.2　原子核外电子的排布

1.3.2.1　原子核外电子排布的原则

　　根据光谱实验结果和量子力学理论,核外电子排布要遵循以下 3 个最基本的原则。

　　(1)泡利不相容原理　1925 年泡利(Pauli)提出,在同一原子中不可能有 4 个量子数完全相同的电子。也可表述为,在同一原子轨道中最多可容纳两个自旋相反的电子。

　　(2)能量最低原理　在不违背泡利不相容原理的前提下,核外电子在各原子轨道的排布方式应使整个原子的能量处于最低状态。

　　(3)洪特规则　1925 年洪特(Hund)根据大量光谱实验数据指出,电子在等价轨道上排布时,尽量分占不同的轨道,且自旋方向相同。例如,p 轨道上有 3 个电子时,这 3 个电子以自旋方向相同的方式分别进入 3 个 p 轨道上,这样的排布可使原子处于最低能量状态。

作为洪特规则的特例,当等价轨道在全空(p^0,d^0,f^0)、全满(p^6,d^{10},f^{14})、半充满(p^3,d^5,f^7)时,原子体系的能量最低。

1.3.2.2 核外电子排布式

根据原子核外电子排布原则和鲍林原子轨道近似能级图,可以得到基态原子的电子排布式。电子在核外的排布常称为电子层结构或电子层构型,简称电子结构或电子构型。通常电子结构有 3 种表示方法。

(1)电子排布式 按电子在原子核外各亚层中分布的情况表示,在亚层符号的右上角注明排列的电子数。如:

$$_{12}Mg \quad 1s^2 2s^2 2p^6 3s^2$$
$$_{33}As \quad 1s^2 2s^2 2p^6 3s^2 3p^6 4s^2 3d^{10} 4p^3$$

习惯上把主量子数相同的亚层写在一起,因此砷电子排布式应为 $1s^2 2s^2 2p^6 3s^2 3p^6 3d^{10} 4s^2 4p^3$。

为了简化原子的电子结构,可以用"原子实"代替部分内电子层构型,即用加方括号的稀有气体符号代替和稀有气体具有相同结构的部分内电子层构型。镁、砷的电子排布式可简写成:

$$_{12}Mg \quad [Ne]3s^2$$
$$_{33}As \quad [Ar]4s^2 4p^3$$

特别指出,有些原子的电子排布既不符合鲍林原子轨道近似能级图排布顺序,又不符合洪特规则,如 $_{41}Nb$,$_{45}Th$,$_{78}Pt$ 等,但这些元素的电子排布式是由光谱实验得到的,应以实验为准。

化学反应中参与成键的电子构型,称价电子构型。对于主族元素来说,价电子构型就是最外层电子构型。对于副族元素来说,则为最外层的 ns 和次外层的 $(n-1)d$ 或最外层的 ns 和次外层的 $(n-1)d$ 及倒数第 3 层的 $(n-2)f$。元素的化学性质主要决定于价电子,价电子构型上的电子即为价电子。

比如:Mg 的价电子构型为 $3s^2$,价电子数为 2;

Cr 的价电子构型为 $3d^5 4s^1$,价电子数为 6。

(2)轨道表示式 按电子在核外原子轨道中的分布情况表示。用一个圆圈或

一个方格表示一个原子轨道,简并轨道的方格要连在一起。用"↑"或"↓"表示电子的自旋状态。例如:

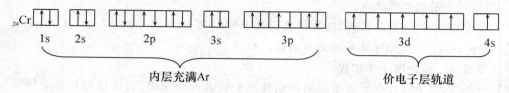

内层充满用原子实表示,价电子层轨道才是元素原子的特征轨道,$_{24}$Cr 可写成:

$_{24}$Cr　[Ar] ⊞⊞⊞⊞⊞　⊞
　　　　　　　　3d　　　　4s

（3）量子数表示法　按电子所处的状态用整套量子数表示。原子核外电子的运动状态是由 4 个量子数确定的。

如 $_7$N $2s^2 2p^3$,价电子用整套量子数表示为 $2,0,0,+\frac{1}{2}$;$2,0,0,-\frac{1}{2}$;$2,1,0,$ $+\frac{1}{2}\left(-\frac{1}{2}\right)$;$2,1,1,+\frac{1}{2}\left(-\frac{1}{2}\right)$;$2,1,-1,+\frac{1}{2}\left(-\frac{1}{2}\right)$。

1.3.3　原子的电子结构和元素周期系

根据原子核外电子排布原则和原子光谱实验结果,得到元素原子的电子构型,见表 1-2。

表 1-2　元素基态电子构型

周期	原子序数	元素符号	电子层																
			K	L		M			N				O				P		Q	
			1s	2s	2p	3s	3p	3d	4s	4p	4d	4f	5s	5p	5d	5f	6s	6p	6d	7s	7p
1	1	H	1																		
	2	He	2																		
2	3	Li	2	1																	
	4	Be	2	2																	
	5	B	2	2	1																
	6	C	2	2	2																
	7	N	2	2	3																
	8	O	2	2	4																
	9	F	2	2	5																
	10	Ne	2	2	6																

续表 1-2

周期	原子序数	元素符号	电子层																			
			K	L		M			N				O				P			Q	
			1s	2s	2p	3s	3p	3d	4s	4p	4d	4f	5s	5p	5d	5f	6s	6p	6d	7s	7p
3	11	Na	2	2	6	1															
	12	Mg	2	2	6	2															
	13	Al	2	2	6	2	1														
	14	Si	2	2	6	2	2														
	15	P	2	2	6	2	3														
	16	S	2	2	6	2	4														
	17	Cl	2	2	6	2	5														
	18	Ar	2	2	6	2	6														
4	19	K	2	2	6	2	6		1												
	20	Ca	2	2	6	2	6		2												
	21	Sc	2	2	6	2	6	1	2												
	22	Ti	2	2	6	2	6	2	2												
	23	V	2	2	6	2	6	3	2												
	24	Cr	2	2	6	2	6	5	1												
	25	Mn	2	2	6	2	6	5	2												
	26	Fe	2	2	6	2	6	6	2												
	27	Co	2	2	6	2	6	7	2												
	28	Ni	2	2	6	2	6	8	2												
	29	Cu	2	2	6	2	6	10	1												
	30	Zn	2	2	6	2	6	10	2												
	31	Ga	2	2	6	2	6	10	2	1											
	32	Ge	2	2	6	2	6	10	2	2											
	33	As	2	2	6	2	6	10	2	3											
	34	Se	2	2	6	2	6	10	2	4											
	35	Br	2	2	6	2	6	10	2	5											
	36	Kr	2	2	6	2	6	10	2	6											
5	37	Rb	2	2	6	2	6	10	2	6			1								
	38	Sr	2	2	6	2	6	10	2	6			2								
	39	Y	2	2	6	2	6	10	2	6	1		2								
	40	Zr	2	2	6	2	6	10	2	6	2		2								
	41	Nb	2	2	6	2	6	10	2	6	4		1								
	42	Mo	2	2	6	2	6	10	2	6	5		1								
	43	Tc	2	2	6	2	6	10	2	6	5		2								
	44	Ru	2	2	6	2	6	10	2	6	7		1								
	45	Rh	2	2	6	2	6	10	2	6	8		1								
	46	Pd	2	2	6	2	6	10	2	6	10										
	47	Ag	2	2	6	2	6	10	2	6	10		1								
	48	Cd	2	2	6	2	6	10	2	6	10		2								

续表 1-2

周期	原子序数	元素符号	电子层																		
			K	L		M			N				O				P			Q	
			1s	2s	2p	3s	3p	3d	4s	4p	4d	4f	5s	5p	5d	5f	6s	6p	6d	7s	7p
5	49	In	2	2	6	2	6	10	2	6	10		2	1							
	50	Sn	2	2	6	2	6	10	2	6	10		2	2							
	51	Sb	2	2	6	2	6	10	2	6	10		2	3							
	52	Te	2	2	6	2	6	10	2	6	10		2	4							
	53	I	2	2	6	2	6	10	2	6	10		2	5							
	54	Xe	2	2	6	2	6	10	2	6	10		2	6							
6	55	Cs	2	2	6	2	6	10	2	6	10		2	6			1				
	56	Ba	2	2	6	2	6	10	2	6	10		2	6			2				
	57	La	2	2	6	2	6	10	2	6	10		2	6	1		2				
	58	Ce	2	2	6	2	6	10	2	6	10	1	2	6	1		2				
	59	Pr	2	2	6	2	6	10	2	6	10	3	2	6			2				
	60	Nd	2	2	6	2	6	10	2	6	10	4	2	6			2				
	61	Pm	2	2	6	2	6	10	2	6	10	5	2	6			2				
	62	Sm	2	2	6	2	6	10	2	6	10	6	2	6			2				
	63	Eu	2	2	6	2	6	10	2	6	10	7	2	6			2				
	64	Gd	2	2	6	2	6	10	2	6	10	7	2	6	1		2				
	65	Tb	2	2	6	2	6	10	2	6	10	9	2	6			2				
	66	Dy	2	2	6	2	6	10	2	6	10	10	2	6			2				
	67	Ho	2	2	6	2	6	10	2	6	10	11	2	6			2				
	68	Er	2	2	6	2	6	10	2	6	10	12	2	6			2				
	69	Tm	2	2	6	2	6	10	2	6	10	13	2	6			2				
	70	Yb	2	2	6	2	6	10	2	6	10	14	2	6			2				
	71	Lu	2	2	6	2	6	10	2	6	10	14	2	6	1		2				
	72	Hf	2	2	6	2	6	10	2	6	10	14	2	6	2		2				
	73	Ta	2	2	6	2	6	10	2	6	10	14	2	6	3		2				
	74	W	2	2	6	2	6	10	2	6	10	14	2	6	4		2				
	75	Re	2	2	6	2	6	10	2	6	10	14	2	6	5		2				
	76	Os	2	2	6	2	6	10	2	6	10	14	2	6	6		2				
	77	Ir	2	2	6	2	6	10	2	6	10	14	2	6	7		2				
	78	Pt	2	2	6	2	6	10	2	6	10	14	2	6	9		1				
	79	Au	2	2	6	2	6	10	2	6	10	14	2	6	10		1				
	80	Hg	2	2	6	2	6	10	2	6	10	14	2	6	10		2				
	81	Tl	2	2	6	2	6	10	2	6	10	14	2	6	10		2	1			
	82	Pb	2	2	6	2	6	10	2	6	10	14	2	6	10		2	2			
	83	Bi	2	2	6	2	6	10	2	6	10	14	2	6	10		2	3			
	84	Po	2	2	6	2	6	10	2	6	10	14	2	6	10		2	4			
	85	At	2	2	6	2	6	10	2	6	10	14	2	6	10		2	5			
	86	Rn	2	2	6	2	6	10	2	6	10	14	2	6	10		2	6			

续表 1-2

周期	原子序数	元素符号	K	L		M			N				O				P			Q	
			1s	2s	2p	3s	3p	3d	4s	4p	4d	4f	5s	5p	5d	5f	6s	6p	6d	7s	7p
	87	Fr	2	2	6	2	6	10	2	6	10	14	2	6	10		2	4		1	
	88	Ra	2	2	6	2	6	10	2	6	10	14	2	6	10		2	5		2	
	89	Ac	2	2	6	2	6	10	2	6	10	14	2	6	10		2	6	1	2	
	90	Th	2	2	6	2	6	10	2	6	10	14	2	6	10		2	6	2	2	
	91	Pa	2	2	6	2	6	10	2	6	10	14	2	6	10	2	2	6	1	2	
	92	U	2	2	6	2	6	10	2	6	10	14	2	6	10	3	2	6	1	2	
	93	Np	2	2	6	2	6	10	2	6	10	14	2	6	10	4	2	6	1	2	
	94	Pu	2	2	6	2	6	10	2	6	10	14	2	6	10	6	2	6		2	
	95	Am	2	2	6	2	6	10	2	6	10	14	2	6	10	7	2	6		2	
	96	Cm	2	2	6	2	6	10	2	6	10	14	2	6	10	7	2	6	1	2	
	97	Bk	2	2	6	2	6	10	2	6	10	14	2	6	10	9	2	6		2	
7	98	Cf	2	2	6	2	6	10	2	6	10	14	2	6	10	10	2	6		2	
	99	Es	2	2	6	2	6	10	2	6	10	14	2	6	10	11	2	6		2	
	100	Fm	2	2	6	2	6	10	2	6	10	14	2	6	10	12	2	6		2	
	101	Md	2	2	6	2	6	10	2	6	10	14	2	6	10	13	2	6		2	
	102	No	2	2	6	2	6	10	2	6	10	14	2	6	10	14	2	6		2	
	103	Lr	2	2	6	2	6	10	2	6	10	14	2	6	10	14	2	6	1	2	
	104	Rf	2	2	6	2	6	10	2	6	10	14	2	6	10	14	2	6	2	2	
	105	Ha	2	2	6	2	6	10	2	6	10	14	2	6	10	14	2	6	3	2	
	106	Sg	2	2	6	2	6	10	2	6	10	14	2	6	10	14	2	6	4	2	
	107	Bh	2	2	6	2	6	10	2	6	10	14	2	6	10	14	2	6	5	2	
	108	Hs	2	2	6	2	6	10	2	6	10	14	2	6	10	14	2	6	6	2	
	109	Mt	2	2	6	2	6	10	2	6	10	14	2	6	10	14	2	6	7	2	
	110	Ds	2	2	6	2	6	10	2	6	10	14	2	6	10	14	2	6	8	2	
	111	Rg	2	2	6	2	6	10	2	6	10	14	2	6	10	14	2	6	10	1	
	112	Ch	2	2	6	2	6	10	2	6	10	14	2	6	10	14	2	6	10	2	
	113	Nh	2	2	6	2	6	10	2	6	10	14	2	6	10	14	2	6	10	2	1
	114	Fl	2	2	6	2	6	10	2	6	10	14	2	6	10	14	2	6	10	2	2
	115	Me	2	2	6	2	6	10	2	6	10	14	2	6	10	14	2	6	10	2	3
	116	Lv	2	2	6	2	6	10	2	6	10	14	2	6	10	14	2	6	10	2	4
	117	Ts	2	2	6	2	6	10	2	6	10	14	2	6	10	14	2	6	10	2	5
	118	Og	2	2	6	2	6	10	2	6	10	14	2	6	10	14	2	6	10	2	6

注：1. 单框中的元素是过渡元素；双框中的元素是镧系或锕系元素；

2. 在填充电子时，由于能级交错，3d 能级高于 4s；但当 4s 填充电子后，又因核和电子所组成的力场发生变化，4s 能级升高。因此失电子时，先失去 4s 电子，后失去 3d 电子。

1.3.3.1　原子的电子构型与周期的关系

周期表中的横行叫周期，一共有 7 个周期。元素在周期表中所处的周期数等于该元素原子的能级组数，等于该原子的电子层数，每个周期中元素的数目等于相应能级组中轨道所容纳电子的最大数，它们之间的关系见表 1-3。

表 1-3　各周期中元素的数目与能级组的关系

周期	能级组	能级组中的原子轨道	原子轨道数目	电子最大容纳量	元素数目
1	1	1s	1	2	2
2	2	2s2p	4	8	8
3	3	3s3p	4	8	8
4	4	4s3d4p	9	18	18
5	5	5s4d5p	9	18	18
6	6	6s4f5d6p	16	32	32
7	7	7s5f6d7p	16	32	32
8	8	8s5g7d8p	25	50	50

从表 1-3 可以看出,第一周期只有 2 个元素,称特短周期。第二、三周期为短周期,相应有 8 个元素。第四、五周期为长周期,相应有 18 个元素,第六、七周期为特长周期,相应有 32 个元素,第八周期出现 g 轨道,相应有 50 个元素。119 号元素是由俄美科学家合作发现,它是一种人工合成元素,至此开启了元素周期表的第八周期。

与短周期不同,长周期包含了过渡元素,即最后一个电子填入倒数第二层 $(n-1)$d 或倒数第三层 $(n-2)$f 轨道上的那些元素,即第四周期从钪(Sc)到锌(Zn)10 种元素;第五周期从钇(Y)到镉(Cd)10 种元素;第六周期从镧(La)、铪(Hf)到汞(Hg)10 种元素。这些都属于最后一个电子逐次填充到 d 轨道(3d,4d,5d)的元素,因此将第四、第五、第六周期的过渡元素分别称第一、二、三过渡系元素。

将第六周期的镧($Z=57$)到镥($Z=71$)共 15 个元素称为镧系元素;将第七周期的锕($Z=89$)到铹($Z=103$)共 15 个元素称为锕系元素。为了避免周期表过于冗长,将其另列两个横行置于周期表下方。

周期表中的周期是原子中电子能级组的反映,周期的本质是按原子中能级组数目不同对元素进行的分类。

1.3.3.2　原子的电子构型与族的关系

周期表中的纵行,称为族,一共有 18 个纵行。其中除铁、钌、锇;钴、铑、铱;镍、钯、铂 3 个纵行合为一族,称为第ⅧB族外,其余每一纵行为一族。凡包含短周期元素的各纵行,称为主族(A 族),共 8 个主族。仅包含长周期元素的各纵行,称为副族(B 族),共 8 个副族,见书后附表。

主族元素(ⅠA～ⅧA)的最外层电子数为族序数。ⅢB～ⅦB 族元素的价电子数即为其族数;ⅧB 族元素的价电子数为 8,9,10;而ⅠB,ⅡB 族的价电子数与其族数不完全相应,但族数却和最外层 ns 上电子数相同。

可见,价电子构型是周期表中元素分族的基础。周期表中"族"的实质是根据价电子构型的不同对元素进行的分类。

1.3.3.3　元素的分区

根据电子排布情况及元素原子的价电子构型,可以将周期表划分为 5 个区,见图 1-9。

s 区元素:最后一个电子填充在 ns 轨道上,氦(He)不包括在内。价电子构型为 $ns^{1\sim2}$,包括 I A 族,II A 族元素。

p 区元素:最后一个电子填充在 np 轨道上,价电子构型为 $ns^2 np^{1\sim6}$(氦为 $1s^2$),包括 III A~VIII A 族元素。

d 区元素:最后一个电子填充在 $(n-1)d$ 轨道上,价电子构型为 $(n-1)d^{1\sim9}$ $ns^{1\sim2}$,(Pd 为 $4d^{10}5s^0$),包括 III B~VIII B 族元素。

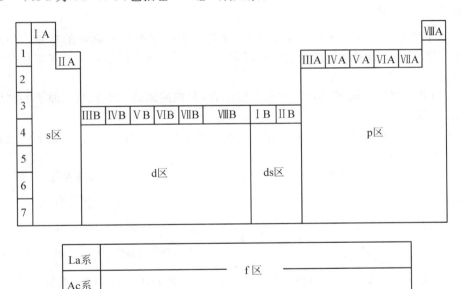

图 1-9　周期表元素分区示意图

ds 区元素:最后一个电子填充在 $(n-1)d$ 轨道上,并且达到 d^{10} 状态,价电子构型为 $(n-1)d^{10}ns^{1\sim2}$,包括 I B~II B 族元素。

d 区元素和 ds 区元素全部是过渡元素,包含了第一系列、第二系列、第三系列过渡元素。

f 区元素:最后一个电子填充在 $(n-2)f$ 轨道上,价电子构型为 $(n-2)f^{1\sim14}$ $(n-1)d^{10}ns^2$,包括镧系、锕系元素。

【例 1-2】 某元素的价电子构型为 $3d^6 4s^2$,请指出该元素在周期表中的位置。

　　解:因 3d 轨道未充满,可知最后一个电子是填充在 d 轨道上的,为 d 区元素。3d 加 4s 电子数总和为 8,为第ⅧB 族元素,最大主量子数为 4,故该元素为于第四周期第ⅧB 族。

1.4　原子结构与元素周期性

　　元素的性质决定于原子的结构。由于原子的电子层结构呈现周期性变化,因此元素原子的一些基本性质,如原子半径、电离能、电子亲合能、电负性等也随之呈现明显的周期性递变规律。

1.4.1　原子半径

　　原子半径的概念是比较模糊不清的,这是由于电子云没有确定的界面。一般的原子半径是指形成共价键或金属键时原子间接触所显示的半径。原子半径分为以下三种。

　　(1)共价半径　同种元素以共价单键结合,其核间距的一半就叫该原子的共价半径,见图 1-10。

　　(2)金属半径　在金属晶体中相邻的两个原子核间距的一半,叫该原子的金属半径,见图 1-11。

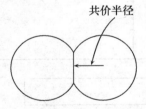

图 1-10　共价半径示意图

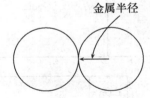

图 1-11　金属半径示意图

　　(3)范德华半径　在分子晶体中,相邻两个原子核间距的一半,叫该原子的范德华半径,见图 1-12。

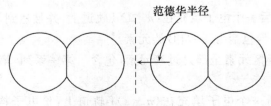

图 1-12　范德华半径示意图

原子半径的大小主要决定于原子的有效核电荷和核外电子层数。周期表中元素的原子半径数据见表1-4。

表 1-4　元素的原子半径(pm)

IA	IIA	IIIB	IVB	VB	VIB	VIIB	VIIIB	VIIIB	VIIIB	IB	IIB	IIIA	IVA	VA	VIA	VIIA	VIIIA
H 37.1																	He 54
Li 152.0/133.6	Be 111.3/90											B 98/79.5	C 91.4/77.2	N 92/54.9	O —/66	F —/64	Ne 71
Na 185.8/153.9	Mg 159.9/136											Al 143.2/118	Si 117.6/112.6	P 110.5/94.7	S 103/104	Cl —/99.4	Ar 98
K 227.2/196.2	Ca 197.4/174	Sc 164.1/144	Ti 144.8/132	V 131.1/122	Cr 124.9/118	Mn 136.6/117	Fe 124.1/117	Co 125.3/116	Ni 124.6/115	Cu 127.8/117	Zn 133.3/125	Ga 122.1/126	Ge 122.5/122	As 124.8/120	Se 116.1/117	Br —/114.2	Kr 112
Rb 247.5/216	Sr 215.2/191	Y 180.3/162	Zr 159.0/145	Nb 142.9/134	Mo 136.3/130	Tc 135.2/127	Ru 132.5/125	Rh 134.5/125	Pd 137.6/128	Ag 144.5/134	Cd 149.0/148	In 162.6/144	Sn 140.5/141	Sb 145/140	Te 143.2/137	I —/133.3	Xe 131
Cs 256.5/235	Ba 217.4/198	La 187.7/169	Hf 156.4/144	Ta 143/134	W 137.1/130	Re 137.1/128	Os 133.8/126	Ir 135.7/127	Pt 138.8/130	Au 144.2/134	Hg 150.3/149	Tl 170.4/148	Pb 175.0/147	Bi 154.8/146	Po 167.3/146	At (145)	Rn
Fr	Ra	Ac 187.8															

Ce 182.4/165	Pr 182.8/165	Nd 182.2/164	Pm —/163	Sm 180.2/162	Eu 198.3/185	Gd 180.1/161	Tb 178.3/159	Dy 177.5/159	Ho 176.7/158	Er 175.8/157	Tm 174.7/156	Yb 193.9/—	Lu 173.5/156
Th 179.8/165	Pa 160.6/—	U 138.5/142	Np 131	Pu 151.3/—	Am 173	Cm	Bk	Cr	Es	Fm	Md	No	Lr

第一行数据为金属半径；第二行数据为共价半径。

在周期表中元素的原子半径递变规律见图1-13所示。

(1)同周期元素的原子半径　短周期元素的原子半径随着原子序数的增加而逐渐减小。这是因为同周期元素电子层数相同,随着原子序数的增加,核电荷和有效核电荷是逐渐增加的,核对电子的吸引力逐渐增大,因而半径是逐渐减小的。每一周期末尾的稀有气体原子半径都特别大,这是由于稀有气体原子并没有形成化学键,其原子半径不是共价半径,而是范德华半径。

长周期的原子半径随着原子序数的增加而减小缓慢,到了ds区(如第四周期的Cu开始),原子半径反而略为增大,但随即又逐渐减小。这是因为在长周期的过渡元素的原子中,有效核电荷增大不多,因而原子半径减小缓慢。但到了长周期的后半

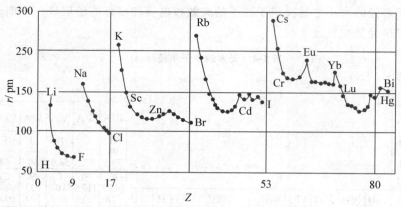

图 1-13　原子半径随原子序数的周期性变化

部,即ⅠB 开始,由于次外层电子全充满,增加的电子要填充在最外层,半径又略为增大。当电子继续填入最外层时,因有效核电荷的增加,原子半径又逐渐减小。

镧系元素从左到右,原子半径大体是逐渐减小的,且减小的幅度更小。这是因为增加的电子要填入倒数第三层$(n-2)$f 轨道上,由于 f 电子对外层电子的屏蔽作用更大,使得有效核电荷增加得更小,因此半径减小得幅度更加缓慢。镧系元素从镧到镥整个系列原子半径缩小不明显的现象称为镧系收缩。镧系以后的各元素,如铪(Hf)、钽(Ta)、钨(W)等,虽然增加了一个电子层,由于镧系收缩,原子半径相应缩小,致使它们的半径与第五周期的同族元素锆(Zr)、铌(Nb)、钼(Mo)十分接近,故锆和铪、铌和钽、钼和钨的性质也十分接近,在自然界中常共生在一起,难以分离。

(2)同族元素的原子半径　同主族元素,从上而下原子半径一般是增大的。这是因为从上而下电子层数是增加的,尽管核电荷也是增加的,但由于内层电子对外层电子的屏蔽作用,有效核电荷增加使半径缩小的作用不如因电子层增加而使半径增大所起的作用大,故总的结果就是原子半径由上至下加大。

同一副族元素,由上至下半径增大的幅度较小,特别是第五周期和第六周期的同族元素原子半径很相近,这就是镧系收缩效应所造成的。

1.4.2　电离能 I

基态气体原子最外层的一个电子变成气态 +1 价离子所需要的能量称为该元素原子的第一电离能,用符号 I_1 表示,如:

$$Na(g) - e \rightarrow Na^+(g); \quad I_1 = 495.8 \text{ kJ} \cdot \text{mol}^{-1}$$

失去第二个、第三个……电子所需要的能量,分别称第二、三……电离能。记

作 I_2,I_3…,各级电离能的大小顺序为 $I_1<I_2<I_3$…这是因为随着原子逐步失去电子所形成的离子正电荷越来越大,因而失去电子逐渐困难,需要的能量就越高。电离能单位为 $kJ \cdot mol^{-1}$。如果不注明,通常讲的电离能指的是第一电离能。各元素的第一电离能见表 1-5。

表 1-5　元素的第一电离能($kJ \cdot mol^{-1}$)

I A																	VIIIA
H 1 312.0	II A											IIIA	IV A	V A	VIA	VIIA	He 2 372.3
Li 520.3	Be 899.5											B 800.6	C 1 086.4	N 1 402.2	O 1 314.0	F 1 681.0	Ne 2 080.7
Na 495.8	Mg 737.7	IIIB	IVB	V B	VIB	VIIB	VIIIB			I B	II B	Al 577.6	Si 786.5	P 1 011.8	S 999.6	Cl 1 251.1	Ar 1 520.5
K 418.9	Ca 589.8	Sc 631	Ti 658	V 650	Cr 652.8	Mn 717.4	Fe 759.4	Co 736.7	Ni 745.5	Cu 906.4	Zn	Ga 578.8	Ge 762.2	As 944	Se 940.9	Br 1 399	Kr 1 350.7
Rb 403.0	Sr 549.5	Y 616	Zr 660	Nb 664	Mo 685.0	Te 702	Ru 711	Rh 720	Pd 805	Ag 731.0	Cd 867.7	In 558.3	Sn 708.6	Sb 831.6	Te 869.3	I 1 008.4	Xe 1 170.4
Cs 375.7	Ba 502.9	La 538.1	Hf 654	Ta 761	W 770	Re 760	Os 840	Ir 880	Pt 870	Au 890.1	Hg 1 007.0	Tl 589.3	Pb 715.5	Bi 703.3	Po 812	At 912	Rn 1 037.0
Fr	Ra 509.4	Ac 490															

Ce 528	Pr 523	Nd 530	Pm 536	Sm 543	Eu 547	Gd 592	Tb 564	Dy 572	Ho 581	Er 589	Tm 596.7	Yb 603.4	Lu 523.5
Th 590	Pa 570	U 590	Np 600	Pu 585	Am 578	Cm 581	Bk 601	Cf 608	Es 619	Fm 627	Md 635	No 642	Lr

注: 数据摘自 James Huheey E.inorganic Chemistry,Second Edition,Harper & Row,New York,1979。

电离能的大小反映了原子失去电子的难易。电离能越大,原子失去电子越难,电离能越小,原子失去电子越容易。电离能的大小主要决定于原子的有效核电荷、原子半径和原子的电子层结构。元素的第一电离能在周期和族中都呈现规律性的变化,见图 1-14。

电离能的变化规律如下:

(1)同周期元素的电离能　同一周期的主族元素,随着原子序数的增加,第一电离能是逐渐增大的。稀有气体由于具有稳定的结构,在第一周期中具有最高的第一电离能。在同一周期中,第一电离能的变化是曲折的,例如,第二周期中 Be 和 N

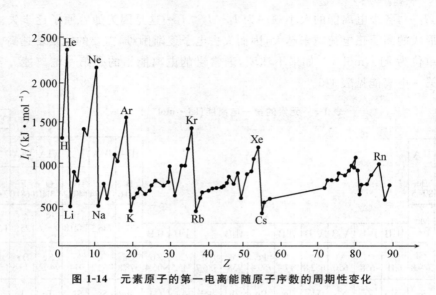

图 1-14　元素原子的第一电离能随原子序数的周期性变化

的第一电离能比后面相应的 B 和 O 的第一电离能反而要大,这是因为 Be 的价电子构型为 $2s^2$,N 的价电子构型为 $2s^2 2p^3$,处于全充满、半充满状态时,结构比较稳定,失去电子较难,因此其第一电离能比相邻的两个元素原子的第一电离能都大。

同一周期的过渡元素,随着原子序数的增加,电离能也是增加的,但增加幅度不如主族元素明显。其中镧系元素的电离能变化幅度更小。镧系元素均为活泼金属,性质十分相似,以致相互分离非常困难。

(2)同族元素的电离能　同一主族元素从上而下,电离能是逐渐减少的。周期表中第一电离能最小的为第 I A 族最下方的铯(Cs),它是最活泼的金属。在光照下,铯的最外层电子即可失去,因此常用铯作材料制造光电管、光电池。第一电离能最大的则为稀有气体氦(He)。

同一副族的过渡元素,从第一系列到第二系列,第一电离能是减少的。从第二系列到第三系列,第一电离能略有增加,这主要是由于镧系收缩致使第三系列元素原子半径与第二系列元素原子半径相近,而有效核电荷确实增大引起的。

1.4.3　电子亲合能 E_{ea}

基态气态原子得到一个电子形成气态的负一价离子时所放出的能量,称为该元素原子的电子亲合能,以符号 E_{ea} 表示,单位 $kJ \cdot mol^{-1}$。例如:

$$Cl(g) + e \Longrightarrow Cl^-(g) \qquad\qquad E_{ea} = 348.7 \ kJ \cdot mol^{-1}$$

$$S(g)+e \Longrightarrow S^-(g) \qquad E_{ea_1}=200.4\ \text{kJ}\cdot\text{mol}^{-1}$$

$$S^-(g)+e \Longrightarrow S^{2-}(g) \qquad E_{ea_2}=-590\ \text{kJ}\cdot\text{mol}^{-1}$$

电子亲合能也有第一、二、三等,如不注明,指的是第一电子亲合能。一般元素的第一电子亲合能为正值,而第二电子亲合能为负值,这是因为负离子获得电子时,需克服负电荷之间的排斥力,因而需要吸收能量。

电子亲合能的测定较为困难,数据不全可靠性又较差。多数元素原子的电子亲合能是通过间接法测定的。表1-6列出了一些元素原子的电子亲合能。

电子亲合能的大小反映了原子得电子的难易。电子亲合能越大,表明越容易得电子,反之亦然。电子亲合能的大小主要取决于原子的有效核电荷、原子半径和原子的电子构型。其变化规律如下:

表1-6　一些元素原子的电子亲合能($\text{kJ}\cdot\text{mol}^{-1}$)

I A																	VIIIA
H 72.9	II A											IIIA	IVA	V A	VIA	VIIA	He <0
Li 59.8	Be <0											B 23	C 122	N 0±22	O 141	F 322	Ne <0
Na 52.9	Mg <0	IIIB	IVB	V B	VIB	VIIB		VIIIB			I B	II B	Al 44	Si 120	P 74	S 200.4	Cl 348.7	Ar <0
K 48.4	Ca <0	Sc	Ti	V	Cr 63	Mn	Fe	Co	Ni 111	Cu 123	Zn	Ga 36	Ge 116	As 77	Se 195	Br 324.5	Kr <0
Rb 46.9	Sr	Y	Zr	Nb	Mo 96	Tc	Ru	Rh	Pd	Ag	Cd 126	In 34	Sn 121	Sb 101	Te 190.1	I 295	Xe <0
Cs 45.5	Ba	La Lu	Hf	Ta 80	W 50	Re 15	Os	Ir	Pt 205.3	Au 222.7	Hg	Tl 50	Pb 100	Bi 100	Po	At	Rn
Fr 44.0	Ra	Ac-Lr															

注:数据摘自James Huheey E .,Inorganic Chemistry,Second Edition,Harper & Row,New York,1979。

(1)同周期元素的电子亲合能　　同周期的元素随着原子序数的增加,电子亲合能是逐渐增大的。同周期内以卤素原子的电子亲合能最大。具有稳定结构的元素原子,如II A族元素原子(ns^2),II B族元素原子[$(n-1)d^{10}ns^2$]、稀有气体原子[ns^2np^6,He 为 ns^2],当它们结合一个电子时,进入较高能级的轨道,需要吸收能量,而不是放出能量,故其电子亲合能均为负值。同一周期中,氮族元素原子(ns^2np^3)的 p 轨道处于半满的稳定状态,因此同周期氮族元素原子的电子亲合能比相邻两元素原子的电子亲合能都要小。

(2)同族元素的电子亲合能　同主族元素,从上而下,电子亲合能逐渐减小,但每一族开头的第一个元素的电子亲合能并非为最大,如第二周期的 F,O,N 比第三周期的 Cl,S,P 元素原子的电子亲合能要小,这是因为 F,O,N 的原子半径特别小,电子云密度大,电子间有强烈的排斥作用,元素原子很难接受电子,因此要结合一个电子时放出的能量较小,电子亲合能小。

同一副族元素原子的电子亲合能数据很少,变化规律不明显。

1.4.4　电负性 X

1932 年,鲍林定义元素的电负性是原子在分子中吸引电子的能力,他指定氟的电负性是 4.0,并根据热化学数据比较各元素原子吸引电子的能力,得出其他元素的电负性 X,见表 1-7。元素的电负性数值愈大,表示原子在分子中吸引电子的能力愈强。

表 1-7　元素的电负性

I A																	VIII A
H 2.1	II A											III A	IV A	V A	VI A	VII A	He
Li 1.0	Be 1.5											B 2.0	C 2.5	N 3.0	O 3.5	F 4.0	Ne
Na 0.9	Mg 1.2	III B	IV B	V B	VI B	VII B		VIII B		I B	II B	Al 1.5	Si 1.8	P 2.1	S 2.5	Cl 3.0	Ar
K 0.8	Ca 1.0	Sc 1.3	Ti 1.5	V 1.6	Cr 1.6	Mn 1.5	Fe 1.8	Co 1.9	Ni 1.9	Cu 1.9	Zn 1.6	Ga 1.6	Ge 1.8	As 2.0	Se 2.4	Br 2.8	Kr
Rb 0.8	Sr 1.0	Y 1.2	Zr 1.4	Nb 1.6	Mo 1.8	Tc 1.9	Ru 2.2	Rh 2.2	Pd 2.2	Ag 1.9	Cd 1.7	In 1.7	Sn 1.8	Sb 1.9	Te 2.1	I 2.5	Xe
Cs 0.7	Ba 1.0	La~Lu 1.0~1.2	Hf 1.3	Ta 1.9	W 1.7	Re 1.9	Os 2.2	Ir 2.2	Pt 2.2	Au 2.4	Hg 1.9	Tl 1.8	Pb 1.9	Bi 1.9	Po 2.0	At 2.2	Rn
Fr 0.7	Ra 0.9	Ac~Lr 1.1~1.4															

注: 数据摘自 Pauling L., Pauling P.,Chemistry,1975。

在周期表中,电负性也呈现有规律的递变,见图 1-15。
其变化规律是:

(1)在同一周期中,从左至右元素的电负性递增;

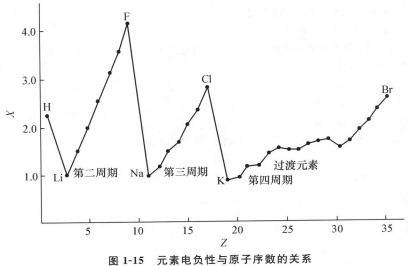

图 1-15　元素电负性与原子序数的关系

(2)在同一主族中,从上而下元素的电负性递减,而副族元素的电负性没有明显的变化规律,但第三过渡系列元素比第二过渡系列元素的电负性大。

电负性是表示原子对成键电子的吸引能力的大小,元素原子的电负性越大,元素的非金属性就越强。氟是非金属性最强的元素,铯是金属性最强的元素。一般来说,非金属元素的电负性大于 2.0,金属元素的电负性小于 2.0。以上只是一般情况,元素的金属性和非金属性并没有严格的界限。

习　题

1.判断下列说法是否正确?并改正过来。

(1)p 轨道是∞字形的,所以 p 电子是沿着∞字形轨道运动的;

(2)电子云图中黑点越密之处表示那里的电子越多;

(3)氢原子中原子轨道的能量由主量子数 n 来决定;

(4)磁量子数为零的轨道都是 s 轨道。

2.用原子轨道符号表示下列各套量子数。

(1)$n=3,l=1,m=-1$;(2)$n=6,l=0,m=0$;(3)$n=4,l=2,m=1$。

3.下列轨道哪些是不可能存在的,说明原因。

(1)3f;(2)2d;(3)7s;(4)1p。

4.下列基态原子的电子排布各违背了什么原理?请写出正确的电子排布式。

(1)$_3$Li　$1s^3$;(2)$_7$N　$1s^2 2s^2 2p_x^2 2p_y^1$;(3)$_4$Be　$1s^2 2p^2$。

5. 写出具有下列原子序数的原子核外电子排布式、轨道表示式,并指出该元素在周期表中的位置(周期、族),元素名称和元素符号。

(1)$Z=11$;   (2)$Z=20$;   (3)$Z=24$;   (4)$Z=29$。

6. 已知下列元素在周期表中的位置如下,写出它们的价电子构型及元素符号。

(1)第二周期第ⅡA族;

(2)第四周期第ⅦB族;

(3)第四周期第ⅦA族;

(4)第五周期第ⅢA族。

7. 按原子半径的大小排列下列等电子离子,并说明理由。

F^-,O^{2-},Na^+,Mg^{2+},Al^{3+}。

8. 对下列各组原子轨道填充合适的量子数:

(1)$n=($)$,l=($)$,m=2,m_s=+\dfrac{1}{2}$;

(2)$n=2,l=($)$,m=1,m_s=-\dfrac{1}{2}$;

(3)$n=4,l=0,m=($)$,m_s=+\dfrac{1}{2}$;

(4)$n=1,l=0,m=0,m_s=($)。

9. 按第一电离能大小排列各组元素。

(1)C、N、O;(2)He、Ne、Ar;(3)Ni、Cu、Zn。

10. 比较 Si,Ge,As 三元素。

(1)金属性;(2)电离能;(3)电负性;(4)原子半径。

11. 根据原子结构理论,预测电子开始填充 5 g 轨道时,元素的原子序数为多少?

2　分子结构

【知识要点】

1. 掌握离子键、共价键的概念及其特点，了解价键理论的基本要点。
2. 了解杂化轨道理论的基本内容，能够用杂化轨道理论解释分子的空间构型。
3. 了解分子间力、氢键的概念以及分子间力、氢键对物质性质的影响。
4. 了解不同类型晶体的基本特征和它们之间的区别。

　　分子是由原子组成的,分子是保持物质化学性质的最小微粒,是参与化学反应的基本单元。物质的性质主要取决于分子的结构;因此研究分子的结构,对于了解物质的性质和化学反应规律,具有很重要的意义。分子或晶体中直接相邻的原子间的强烈相互作用力,称为化学键。根据分子或晶体中原子间结合力的不同,把化学键可分为离子键、共价键、金属键等。

　　本章将在原子结构的基础上,重点介绍离子键、共价键以及价键理论、杂化轨道理论。另外,对分子间作用力,氢键以及分子结构与物质性质的关系等作简要介绍。

2.1　离子键理论

　　1916 年,德国化学家科塞尔(Kossel)根据稀有气体原子具有稳定结构的事实提出了离子键理论。

2.1.1　离子键的形成

　　电负性小的金属原子和电负性大的非金属原子化合时,金属原子易失去电子形成正离子,非金属原子易得电子形成负离子,正、负离子都具有类似稀有气体原子的稳定结构。正、负离子间由于静电引力相互靠近,达到一定距离时体系出现能量最低点,形成离子键。

　　由原子间得失电子后靠正、负离子之间的静电引力形成的化学键称为离子键。由离子键形成的化合物叫离子化合物。

2.1.2　离子键的特点

　　离子键的本质是静电引力。原子得失电子形成正、负离子后,依靠静电引力将它们结合在一起。离子电荷的分布是球形对称的,只要空间条件允许,一个离子在空间的任何方向上都可以吸引带相反电荷的离子,所以离子键没有方向性和饱和性。

2.1.3　离子键的强度

　　离子键的强度可用晶格能来衡量。晶格能是表示相互远离的气态正离子和气态负离子结合成 1 mol 离子晶体时释放的能量。符号为 U,单位 kJ·mol^{-1}。例如,下列离子晶体的晶格能为:

$$m\mathrm{M}^{n+}(\mathrm{g}) + n\mathrm{X}^{m-}(\mathrm{g}) = \mathrm{M}_m\mathrm{X}_n(\mathrm{s}); \quad \Delta_r H_m^{\ominus} = U$$

常用晶格能来比较离子键的强度和晶体的稳定性。对于同类型的离子晶体,晶格能与正、负离子电荷数成正比,与正负离子核间距成反比。晶格能越大,离子键强度越大,离子晶体越稳定,熔点越高,硬度越大。例如,MgO 和 CaO 属于 NaCl 型晶体,正、负电荷相同,MgO、CaO 核间距分别为 210 pm、240 pm,因此 MgO 的晶格能比 CaO 的大,分别为 3 791 kJ·mol^{-1}、3 401 kJ·mol^{-1},故 MgO 熔点比 CaO 高。

2.1.4　离子特征

离子化合物的性质和离子键的强度有关,离子键的强度与离子的电荷、离子的电子构型、离子半径有着密切的关系。

2.1.4.1　离子电荷

离子的电荷是指原子在形成离子化合物过程中失去或得到电子的数目。对于阳离子 M^{n+},其 $n \leqslant 4$;对于阴离子 X^{m-},其 $m \leqslant 4$,最为典型的是 -1,-2 价阴离子。

离子电荷的多少直接影响离子键的强度,因而也影响了离子化合物的性质,如熔点、沸点、硬度、稳定性及氧化还原能力等。

2.1.4.2　离子的电子构型

简单负离子最外层一般具有稳定的 8 电子构型,如 Cl^-,O^{2-} 等,正离子价电子构型可归纳成下列 5 种情况:

(1)2 电子构型($1s^2$),如 Li^+,Be^{2+} 等;

(2)8 电子构型(ns^2np^6),如 Na^+,Mg^{2+} 等;

(3)18 电子构型($ns^2np^6nd^{10}$),如 Cu^+,Ag^+ 等;

(4)(18+2)电子构型($(n-1)s^2(n-1)p^6(n-1)d^{10}ns^2$),如 Pb^{2+},Bi^{3+} 等;

(5)9~17 电子构型($ns^2np^6nd^{1\sim9}$)(又称最外层不饱和结构离子),如 Fe^{3+},Ni^{2+} 等。

2.1.4.3　离子半径

离子半径是指离子中电子云的分布范围,它和原子半径一样是无法严格确定边界的。但为了求得离子半径,将正、负离子近似地看成为相互接触的球体,其核间距 d 为正、负离子的半径之和,即 $d = r_{正} + r_{负}$,如图 2-1 所示。核间距 d 可通过 X 射线衍射方法测定。若测得正、负离子的核间距,并且已知一个离子的半径,便可求得另一个离子的半径。

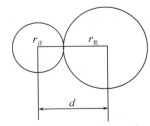

图 2-1　离子半径示意图

推算离子半径的方法有多种,本书采用鲍林离子半径数据,数据见表 2-1。

表 2-1　鲍林离子半径

离子	半径/pm	离子	半径/pm	离子	半径/pm
H^-	208	Be^{2+}	31	Ga^{3+}	62
F^-	136	Mg^{2+}	65	In^{3+}	81
Cl^-	181	Ca^{2+}	99	Tl^{3+}	95
Br^-	195	Sr^{2+}	113	Fe^{3+}	64
I^-	216	Ba^{2+}	135	Cr^{3+}	63
		Ra^{2+}	140		
O^{2-}	140	Zn^{2+}	74	C^{4+}	15
S^{2-}	184	Cd^{2+}	97	Si^{4+}	41
Se^{2-}	198	Hg^{2+}	110	Ti^{4+}	68
Te^{2-}	221	Pb^{2+}	121	Zr^{4+}	80
		Mn^{2+}	80	Ce^{4+}	101
Li^+	60	Fe^{2+}	76	Ge^{4+}	53
Na^+	95	Co^{2+}	74	Sn^{4+}	71
K^+	133	Ni^{2+}	69	Pb^{4+}	84
Rb^+	148	Cu^{2+}	72		
Cs^+	169				
Cu^+	96	B^{3+}	20		
Ag^+	126	Al^{3+}	50		
Au^+	137	Sc^{3+}	81		
Tl^+	140	Y^{3+}	93		
NH_4^+	148	La^{3+}	115		

离子半径的大小,主要是由核电荷对核外电子吸引的强弱所决定的,离子半径有如下变化规律:

(1)负离子半径一般比正离子半径大。如:

$$r_{Na^+} < r_{F^-}$$

(2)同一元素不同价态的正离子,离子电荷越少,半径越大。如:

$$r_{Fe^{2+}} > r_{Fe^{3+}}$$

(3)同族元素离子半径从上而下递增。如:

$$r_{Li^+} < r_{Na^+} < r_{K^+} < r_{Rb^+} < r_{Cs^+}$$

$$r_{F^-} < r_{Cl^-} < r_{Br^-} < r_{I^-}$$

(4)同周期的离子半径随离子电荷的增加而减少。如:

$$r_{Na^+} > r_{Mg^{2+}} > r_{Al^{3+}}$$

(5)具有相同电子数的原子或离子(称等电子体)的离子半径随核电荷数的增

加而减少。如：

$$r_{F^-} > r_{Ne} > r_{Na^+} > r_{Mg^{2+}} > r_{Al^{3+}} > r_{Si^{4+}}$$

离子半径的大小是影响离子化合物性质的重要因素之一。离子半径越小，正、负离子间的引力越大，熔点越高。

离子键理论很好地说明了离子化合物的形成和特征，但对于由相同原子形成的单质分子，或由电负性相近的元素原子形成的化合物（如 H_2O, NH_3 等）却不能说明。为了阐述这类分子的本质和特征，提出了共价键理论。

2.2　共价键理论

1916 年美国化学家路易斯(G. N. Lewis)提出了共价学说，建立了经典的共价键理论。他认为分子中的两个相邻原子间可以通过共用一对或几对电子而结合成分子，通过共用电子对，可以达到稀有气体的八隅稳定构型。把在分子中原子间通过共用电子对结合而成的化学键，叫做共价键。

经典的共价键理论成功地解释一些简单共价分子的形成，但不能阐明共价键的本质和特性。

1927 年，德国化学家海特勒(W. Heitler)和伦敦(F. London)用量子力学原理处理 H_2 分子的形成，阐明了共价键的本质。将量子力学对 H_2 分子的处理结果加以推广和发展，形成了现代价键理论，简称 VB 法。

2.2.1　共价键

2.2.1.1　共价键的形成

海特勒和伦敦用量子力学处理氢原子形成氢分子的过程，得到氢分子的能量(E)与核间距(R)的关系曲线，如图 2-2 所示。当两个氢原子的 1s 电子以自旋相反相互接近时，随着核间距 R 的减小，两个 1s 原子轨道发生重叠，在核间出现电子几率密度较大的区域，两个氢原子的原子核都被电子几率密度大的区域吸引，体系能量降低。当核间距为 $R = R_0$(87 pm，实验测得为 74 pm)时，体系能量达到最低值，处于稳定状态，该状态称为基态，如图 2-2 中曲线 Ⅰ。若两个氢原子进一步接近($R < R_0$)时，原子核之间开始产生强烈的排斥力，体系的能量将上升。因此，两个氢原子在平衡距离 R_0 处形成稳定的 H_2 分子。

当两个氢原子的 1s 电子以自旋方向相同相互接近时，在两核间电子几率密度几乎为零，会发生排斥作用，使体系能量升高，处于不稳定状态，该状态称为排斥态，如图 2-2 中的曲线 Ⅱ。排斥态的氢原子不能形成氢分子。

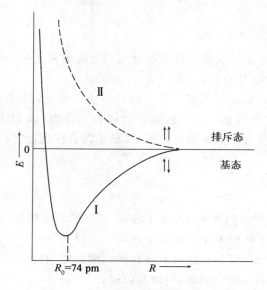

图 2-2　H₂ 的能量与核间距关系曲线

由此可知,氢分子中共价键的形成是由于自旋相反的电子互相配对,原子轨道相互重叠,从而使体系能量处于最低状态的结果。

2.2.1.2　价键理论基本要点

(1)自旋相反的未成对电子相互接近时,两个原子轨道重叠相加而形成共价键,且一个原子有几个未成对电子,只能和几个自旋相反的单电子配对成键。

(2)成键时电子所在的原子轨道重叠越多,核间出现的电子云几率密度越大,形成的共价键就越牢固。因此两个原子总是采取原子轨道最大重叠的方向成键,称为原子轨道的最大重叠原理。

2.2.2　共价键的特征

共价键是由原子轨道重叠形成的,且重叠时要满足最大重叠原理,因此共价键具有与离子键不同的特征。

2.2.2.1　共价键的饱和性

共价键是由成键原子轨道相互重叠,原子共用电子对形成的。由于每种元素原子所提供的成键轨道数和形成分子时所需提供的未成对电子数是一定的,所以决定了原子形成共价键的数目是一定的,这就是共价键的饱和性。例如,第二周期的元素原子,价轨道数为 4 条(2s2p),故最多只能形成 4 个共价键。但当价电子数小于价轨道数时,成键时成对电子可被激发到空的价轨道上变为未成对电子,以形成共价键。如 Be 成键时,由 $2s^2 \rightarrow 2s^12p^1$,可形成 2 个共价键,C 由 $2s^2 2p^2 \rightarrow 2s^1$ $2p_x^12p_y^12p_z^1$,形成 4 个共价键。第三周期的元素原子价轨道为 9 条(3s3p3d),最多可形成 9 个共价键。但实验表明,第三周期的元素原子形成共价分子时,最多只能形成 6 个共价键,如 SiF_6^{2-}、AlF_6^{3-} 等。因此第二周期元素原子形成共价键的数目最大是 4,而同族的其他元素原子形成共价键的数目可多于 4。

2.2.2.2 共价键的方向性

形成共价键时应满足原子轨道最大重叠原理,即在形成共价键时,原子间一定采取轨道重叠最多的方向成键,这就是共价键的方向性。

原子轨道在空间是有一定取向的,除 s 轨道呈球形对称外,其他的 p,d,f 轨道在空间都有一定的伸展方向。因此,除 s 轨道与 s 轨道成键可沿任意方向重叠外,其他的原子轨道只能沿着一定的方向最大重叠。且重叠时还必须考虑原子轨道的正、负号,只有同号的原子轨道才能进行有效的重叠。例如,HF 分子是由 H 原子的 1s 轨道和 F 原子的 2p 轨道(如 $2p_x$ 轨道)重叠成键的,s 轨道与 p_x 轨道有以下几种重叠方式,见图 2-3。在 4 种重叠方式中,只有 s 轨道沿 p_x 轨道的对称轴(x 轴)方向进行同号重叠才能发生最大的重叠(图 2-3(a))形成稳定的共价键。图 2-3 (b)中的重叠虽有效,但不是最大重叠。图 2-3(c)中由于 s 轨道和 p 轨道正、负两部分有等同的重叠,实际重叠为零,这种重叠是无效的。图 2-3(d)中的重叠由于 s 轨道和 p 轨道的正、负重叠,有效重叠为零。

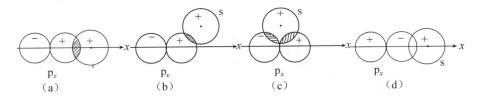

图 2-3　HF 的 p_x-s 重叠示意图

2.2.3 共价键的主要类型

根据形成共价键时原子轨道的重叠方式,可将共价键分为 σ 键和 π 键。

2.2.3.1 σ 键

成键原子轨道沿键轴(即两原子核的连线)"头碰头"重叠,这样形成的共价键称为 σ 键。σ 键的特点是原子轨道的重叠部分沿键轴呈圆柱形对称,它沿键轴旋转时,重叠的程度及符号均不改变。可形成 σ 键的原子轨道有 s-s,s-p_x,p_x-p_x 等,见图 2-4(a)。

2.2.3.2　π键

相互平行的成键原子轨道,以"肩并肩"的方式发生重叠,这样形成的共价键称为π键。π键重叠部分的对称性与σ键不同,它是通过键轴的一个平面为对称面、呈镜面反对称。即原子轨道的重叠部分,若以上述对称面为镜,则互为物和像的关系,重叠的部分物与像的符号相反。可发生这种重叠的原子轨道有p_y-p_y,p_z-p_z,如图2-4(b)所示。

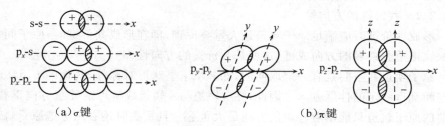

图 2-4　σ键和π键示意图

一般来说,形成σ键时原子轨道重叠程度较形成π键重叠程度大,所以σ键的稳定性高于π键。物质分子中π键的反应性能高于σ键,是化学反应的积极参与者。

在共价分子中,σ键、π键的形成与成键原子的价层电子结构有关。两原子间形成的共价键,若为单键,必为σ键;若为多重键,其中必含一条σ键。例如,N_2分子中,除了有一个由p_x-p_x重叠形成的σ键外,还有两个由p_y-p_y和p_z-p_z重叠形成的π键,所以在N_2分子的叁键中,一个是σ键,其余两个是π键,见图2-5。

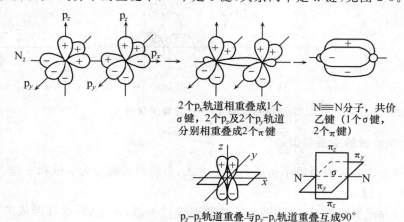

图 2-5　N_2分子形成示意图

2.2.4 配位键

按照价键理论,共价键是由成键原子双方各提供未成对电子所形成的。还有另外一种类型的共价键,就是共用电子对是由成键原子中的一方单独提供的,但为成键原子双方所共有,这种键称配位共价键,简称配位键。配位键用"→"表示,箭头离开的一端为提供共用电子对的原子,如 CO、HBF_4、NH_4^+ 中均含配位键,可表示为:

$$:C \equiv O: \qquad \begin{matrix} & F & \\ & | & \\ HF \rightarrow B & - & F \\ & | & \\ & F & \end{matrix} \qquad \begin{matrix} & H & \\ & | & \\ H^+ \leftarrow N & - & H \\ & | & \\ & H & \end{matrix}$$

形成配位键需具备以下两个条件:

(1)成键原子的一方含有未成键的成对电子(孤对电子);

(2)成键原子中接受孤对电子的一方要有空的价轨道。

在配位化合物中普遍存在着配位键,所形成的配位键也分为 σ 配位键和 π 配位键。

2.3 杂化轨道理论

价键理论在解释某些分子的空间构型时却遇到了困难。例如,根据价键理论,H_2O 分子中 2 个 O—H 键的键角应为 90°,NH_3 分子的 3 个 N—H 键应是相互垂直;CH_4 分子的 4 个 C—H 键的性质不完全相同。事实上,水分子的键角为104.5°,NH_3 分子的键角为 107.3°,CH_4 分子中 4 个 C—H 共价键性质完全相同,甲烷的空间构型为四面体。为了解释这些现象,1931 年鲍林在价键理论的基础上,根据电子的波动性和可以叠加的量子力学观点出发提出了杂化轨道理论,进一步发展了价键理论。

2.3.1 原子轨道的杂化和杂化轨道

杂化轨道理论认为原子在形成分子时,同一原子中能量相近的不同类型的原子轨道可以相互叠加而形成一组新的原子轨道,原子轨道的相互叠加称原子轨道的杂化。所得到的新原子轨道称为杂化原子轨道,简称杂化轨道。s 轨道和 p 轨道杂化形成 sp 杂化轨道,见图 2-6。

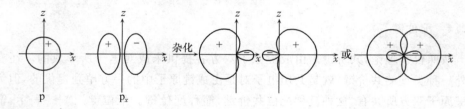

图 2-6　sp 杂化轨道形成示意图

从图 2-6 可见，s 轨道和 p 轨道杂化后，形成两个等同的杂化轨道。杂化轨道对键轴是对称的，因此由杂化轨道形成的键为 σ 键。原子轨道杂化前后的形状发生很大变化，未杂化前，s 轨道是球形对称的，p 轨道在键轴方向上有最大值；杂化后，两个杂化轨道仍然位于键轴方向上，但形状发生了变化，表现为一端特别大，一端特别小，特别大的一端有利于最大重叠以形成稳定的共价键。各种杂化轨道的形成均为葫芦形，由分布在原子核两侧的大小叶瓣组成，杂化轨道的伸展方向就是大叶瓣的伸展方向。

杂化轨道理论的基本要点如下：

（1）形成共价分子时，原子中能量相近的不同类型的原子轨道，在成键过程中相互叠加重新组合成能量完全相等的，成键能力更强的新轨道，即杂化轨道。

（2）杂化轨道的数目与参加杂化的原子轨道数目相同。杂化后，由于电子云分布更集中，有利于满足轨道的最大重叠原理。

（3）根据参与杂化的原子轨道种类和数目，可将杂化轨道分为 sp 型杂化（sp，sp^2，sp^3 等），spd 型杂化（dsp^2，sp^3d^2 等）。根据参加杂化的原子轨道成分和能量是否相同，分为等性杂化和不等性杂化。

2.3.2　sp 等性杂化的类型

2.3.2.1　sp 杂化轨道

由 1 个 s 轨道和 1 个 p 轨道杂化形成 2 个 sp 杂化轨道。sp 杂化轨道间的夹角为 $180°$。呈直线型。所以杂化轨道成键后，分子的几何构型为直线型。例如气态 $BeCl_2$ 分子形成见图 2-7。Be 原子中 1 个 2s 轨道与 1 个 2p 轨道进行杂化，得到 2 个完全等同的 sp 杂化轨道，每个杂化轨道中含 1/2 s 轨道和 1/2 p 轨道的成分，Be 原子就是利用这 2 个 sp 杂化轨道和 2 个氯原子的 3p 轨道重叠形成 2 个 sp-p σ 键，从而形成了具有直线型几何构型的 $BeCl_2$ 分子。

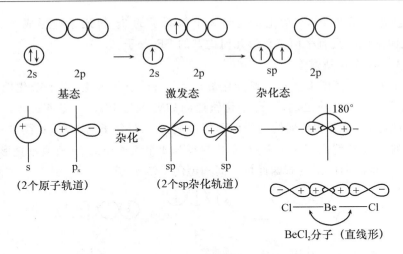

图 2-7 BeCl₂ 分子形成示意图

2.3.2.2 sp² 杂化轨道

由 1 个 s 轨道和 2 个 p 轨道杂化形成 3 个 sp² 杂化轨道,每个杂化轨道中含 1/3 s 轨道和 2/3 p 轨道的成分,sp² 杂化轨道间的夹角为 120°,呈平面三角形。所以杂化轨道成键后,分子的几何构型为平面三角形。例如 BF₃ 分子的形成见图 2-8。

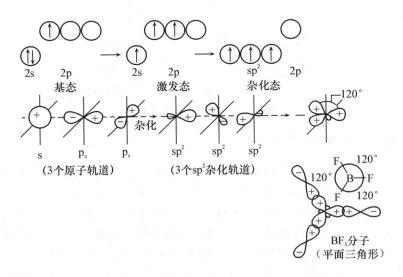

图 2-8 BF₃ 分子形成示意图

B原子就是利用 3 个 sp^2 杂化轨道与 3 个氯原子的 3p 轨道重叠形成 3 个 sp^2-p σ键,从而形成了具有平面三角形几何构型的 BF_3 分子。

2.3.2.3　sp^3 杂化轨道

由 1 个 s 轨道和 3 个 p 轨道杂化形成 4 个 sp^3 杂化轨道,每个杂化轨道中含 1/4 s轨道和 3/4 p 轨道的成分,杂化轨道间的夹角为 109.5°,呈四面体。所以杂化轨道成键后,分子的几何构型为四面体。例如 CH_4 分子的形成,见图 2-9。CH_4 分子中的 C 原子就是利用 4 个 sp^3 杂化轨道与 4 个氢原子的 1s 轨道重叠形成 4 个 sp^3-s σ 键,从而形成了具有四面体空间构型的 CH_4 分子。

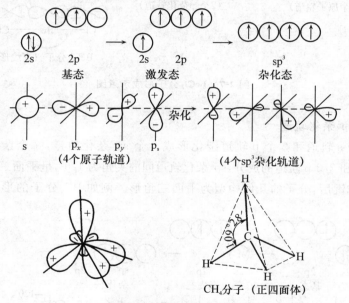

图 2-9　CH_4 分子形成示意图

2.3.3　sp 不等性杂化的类型

以上讲的 sp、sp^2、sp^3 杂化,每种类型的杂化轨道都具有相同的能量,所含 s 轨道和 p 轨道成分均相等,且成键能力相同,这样的杂化称为等性杂化,所形成的轨道为等性杂化轨道。若形成的杂化轨道能量不完全等同,所含 s 轨道和 p 轨道成分也不同,称为不等性杂化,所形成的轨道为不等性杂化轨道。形成分子时中心原子采用等性杂化还是不等性杂化,对分子的几何构型有很大的影响。现举例说明。

NH_3 分子中的 N 原子含有 1 对孤对电子,成键时采用不等性 sp^3 杂化,形成 4 个不等性的杂化轨道,其中一个杂化轨道被孤对电子所占据,另三个杂化轨道不含孤对电子。因此 4 个 sp^3 杂化轨道所含的 s,p 成分不完全相同,被孤对电子占据的杂化轨道含的 s 成分略多,p 成分略小,而不含孤对电子的杂化轨道含 s 成分略小,p 成分略多。不含孤对电子的 3 个 sp^3 杂化轨道与 3 个氢原子的 1s 原子轨道重叠形成 3 个 σ 键,含孤对电子的 sp^3 杂化轨道不参与成键,但由于它靠近原子核,对成键电子产生排斥作用,使∠HNH 键角小于 109.5°,为 107.3°,NH_3 分子呈三角锥形,如图 2-10(a)。H_2O 分子中的 O 原子含 2 对孤对电子,成键时采用不等性 sp^3 杂化。其中不含孤对电子的 2 个 sp^3 杂化轨道与 2 个氢原子的 1s 原子轨道重叠形成 2 个 σ 键,含孤对电子的 2 个 sp^3 杂化轨道不参与成键,由于两对孤对电子对成键电子的排斥作用,使∠HOH 键角更小,小于 107.3°,实验测得为 104.5°,H_2O 分子呈"V"字形,如图 2-10(b)所示。

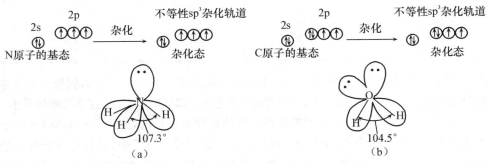

图 2-10　NH_3 分子(a)和 H_2O 分子(b)空间构型

2.4　分子间作用力和氢键

2.4.1　分子的极性

　　任何分子都是由带正电荷的原子核和带负电荷的电子组成的,由于正、负电荷电量相等,所以分子呈电中性。可以设想分子中的每一种电荷集中于一点,这一点分别称正电荷中心、负电荷中心。分子中正、负电荷中心不重合时,分子存在正、负两极,称为偶极,具有偶极的分子叫做极性分子。反之,分子中的正、负电荷中心重合,不具有偶极的分子,称为非极性分子。极性分子和非极性分子的示意图(图2-11),图中用"＋"和"－"表示正、负电荷中心的相对位置。

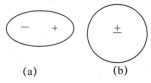

图 2-11　极性分子(a)和非极性分子(b)

　　分子极性常用偶极矩(μ)来衡量。偶极矩为分子中正、负电荷中心的距离 d

（又称偶极长）与偶极电荷量 q 的乘积，即：

$$\mu = q \times d \tag{2-1}$$

式中：μ 为偶极矩，单位为库仑·米($C \cdot m$)。偶极矩是一个矢量，规定方向是从正电荷指向负电荷。表 2-2 列出了一些分子的偶极矩。

表 2-2　常见分子的偶极矩

分子	$\mu/(10^{-30}C \cdot m)$	分子	$\mu/(10^{-30}C \cdot m)$
H_2	0.0	HF	6.4
N_2	0.0	HCl	3.61
CO_2	0.0	HBr	2.63
CS_2	0.0	HI	1.27
BF_3	0.0	H_2O	6.23
CH_4	0.0	H_2S	3.67
CCl_4	0.0	SO_2	5.33
CO	0.33	NH_3	5.00
NO	0.53	PH_3	1.83

分子的偶极矩可用电学或光学方法通过实验测定。由表 2-2 可知，偶极矩不为零的分子为极性分子，偶极矩越大，分子的极性就越大。偶极矩为零的分子为非极性分子。

对于双原子分子来说，分子的极性和键的极性是一致的，如 HF，CO，NO 等分子为极性分子，H_2，N_2，Cl_2 等分子为非极性分子。在多原子分子中，键的极性和分子的极性并不完全一致。如果键无极性，则分子也无极性。如果键有极性，分子是否有极性，还与分子的空间构型有关。例如，CO_2，BF_3，CH_4 等分子，键都是极性的，分子空间构型分别为直线形、平面三角形和正四面体的对称结构，所以分子都是非极性分子。H_2O，NH_3，$CHCl_3$ 等分子，键都是极性的，分子空间构型分别弯曲、三角锥形和变形四面体不对称结构，所以这些分子是极性的。

2.4.2　分子间力

分子间力是分子与分子之间的相互作用力。早在 1873 年荷兰物理学家范德华(Van der Waals)发现了这种作用力的存在并进行了卓有成效的研究，因此分子间力又称范德华力。分子间力比化学键弱得多，一般在 $2 \sim 40$ kJ·mol^{-1}，而化学键键能为 $100 \sim 800$ kJ·mol^{-1}。分子间作用力对物质性质有很大的影响，气体分子之所以能凝聚成液体和固体，靠的就是这种作用力。分子间力按作用力产生的原因和特性分为取向力、诱导力和色散力。

2.4.2.1　取向力

极性分子与极性分子相互接近时，极性分子的固有偶极按着一定的取向进行排列(图2-12),固有偶极之间产生的相互作用力称为取向力。

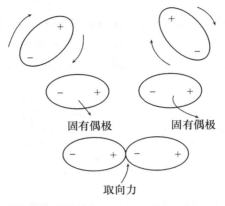

图 2-12 极性分子之间相互作用示意图

取向力的本质是静电引力,它的大小除了分子间距离有关外,还取决于分子的偶极矩的大小。偶极矩越大,取向力越大。

2.4.2.2 诱导力

极性分子与非极性分子相互接近时,非极性分子受极性分子固有偶极所产生电场的影响,使其变形极化,产生诱导偶极。诱导偶极与极性分子的固有偶极之间产生的相互作用力称为诱导力,见图2-13。

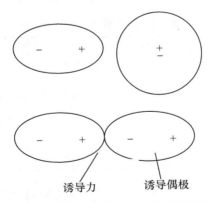

图 2-13 极性分子与非极性分子之间相互作用示意图

不仅极性分子和非极性分子之间存在着诱导力,极性分子与极性分子之间也存在着诱导力。

极性分子的偶极矩越大,诱导力也就越大。

2.4.2.3 色散力

两个非极性分子相互接近时,由于核外电子的不断运动以及原子核的不断振动,在某一瞬间产生电子与核的相对位移,使分子中的正、负电荷中心分离,产生瞬时偶极。瞬时偶极采取异极相邻状态而相互吸引,由于瞬时偶极而产生的作用力,称为色散力,见图 2-14。

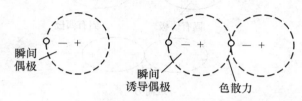

图 2-14　非极性分子之间相互作用示意图

瞬时偶极存在时间极短,但异极相邻的状态却是不断重复出现的,因而使得分子之间始终存在这种作用力。色散力的大小与分子的变形性有关,分子质量越大,变形性越大,色散力也就越强。

综上所述,在非极性分子之间只有色散力;非极性分子与极性分子之间存在着诱导力、色散力;极性分子之间存在着取向力、诱导力、色散力。色散力在各种分子之间普遍存在,除极少数强极性分子如 H_2O,HF 等外,大多数分子间的作用力以色散力为主。表 2-3 列出了一些分子的 3 种分子间作用力的能量分配情况。

表 2-3　分子间作用力的分配　　　　　　　　　　　$kJ \cdot mol^{-1}$

分子	$\mu_{实}/(10^{-30}C \cdot m)$	取向力	诱导力	色散力	总作用力
Ar	0.00	0.00	0.00	8.50	8.50
CO	0.39	0.003	0.008	8.75	8.75
HI	1.40	0.025	0.113	25.87	26.00
HBr	2.67	0.69	0.502	21.94	23.11
HCl	3.60	3.31	1.00	16.83	21.14
NH_3	4.90	13.31	1.55	14.95	29.60
H_2O	6.17	36.39	1.93	9.00	47.31

分子间作用力没有方向性和饱和性,只要分子周围空间允许,当气体分子凝聚时,它总是吸引尽量多的其他分子于其正、负两极周围。分子间力作用范围一般在 $300 \sim 500$ pm 之间,小于 300 pm 斥力迅速增大,大于 500 pm 引力显著减弱。

分子间作用力直接影响物质的许多物理性质,如熔点、沸点等。对于结构相似的同系列物质,随着分子质量的增大,分子的变形性增强,分子间色散力增大,其熔点、沸点升高。对于分子质量相近但极性不同的分子,极性分子的熔点、沸点要比非极性分子的熔点、沸点高。这是由于非极性分子只存在色散力,极性分子除色散力,还有取向力和诱导力,分子间力相应也就强,熔点、沸点也就高。例如 CO 分子的沸点为 $-192℃$,N_2的沸点为 $-196℃$。

　　分子间作用力对物质的溶解度也有影响。例如稀有气体从 He 到 Xe 在水中的溶解度依次是增大的,原因是从 He 到 Xe 原子半径依次是增大的,分子变形性依次增大,致使水分子与它们的诱导力依次增强。物质的溶解性服从"相似相溶"规则,即极性分子易溶于极性分子,非极性分子易溶于非极性分子,溶质和溶剂的极性差别越小,互溶性就越强。例如,常用汽油、苯等溶剂清洗油污。

2.4.3　氢键

2.4.3.1　氢键的形成和特点

　　大多数同系列氢化物的熔点、沸点一般随着分子质量的增大而升高。但NH_3,H_2O,HF 的熔点、沸点却比相应同族的氢化物都高得多,见图 2-15。原因是

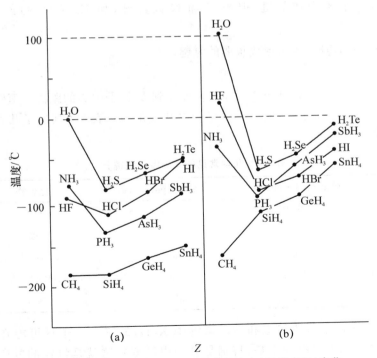

图 2-15　Ⅴ,Ⅵ,Ⅶ族元素氢化物熔点(a)与沸点(b)变化

这些分子除了存在上述的 3 种作用外,还存在着另一种特殊的分子间力,这就是氢键。

氢原子与电负性大、半径小的原子 X(如 N、O、F 等)形成共价键 H—X 时,由于 X 电负性大,共用电子对强烈地偏向 X 原子,使氢原子几乎成为"裸露"的质子,可以和另一个电负性大、半径小的原子 Y 产生静电引力,这种引力称为氢键。可用 X—H⋯Y 表示,X,Y 可以是同种元素的原子,也可以是不同种元素的原子,但 X,Y 必须是电负性大、半径小,且含孤对电子的原子。

氢键的主要特点是:

(1)氢键为静电吸引作用,其键能一般为 $41.84 \text{ kJ} \cdot \text{mol}^{-1}$ 以下,比化学键小的多,和分子间力具有相同的数量级,所以氢键是一种特殊的分子间力。

氢键的强度可用氢键的键能来表示。氢键的键能为拆开 1 mol H⋯Y 键所需要的能量,它与 X,Y 的电负性有关,电负性越大,氢键越强;此外还与 Y 原子的原子半径有关,半径越小,所形成的氢键越强。因此,F—H⋯F 是最强的氢键,O—H⋯O,O—H⋯N,N—H⋯N 的氢键依次减弱,O—H⋯Cl,O—H⋯S 形成的氢键更弱,而 C 一般不形成氢键,但当 C 和 N 以叁键(如 H—C≡N)或双键(如

$$\begin{array}{c} R \\ H—C \\ \| \\ —N \end{array}$$

)相连时,也可形成很弱的氢键。

氢键的键长是指 X—H⋯Y 中,由 X 原子到 Y 原子中心的距离。氢键的键长比范德华半径之和要小些,但比共价半径之和大得多。表 2-4 列出了几种常见的氢键键能和键长。

表 2-4　几种常见氢键的键能和键长

氢键	键能/$(\text{kJ} \cdot \text{mol}^{-1})$	键长/pm	化合物
F—H⋯F	28.0	255	$(HF)_n$
O—H⋯O	18.8	276	冰
N—H⋯F	20.9	268	NH_4F
N—H⋯O	16.2	286	$CH_3CONHCH_3$(在 CCl_4 中)
N—H⋯N	5.4	338	NH_3

(2)氢键具有方向性和饱和性。氢键中 X,H,Y 三个原子尽可能在一条直线上,键角接近 180°(有些不是,特别是分子内氢键),这就是氢键的方向性。氢键的饱和性是指 X—H 只能与一个 Y 原子形成氢键,即氢键中的氢的配位数

为 2。

2.4.3.2 氢键的分类

氢键的存在十分普遍,许多重要的化合物,如水、醇、酚、氨、氨基酸、蛋白质、酸式盐、碱式盐(含 OH 基)以及结晶水合物等都存在氢键。氢键可分为分子间氢键和分子内氢键。

分子间氢键为一个分子的 X—H 键与另一个分子的 Y 原子相结合而产生的氢键,如气态、液态、固态的 HF 分子都存在着分子间氢键,见图 2-16。

分子内氢键为分子中的 X—H 键与其内部 Y 原子产生的氢键,如邻位硝基苯酚中就存在着分子内氢键,见图 2-17。

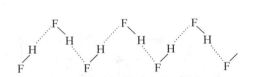

图 2-16 HF 形成的分子间氢键

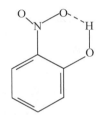

图 2-17 邻位硝基苯酚中的分子内氢键

一般来说,形成分子内氢键的分子不再生成分子间氢键,相应的其熔点、沸点低于生成分子间氢键时的熔点、沸点,而且更易溶于非极性溶剂中,并且易于汽化。

2.4.3.3 氢键对物质性质的影响

氢键的形成对物质的性质具有很大的影响。例如,在同族氢化物中,由于氢键的形成,NH_3,H_2O,HF 的熔点、沸点明显高于同族内的其他氢化物。若溶质分子与溶剂分子间形成氢键,则会增大溶质在溶剂中的溶解度。例如,乙醇和水以任意比互溶,这是因为乙醇与水形成氢键的缘故。由于氢键的存在,在冰中每个水分子与 4 个水分子形成四面体的"空洞"结构(图 2-18),从而导致冰的密度小于水,故

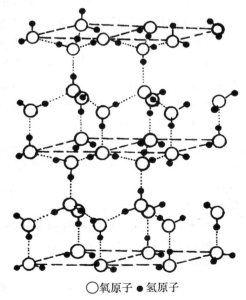

○氧原子 ●氢原子

图 2-18 冰的结构

冰是浮在水面上的,这是因为如此才使得水中的一切生物在冬季免受灭顶之灾。

2.5　晶体结构

　　固体有晶体和非晶体两种状态。自然界中绝大多数的固体都是晶体,少部分固体属于非晶体。晶体有固定的外形、固定的熔点。晶体中微粒在空间按一定规律周期性重复排列组成的几何形状为晶格,在晶格中排有微粒的点叫晶格结点。根据晶格结点上微粒种类和微粒间作用力的不同,从结构上把晶体分为离子晶体、原子晶体、分子晶体和金属晶体四种基本类型晶体,另外还有一种晶体为混合型晶体。

2.5.1　晶体的基本类型

2.5.1.1　离子晶体

　　在晶格结点上交替排列着正、负离子,正、负离子之间通过静电引力(离子键)结合在一起的一类晶体,称为离子晶体。由于离子键无方向性和饱和性,只要空间允许,一个离子周围总是尽可能多地吸引异号电荷的离子,通常将晶体中(或分子内)某一粒子相邻最近的其他粒子数目称为该粒子的配位数。例如NaCl 晶体(图 2-19),晶格结点上排列着 Na^+ 和 Cl^-,每个 Na^+ 周围有 6 个 Cl^-,而每个 Cl^- 周围同样有 6 个 Na^+,Na^+ 和 Cl^- 的配位数都是 6。所以晶体中不存在单个的氯化钠分子,而只有 Na^+ 和 Cl^-,

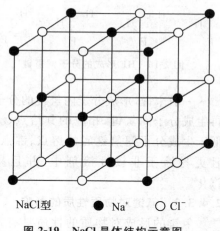

NaCl型　　● Na^+　　○ Cl^-

图 2-19　NaCl 晶体结构示意图

且数目比为 1:1,整个晶体是个无限的巨型"分子","NaCl"只表示组成的化学式,而不是分子式。

　　离子晶体中离子键是一种很强的静电作用力,晶格能一般较大。因此离子晶体一般具有较高的熔点、沸点,且熔点、沸点随晶格能的增大而增加。离子晶体溶于水和熔融状态下具有优良的导电性。

　　离子晶体既硬又脆,是因离子键强度大的缘故。当晶体受撞击时,晶格内多层离子间就会发生错动,如果使离子层产生一个离子直径长度的位移,离子就会以同号相接触,使相互吸引的静电力变成了排斥力,导致晶体发生崩裂,从而表现出脆的特性,见图 2-20。如果外力不足以克服离子间的作用力,晶体表现出硬的特征。

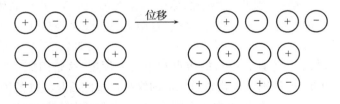

图 2-20　离子晶体脆的特性示意图

2.5.1.2　原子晶体

在晶格的结点上排列着中性原子,原子间以共价键相互结合而形成的一类晶体,称为原子晶体。常见的原子晶体有金刚石(C)、单质硅(Si)、石英(SiO_2)、碳化硅(SiC)等。金刚石晶体结构(图 2-21),在晶体中每个碳原子以 4 个 sp^3 杂化轨道与周围相邻的 4 个碳原子形成 4 个共价键,形成正四面体结构,这种正四面体在整个空间重复延伸就形成了三维网状结构的巨型分子。金

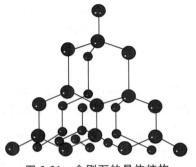

图 2-21　金刚石的晶体结构

刚石晶体中由于原子对称、等距离排布,结合特强,故金刚石特硬,是天然物质中最硬的,经琢磨加工后成为名贵的金刚钻。

在 SiO_2 晶体中,每个硅原子以 4 个共价键与 4 个氧原子结合形成正四面体,许多正四面体又通过顶点氧原子连成一个整体,即每个氧原子为两个正四面体所共有,故硅和氧的配位数分别为 4 和 2,见图 2-22。

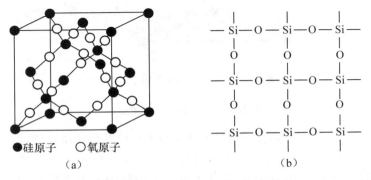

●硅原子　○氧原子

（a）　　　　　　　　　　（b）

图 2-22　石英的晶体结构(a)和平面结构(b)

在原子晶体中,由于原子间彼此是通过共价键相互联系起来的,在空间无限扩展成为连续的骨架结构,因此在原子晶体中不存在单个分子,整个晶体就是一个无限的巨型分子。如石英用 SiO_2 表示,金刚石用 C 表示,这些只代表其组成的化学式,而不是分子式。

一般来说,原子晶体具有很高的熔点和很大的硬度,这是因原子间通过共用电子对所组成的共价键,特别是杂化轨道成键的缘故。金刚石是最硬的固体,熔点高达 3 576℃;SiC 俗称金刚砂,硬度仅次于金刚石,在工业上可作研磨材料,耐火材料。

原子晶体通常情况下不导电,是电的绝缘体和热的不良导体,但 Si,SiC,Ge,Ga 等其性质介于金属和非金属之间,它们是优良的半导体材料。20 世纪后半叶这种"半导体"的发现和发展使电子工业发生了一场革命,从而进入信息时代,人类的生活从此大为改观。

2.5.1.3　分子晶体

在晶格的结点上排列分子极性或非极性分子,分子间通过分子间作用力或氢键而结合的晶体,称为分子晶体。因此分子晶体的熔点、沸点比较低,硬度较小,易挥发性。干冰(固态 CO_2)是典型的分子晶体,如图 2-23 所示。

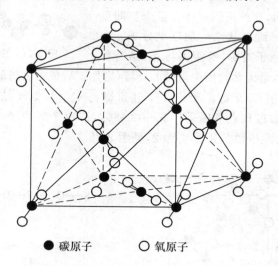

● 碳原子　　　○ 氧原子

图 2-23　干冰的分子晶体结构

干冰为简单立方晶体,分子内的原子是以 C=O 共价键结合的,而 CO_2 分子间作用力为色散力。由于分子内部的共价键强于分子间作用力,故在分子晶体中存在着独立的小分子,其化学式就是分子式。大多数的非金属单质(如 H_2,N_2,F_2 等)以及由它们组成的化合物(如 H_2O,NH_3,HF 等)、有机化合物晶体均为分子晶体。稀有气体在固态时,也是分子晶体,由于在晶格结点上排列的单原子分子,故也称单原子分子。在冰的晶体中,水分子是通过氢键结合成晶体的,故这类晶体又称氢键型晶体。

由于在分子晶体结点上是电中性的分子,故固态和熔融时都不导电,是电的不良导体,如 SiF_6 是工业上极好的绝缘材料。但某些极性分子所组成的晶体溶于水后能导电,如 HCl 分子、NH_3 分子等。

2.5.1.4 金属晶体

晶格结点上排列着金属原子或金属离子,这些金属原子或离子靠金属中的自由电子以金属键结合形成的晶体,称为金属晶体。

金属原子半径一般比较大,原子核对价电子的吸引力比较弱,因此价电子容易从金属原子上脱落下来成为自由电子或非定域的自由电子,在整个金属晶体中自由流动,为整个金属所共有,留下的正离子就浸泡在这些自由电子的海洋中,金属中自由电子与金属正离子间的作用力称为金属键。

金属键无方向性、饱和性,只要金属原子空间允许,总是尽可能多地在金属原子周围排布更多的原子,因此,在金属晶体内都有较高的配位数。

周期表中有 4/5 的元素都是金属元素,除汞以外的其他金属在室温下都是晶体,金属晶体的共同特征是:具有金属光泽,优良的导电性和导热性,富有延展性等。

以上介绍了 4 种基本类型晶体,现将每一类型晶体结构和特点归纳于表2-5。

表 2-5　晶体的基本类型和特点

晶体类型	结点上的粒子	微粒间作用力	物理性质			
			熔、沸点	硬度	延展性	导电性
离子晶体	正、负离子	离子键	高	大	差	熔融态及其水溶液导电
原子晶体	原子	共价键	很高	很大	差	绝缘体或半导体
分子晶体	分子(极性或非极性分子)	分子间力(有的是氢键)	低	小	差	绝缘体
金属晶体	原子、正离子(间隙处有自由电子)	金属键	一般高,部分低	一般大,部分小	良	良导体

2.5.2　混合型晶体

混合型晶体中微粒间存在两种或两种以上的作用力,常见的有层状晶体和链状晶体。

2.5.2.1　链状晶体

纤维状石棉是天然硅酸盐的一种,属于链状晶体。链状晶体基本单位为 1 个硅原子和 4 个氧原子以共价键结合形成硅氧四面体。每个四面体与相邻的另外两个四面体通过共用氧原子,形成链状结构的硅酸盐负离子,见图 2-24。链内硅、氧原子间为共价键,链与链之间是链状阴离子与相隔较远的金属阳离子(Ca^{2+},Mg^{2+} 等)以离子键相结合,因此石棉晶体中既存在共价键,又存在离子键,是一个混合型晶体。在石棉晶体中,链间的离子键比链内的共价键弱得多,故石棉晶体容易顺条地被撕成纤维。

2.5.2.2　层状晶体

石墨是典型的层状晶体,如图 2-25 所示。在石墨晶体的每一层中,每个碳原子均以 3 个 sp^2 杂化轨道与同层相邻的另外 3 个碳原子形成 3 个 sp^2-sp^2 σ 键,6 个碳原子在同一平面上形成正六角形的网状结构,重复延伸形成片层结构,该结构中 C—C 键长为 142 pm,键角为 120°。此外,每个碳原子还有一个垂直于该平面的未杂化的含一个电子的 2p 轨道,这些轨道相互平行形成离域的大 π 键。离域大 π 键上的电子在每一层平面上自由运动,类似于金属晶体中的金属键,因而石墨具有金属光泽,具有优良的导电性和导热性。在石墨晶体中层与层之间以微弱的分子间力相结合,所以层与层之间容易滑动和断裂。由于层与层之间的距离为 335 pm,

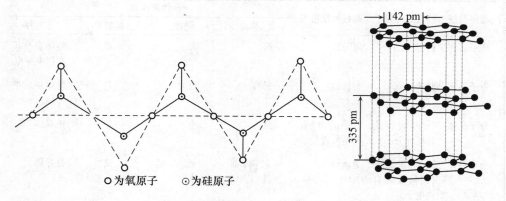

　为氧原子　　　为硅原子

图 2-24　硅酸盐的链状结构　　　　**图 2-25　石墨的层状晶体结构示意图**

故层间的电子传导不如层内的强。在石墨晶体中,既有共价键、金属键,还有分子间力,因此,石墨是原子晶体、金属晶体、分子晶体的混合型晶体。

晶体的结构对物质的物理性质具有决定性的影响,以碳元素为例,其不同的结构形成不同的晶体,其性质也有很大的差别。金刚石是原子晶体,具有熔点高、沸点高、硬度大、不导电的性质。石墨是混合型晶体,具有良好的导电、导热性,是良好的固体润滑材料。

习　题

1.判断下列叙述是否正确,并说明理由。

(1)稀有气体晶体中,晶格结点上的微粒是原子,所以稀有气体晶体是原子晶体。

(2)由同种元素组成的分子均为非极性分子;

(3)凡是含氢的化合物,其分子间都能产生氢键;

(4)直线型分子都是非极性分子,非直线型分子都是极性分子;

(5)色散力仅存于非极性分子之间;

(6)共价多重键中必有一条 σ 键;

(7)s 电子与 s 电子间形成的键是 σ 键,p 电子与 p 电子间形成的键是 π 键;

(8)sp^3 杂化轨道指的是 1s 轨道和 3p 轨道混合后,形成的 4 个 sp^3 杂化轨道。

2.下列物质中哪些是极性分子？哪些是非极性分子？

　　CCl_4　　$CHCl_3$　　NH_3　　CO_2　　CO　　H_2O

3.下列各物质的化学键中,只存在 σ 键的是 _____;同时存在 σ 键和 π 键的是 _____。

(1)N_2;(2)NH_3;(3)HCl;(4)C_2H_4;(5)C_2H_2。

4.试用杂化轨道理论说明:由 NH_3 转变为 NH_4^+,由 H_2O 转变为 H_3O^+ 时,分子的几何构型发生的变化。

5.试排列下列晶体熔点高低顺序:

(1)$NaCl$,N_2,NH_3,Si;(2)KCl,$NaCl$,CCl_4,$SiCl_4$。

6.在 H_2S,CS_2,PH_3 和 BCl_3 分子中,相邻共价键夹角最小的是 _____。

7.判断下列各组分子间存在的作用力:

(1)液态的水;(2)酒精水溶液;(3)CO_2 气体;(4)碘的四氯化碳溶液。

8.下列物质不属于"无限分子"的是:

(1)金刚砂;(2)石英;(3)淀粉;(4)氯化钠。

9.判断下列化合物中有无氢键存在,如有氢键,表明氢键的形成。

　　HNO_3　　　C_6H_6　　　H_2O　　　HNO_3　　　HF

10.判断 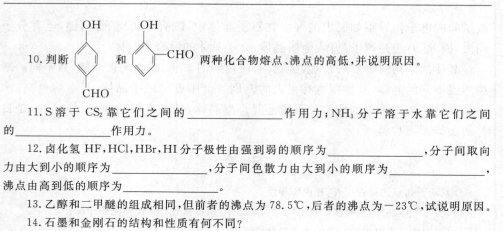 和 两种化合物熔点、沸点的高低,并说明原因。

11.S 溶于 CS_2 靠它们之间的 _____ 作用力;NH_3 分子溶于水靠它们之间的 _____ 作用力。

12.卤化氢 HF,HCl,HBr,HI 分子极性由强到弱的顺序为 _____,分子间取向力由大到小的顺序为 _____,分子间色散力由大到小的顺序为 _____,沸点由高到低的顺序为 _____。

13.乙醇和二甲醚的组成相同,但前者的沸点为 78.5℃,后者的沸点为－23℃,试说明原因。

14.石墨和金刚石的结构和性质有何不同?

3 溶液和胶体

【知识要点】

1. 了解溶液的基本知识,了解分散系及其分类。

2. 掌握溶液浓度的表示方法,能熟练做有关计算。

3. 掌握稀溶液的依数性及一些重要的应用。

4. 解胶体基本性质,胶团的组成和结构,胶体稳定性的原因及胶体的聚沉和保护。

溶液是物质最主要的存在形式,许多化学反应是在溶液中进行的。因此了解溶液的特性具有十分重要的意义。

3.1 基本概念

3.1.1 分散系、分散质和分散剂

把一种(或多种)物质分散在另一种(或多种)物质中所得到的体系,叫做分散系。如把 NaCl 溶于水形成的溶液、把牛奶溶于水形成的乳浊液、水蒸气扩散到空气中形成的雾,由此组成的混合物都是分散系。

在分散系中,被分散的物质,称作分散质。如上述分散系中的 NaCl、牛奶、水蒸气都是分散质。含分散质的物质,称作分散剂。如上述分散系中的水、空气都是分散剂。

3.1.2 溶液、胶体和浊液

按着分散质粒径的大小,可将分散系分为分子(或离子)分散系、胶体分散系和粗分子分散系三类。

分子(或离子)分散系是指分散质粒径小于 1 nm 为溶液。胶体分散系是指分散质粒径大小在 1～100 nm 之间为胶体。粗分子分散系是指分散质粒径大于 100 nm 以上为浊液。三类分散系之间无明显的界限。

3.1.3 溶液浓度的表示方法

溶液是指一种物质以分子或离子的状态均匀分布在另一种物质中得到的分散系,其中量少的物质称为溶质,量多的物质称为溶剂,水是最常用的溶剂。研究在溶液中参加化学反应的各物质数量关系时,必须知道溶液的浓度。表示浓度的方法有很多,既可以用溶剂与溶质的相对量来表示,也可以用一定体积溶液中所含溶质的量来表示。

(1)质量百分比浓度 质量百分比浓度是指溶质的质量占全部溶液质量的百分数,即

$$\omega_B = \frac{m_B}{m}$$

(3-1)

式中，ω_B 为溶质的质量百分比浓度，%；m_B 为溶质的质量，单位 kg；m 为溶液的质量，单位 kg。

（2）物质的量分数（摩尔分数）　摩尔分数是指溶液中任一组分物质的量与各组分物质的量之和的比值。

设 n_B 和 n_A 分别为溶液中溶质和溶剂的物质的量，则溶质的物质的量分数为

$$x_B = \frac{n_B}{n_A + n_B} \tag{3-2}$$

溶剂的物质的量分数为

$$x_A = \frac{n_A}{n_A + n_B} \tag{3-3}$$

式中，x_B 为溶质的摩尔分数；n_B 为溶质的摩尔数，单位 mol；n_A 为溶质的摩尔数，单位 mol。

溶质和溶剂的物质的量分数之和等于 1。

（3）物质的量浓度　物质的量浓度是每升溶液或每立方分米溶液中所含溶质的物质的量，即

$$c = \frac{n_B}{V} \tag{3-4}$$

式中，c 为物质量的浓度，单位 mol·L^{-1}；n_B 为溶质的摩尔数，单位 mol；V 为溶液的体积，单位 L。

（4）质量摩尔浓度　质量摩尔浓度是指 1 kg 溶剂中所含溶质的物质的量，即

$$b = \frac{n_B}{m_A} \tag{3-5}$$

式中，b 为溶质的质量摩尔浓度，单位 mol·kg^{-1}；n_B 为溶质的物质的量，单位 mol；m_A 为溶剂的质量，单位 kg。

3.2　稀溶液的通性

溶液按溶质类型不同为电解质溶液和非电解质溶液，按溶质相对含量不同分为稀溶液和浓溶液。在溶液理论发展过程中，首先认识的是非电解质稀溶液的规律，进而再逐步认识电解质稀溶液及浓溶液的规律。

溶液的某些性质决定于溶质，例如：溶液的颜色、导电性、密度和黏度等，而溶

液的另一些性质,如溶液的蒸气压、沸点、凝固点、渗透压性质是难挥发性非电解质的稀溶液所共有的,且这些性质只与溶质的微粒数有关,与溶质的本性无关,这些性质称稀溶液的依数性,又为稀溶液的通性。

3.2.1　蒸气压下降

在一定温度下,将液体放置密闭容器中,液体表面的分子将克服液体分子之间的吸引力而逸出液体表称为气态分子,这个过程称为蒸发。在蒸发的同时,气态分子不断撞击成液态分子又回落到液体表面,这个过程称为凝聚。蒸发和凝聚过程是同时进行的,当蒸发速率与凝聚速率相等时,气-液就达到了一个动态平衡,此时液面上的蒸气称为饱和蒸气,由饱和蒸气产生的压力称为饱和蒸气压,简称蒸气压。

蒸气压是液体的特征之一。一定温度下,每种液体的蒸气压是一个定值。由于蒸发是个吸热过程,因此蒸气压是随着温度的升高而增大的,不同温度下水的饱和蒸气压见附录Ⅱ。

液体的蒸气压反映的是液体蒸发的难易程度,蒸气压的大小取决于液体分子之间的作用力。液体分子间的作用力越弱,液体就越容易蒸发,蒸气压越大。例如:20℃时,水、乙醇和乙醚的蒸气压依次升高,这是由于它们之间分子间作用力依次减弱的结果。

在一定温度下,向溶剂中加入难挥发的非电解质,由于溶剂的一部分液面被难挥发的非电解质所占据,单位时间内逸出液面的溶剂分子数势必减少,因此溶液的蒸气压总是小于纯溶剂的蒸气压。纯溶剂蒸气压与溶液蒸气压之差值称为溶液的蒸气压下降。显然溶液浓度愈大,蒸气压下降得愈多。

1887 年法国物理学家拉乌尔(Raoult)通过实验提出了溶液蒸气压下降的关系式

$$p = p^{\circ} X_A \tag{3-6}$$

式中,p 是溶液的蒸气压,单位 kPa;p° 是纯溶剂的蒸气压,单位 kPa;X_A 是溶剂的摩尔分数。

若溶液中仅有一种溶质,其摩尔分数为 X_B,则 $X_A = 1 - X_B$,式(3-6)改写为

$$p = p^{\circ} X_A = p^{\circ}(1 - X_B)$$
$$p^{\circ} - p = \Delta p = p^{\circ} X_B \tag{3-7}$$

即溶液蒸气压下降值 Δp 等于同温度下纯溶剂蒸气压 p° 与溶质摩尔分数 X_B 的乘积。这就是拉乌尔定律。

拉乌尔定律的适用范围是溶质为难挥发的非电解质的稀溶液。

【例 3-1】 20℃时,水的饱和蒸气压为 2.33 kPa,分别将 17.1 g 蔗糖($C_{12}H_{22}O_{11}$)、3.0 g 尿素$\{CO(NH_2)_2\}$溶于 100 g 水中,计算这两种溶液的蒸气压。已知 $M(C_{12}H_{22}O_{11})=342\ g\cdot mol^{-1}$,$M\{CO(NH_2)_2\}=60\ g\cdot mol^{-1}$

解:蔗糖溶液

$$p = p^{\circ}x_{H_2O}$$

$$= p^{\circ}\frac{\dfrac{m_{H_2O}}{M_{H_2O}}}{\dfrac{m_{H_2O}}{M_{H_2O}}+\dfrac{m_{C_{12}H_{22}O_{11}}}{M_{C_{12}H_{22}O_{11}}}}$$

$$=2.33\ kPa\ \frac{\dfrac{100\ g}{18\ g\cdot mol^{-1}}}{\dfrac{100\ g}{18\ g\cdot mol^{-1}}+\dfrac{17.1\ g}{342\ g\cdot mol^{-1}}}$$

$$=2.13\ kPa$$

尿素溶液

$$p = p^{\circ}x_{H_2O}$$

$$= p^{\circ}\frac{\dfrac{m_{H_2O}}{M_{H_2O}}}{\dfrac{m_{H_2O}}{M_{H_2O}}+\dfrac{m_{CO(NH_2)_2}}{M_{CO(NH_2)_2}}}$$

$$= 2.33\ kPa\ \frac{\dfrac{100\ g}{18\ g\cdot mol^{-1}}}{\dfrac{100\ g}{18\ g\cdot mol^{-1}}+\dfrac{3.0\ g}{60\ g\cdot mol^{-1}}}$$

$$= 2.13\ kPa$$

【例 3-2】 20℃苯的蒸气压为 9.99 KPa,现称取 1.07 g 苯甲酸乙酯溶于 10 g 苯中,测得溶液蒸气压为 9.49 kPa,试求苯甲酸乙酯的摩尔质量。

解:
$$\Delta p = p^{\circ}x_{苯甲酸乙酯}= p^{\circ}\frac{n_{苯甲酸乙酯}}{n_{苯甲酸乙酯}+n_{苯}}$$

$$=\frac{\dfrac{pm_{苯甲酸乙酯}}{M_{苯甲酸乙酯}}}{\dfrac{m_{苯甲酸乙酯}}{M_{苯甲酸乙酯}}+\dfrac{m_{苯}}{M_{苯}}}(9.99\ kPa-9.49\ kPa)$$

$$= 9.99\ kPa\ \frac{\dfrac{1.07\ g}{M_{苯甲酸乙酯}}}{\dfrac{1.07\ g}{M_{苯甲酸乙酯}}+\dfrac{10\ g}{18\ g\cdot mol^{-1}}}$$

$$M_{苯甲酸乙酯}=156\ g\cdot mol^{-1}$$

3.2.2　沸点升高

液体的蒸气压等于外界的压力时,液体就会沸腾,此时的温度就是液体的沸点。液体的沸点与外界压力有关,外界压力越大,沸点越高,外界压力越小,沸点越低。例如,在我国青藏高原上,水的沸点仅为 80℃左右,家用高压锅内水的沸点可达 120℃左右。因此提到液体的沸点需注明外界压力,若不注明,通常指的是外界压力为 101.32 kPa 时对应的沸点,此沸点称叫正常沸点。

若向纯溶剂中加入难挥发的非电解质,溶液的蒸气压就下降。纯溶剂和溶液蒸气压与温度的关系,见图 3-1 所示。

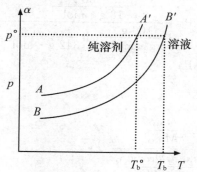

图 3-1　纯溶剂和溶液蒸气压与温度的关系

图 3-1 中,曲线 AA' 表示的是纯溶剂蒸气压与温度关系,曲线 BB' 表示的是溶液蒸气压与温度的关系,从图中可见,在任意温度下,溶液的蒸气压总是小于纯溶剂的蒸气压。当外界压力为 $P°$ 时,纯溶剂的沸点为 $T_b°$,此时溶液的蒸气压是小于外界压力 $P°$ 的,溶液还不能沸腾,要使溶液的蒸气压等于外界压力,必须升高温度至 $T_b°$溶液才能沸腾。将溶液沸点 $T_b°$ 与纯溶剂沸点 T_b 之差 ΔT_b 称为溶液沸点升高。

溶液沸点升高的根本原因是溶液蒸气压的下降,而溶液蒸气压下降的程度与溶液的浓度成正比,因此溶液沸点升高也与溶液的浓度成正比,ΔT_b 与质量摩尔浓度的关系式

$$\Delta T_b = T_b - T_b° = K_b b \tag{3-8}$$

式中,ΔT_b 为溶液的沸点升高,单位 K;b 为质量摩尔浓度,单位 $mol \cdot kg^{-1}$;K_b 为沸点升高系数,单位为 $K \cdot kg \cdot mol^{-1}$。沸点升高系数只与溶剂有关,与溶质无关,不同溶剂,K_b 是不同的,表 3-1 列出了一些常见溶剂的沸点及 K_b。

表 3-1   常见溶剂的沸点及沸点升高系数

溶剂	水	醋酸	苯	樟脑	四氯化碳	萘
沸点/℃	100.00	117.9	80.10	207.42	76.75	217.955
K_b/(K·kg·mol^{-1})	0.151	2.53	2.53	5.611	4.48	5.80

【例 3-3】   烟草中的有害成分为尼古丁,化学式为 C_5H_7N,将 496 mg 尼古丁溶于 10 g 水中,所得溶液在 101.32 kPa 下沸点是 100.17℃,求尼古丁的分子式。

解: $\Delta T_b = T_b - T_b° = K_b b$

$$= K_b \frac{n_{尼古丁}}{m_{H_2O}}$$

$$= K_b \frac{\dfrac{m_{尼古丁}}{M_{尼古丁}}}{m_{H_2O}}$$

$$= 0.512 \text{ K·kg·mol}^{-1} \frac{\dfrac{0.496 \text{ g}}{(C_5H_7N)x}}{0.001 \text{ kg}}$$

$$= (273+100.17)\text{K} - (273+0)\text{K}$$

$$= 0.17\text{K}$$

$$x \approx 2$$

故尼古丁的分子式为 $C_{10}H_{14}N_2$。

3.2.3   凝固点下降

凝固点是指固体的蒸气压与液体的蒸气压相等时的温度。要使溶液的蒸气压与固体蒸气压相等,则需要降低温度,故溶液的凝固点下降,如图 3-2 所示。

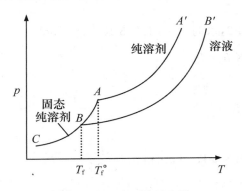

图 3-2   凝固点下降示意图

图 3-2 中,曲线 AA' 表示的是纯溶剂蒸气压与温度关系,曲线 BB' 表示的是溶液蒸气压与温度关系,曲线 AC 表示的是固态纯溶剂蒸气压与温度关系。由图 3-1 可见,曲线 AA' 与曲线 AC 交汇处对应的就是纯溶剂凝固点为 T_f°,若使溶液蒸气压与固态纯溶剂蒸气压相等,必须降低温度,直到曲线 BB' 与曲线 AC 交汇,交汇点对应的温度 T_f 就是溶液的凝固点。纯溶剂凝固点 T_f° 与溶液凝固点 T_f 之差 ΔT_f 称为溶液凝固点下降。

凝固点下降的根本原因也是由于溶液蒸气压的下降,因此凝固点降低也与溶液的浓度成正比,ΔT_f 与质量摩尔浓度的关系

$$\Delta T_f = T_f^\circ - T_f = K_f b \tag{3-9}$$

式中,ΔT_f 为凝固点降低,单位 K;b 为质量摩尔浓度,单位 $mol \cdot kg^{-1}$;K_f 为凝固点下降系数,单位为 $K \cdot kg \cdot mol^{-1}$。凝固点下降系数只与溶剂有关,与溶质无关,不同溶剂,K_f 是不同的,表 3-2 列出了一些常见溶剂的凝固点及凝固点下降常数。

表 3-2　常见溶剂的凝固点及凝固点下降系数

溶剂	水	醋酸	苯	樟脑	四氯化碳	萘
凝固点/℃	0	16.66	5.53	178.75	−22.95	80.29
$K_f/(K \cdot kg \cdot mol^{-1})$	1.853	3.90	5.12	37.7	29.8	6.94

由式(3-7)、式(3-8)可以看出,利用溶液沸点上升和凝固点下降与质量摩尔浓度的关系,可求得溶质的摩尔质量。但由于同一溶剂的 K_f 大于 K_b,浓度相同的溶液其凝固点下降值要比沸点上升值大,故利用凝固点下降法可减少测定误差,因此该方法可更准确测定溶质的摩尔质量。

【例 3-4】 溶解 2.76 g 甘油于 200 g 水中,测得凝固点下降了 0.279℃,求甘油的摩尔质量。

解:查表 3-2,水的 $K_f = 1.853\ K \cdot kg \cdot mol^{-1}$

$$\Delta T_f = K_f b = K_f \frac{n_{甘油}}{m_{水}}$$

$$= K_f \frac{\dfrac{m_{甘油}}{M_{甘油}}}{m_{水}}$$

$$= 1.853\ K \cdot kg \cdot mol^{-1} \frac{\dfrac{2.76\ g}{M_{甘油}}}{0.2\ kg}$$

$$= 0.279\ K$$

$$M_{甘油} = 92.0\ g \cdot mol^{-1}$$

凝固点下降在实际中有着广泛的应用。例如：冬天在汽车水箱中加入乙二醇作为防冻剂，防止水结冰。下雪时，在马路上撒 NaCl 或 CaCl₂ 可使冰融化。在有机化学实验中常用测定沸点或熔点的方法来检验化合物的纯度，化合物是溶剂，杂质是溶质，含杂质的物质的熔点比纯化合物低，沸点比纯化合物高。

3.2.4　渗透压

在 U 形管的左边放入纯水，右边放入蔗糖溶液，中间用半透膜隔开，见图 3-3。半透膜是一种只允许溶剂分子自由通过，而溶质分子不能通过的薄膜，如动植物的细胞膜、肠衣、人造的羊皮纸等。开始时，U 形管两边液面高度相等［图 3-3(a)］，经过一段时间后，右边液面升高，左边液面下降［图 3-3(b)］，这是因为纯水通过半透膜进入蔗糖溶液的速度大于水分子从蔗糖溶液通过半透膜进入纯水的速度。这种由于半透膜两侧单位体积内溶剂分子数不相等，溶剂分子通过半透膜自发地从纯溶剂进入溶液或由稀溶液进入浓溶液的现象，称为渗透现象，简称渗透。恰好能阻止渗透现象发生，在蔗糖溶液液面上方施加的最小外压，叫渗透压［图 3-3(c)］。产生渗透必须具备两个条件：一是有半透膜存在；二是半透膜两侧溶液存在浓度差，浓度差越大，渗透作用越强，渗透压越大。

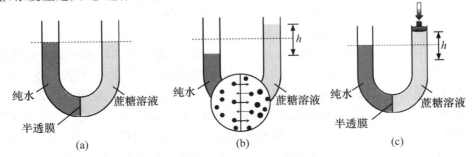

图 3-3　渗透压示意图

如果在浓溶液一侧施加超过渗透压的压力，浓溶液一侧的溶剂会在压力的作用下向稀溶液一侧渗透，由于该渗透与自然渗透相反，故叫反渗透，见图 3-4。工业上利用反渗透进行海水淡化及废水处理。目前海水淡化已成为一些海岛、远洋客轮和淡水资源缺乏的地区和国家获得淡水的主要方法。一般海水的渗透压为 3 MPa，对

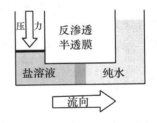

图 3-4　反渗透示意图

海水加压超过此压力,海水就可以通过半透膜发生反渗透而流出纯水。

产生渗透压的根本原因是由于溶液的蒸气压小于溶剂的蒸气压,溶剂分子才能通过半透膜进入溶液中。1886 年范特霍夫(Van't Hoff)根据实验数据,提出了非电解质稀溶液的渗透压与溶液浓度和温度成正比。

$$\pi = cRT \tag{3-10}$$

对于稀溶液,则有 $c=b$

$$\pi = bRT \tag{3-11}$$

式中,π 为渗透压,单位 kPa;c 为物质量的浓度,单位 $mol \cdot L^{-1}$;R 为气体常数,$8.314 \ kPa \cdot L \cdot mol^{-1} \cdot K^{-1}$;$T$ 为热力学温度,单位 K。

【例 3-5】 某化合物 2.40 g 溶于 100 g 水中,测其溶液的凝固点为 $-0.0186℃$,求 298 K 时溶液的渗透压。已知 $K_f = 1.853 \ K \cdot kg \cdot mol^{-1}$。

解:$\Delta T_f = K_f b = (273+0)K - (273-0.0186)K = 0.0186 \ K$

$\qquad = 1.853 \ K \cdot kg \cdot mol^{-1} b$

$b = 0.01 \ mol \cdot kg^{-1}$

$\pi = cRT$

$\qquad = bRT = 0.01 \ mol \cdot L^{-1} \times 8.314 \ kPa \cdot L \cdot mol^{-1} \cdot K^{-1} \times 298 \ K$

$\qquad = 24.78 \ kPa$

渗透现象在生活中极为常见。例如:人们在游泳池或是在河水中游泳时,眼睛会感到涩痛,这是由于眼睛组织细胞因渗透而扩张引起的,在海水中游泳,由于海水的浓度与眼睛组织的细胞液很接近,就没有了这种不适的感觉。正常体温时人的血液渗透压约为 780 kPa,静脉输液或注射时,必须使用与血液渗透压相同的等渗溶液,通常是用 0.9% 的生理盐水或 5% 葡萄糖溶液。人体通过肾脏调节维持血液的渗透压,当体内水量增加时,血液的渗透压降低,肾脏就排出稀薄的尿液,当摄入盐分过多时,血液的渗透压就升高,肾脏就排除浓缩的尿液。高浓度盐水(NaCl 溶液)具有杀菌防腐作用,是由于高浓度的盐溶液使细菌微生物失水而死亡,这就是腌制的鱼、肉等不易变质的原因。田间一次施肥过多,作物会变得枯萎发黄(俗称烧苗),原因是土壤溶液的浓度突然增高,导致植物的根细胞吸水发生困难或不能吸水。

3.3 胶体

分散质粒径大小在 1~100 nm 的分散系,称为胶体。而固体分散在液体中的胶体称为胶体溶液,简称溶胶。

3.3.1　溶胶的性质

（1）光学性质　1869年，英国物理学家丁达尔发现，在暗室中用一束光从侧面照射溶胶，在与光路垂直的方向上可以清楚看到一条发亮的光柱，如图3-5所示，这种现象叫丁达尔现象。

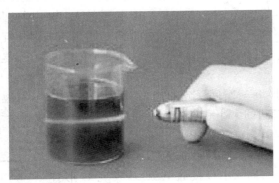

图3-5　丁达尔现象

丁达尔现象是光的散射现象，它的产生与分散质离子的大小及入射光的波长有关。当溶质粒子大于入射光波长，观察不到散射光，无丁达尔现象。当溶质粒子小于入射光波长，如溶胶分散质粒子直径为1～100 nm，小于可见光的波长400～760 nm，当可见光通过溶胶时，会发生明显的散射，从而产生丁达尔现象。

清晨，在茂密的树林中经常可以看到从枝叶间透射一道道光柱，这是自然界的丁达尔现象，如图3-6所示。产生的原因是云、雾、烟尘为胶体，这些胶体的分散剂是空气，分散质是微小的尘埃或液滴。

图3-6　自然界的丁达尔现象

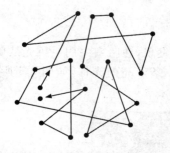

图 3-7　布朗运动示意图

（2）动力学性质　在超显微镜下观察胶体，观测到溶胶中的胶粒在介质中不断地做不规则运动，如图 3-7 所示，把这种现象叫布朗运动。

布朗运动的产生是分散体系中分散质离子受周围分散剂分子不断撞击的结果。粗分散系体系中，粒子较大，每一瞬间从各个方向受到无数次的撞击，结果撞击都相互抵消，难以推动粒子运动，即使这些撞击力不能完全抵消，但由于粒子的质量大，产生的运动也不易被察觉到。

溶胶离子粒子较小，每一瞬间受到的撞击次数要少得多，不易彼此完全抵消，撞击力的合力在不同瞬间的大小和方向都不同，因此，溶胶颗粒就会发生不断改变方向和速度的布朗运动。

（3）电学性质　将新鲜深红棕色 $Fe(OH)_3$ 溶胶放入 U 形电泳管中，当插入电极接通电源后，发现 U 形管负极板附近的溶液颜色加深，这表明 $Fe(OH)_3$ 溶胶是带正电荷的，说明在外加电场的作用下，带电胶粒在介质中发生了定向移动，这种现象称为电泳，如图 3-8 所示。电泳现象证明了胶体粒子是带电的，通过电泳的方向可判断胶粒是带正电还是负电。大多数金属硫化物、硅胶带负电，为负溶胶；大多数金属氢氧化物带正电，为正溶胶。溶胶粒子为什么会带电呢？

图 3-8　电泳现象

①吸附作用　溶胶吸附遵守相似相吸规则，优先吸附与其组成类似的离子。例如：$Fe(OH)_3$ 溶胶是用 $FeCl_3$ 在沸水中水解制得的，在水解过程中有大量 FeO^+ 存在。

$$FeCl_3 + 3H_2O = Fe(OH)_3 + 3HCl$$
$$FeCl_3 + 2H_2O = Fe(OH)_2Cl + 2HCl$$
$$Fe(OH)_2Cl = FeO^+ + Cl^- + H_2O$$

故 $Fe(OH)_3$ 溶胶吸附组成相似的 FeO^+ 而带正电。

例如：As_2S_3 溶胶是将 H_2S 气体通入饱和的 H_3AsO_3 溶液中生成淡黄色 As_2S_3 溶胶。

$$2H_3AsO_3 + 3H_2S = As_2S_3 + 6H_2O$$
$$H_2S = H^+ + HS^-$$

由于 H_2S 在溶液中离解产生 HS^-，所以 As_2S_3 溶胶吸附 HS^- 而带负电。

②电离作用　溶胶带电的另一个原因是胶粒本身电离而引起的。例如:硅酸溶胶带负电是因为硅酸本身电离产生 SiO_3^{2-} 而又被吸附。

$$H_2SiO_3 = HSiO_3^- + H^+$$

$$HSiO_3^- = SiO_3^{2-} + H^+$$

3.3.2　溶胶结构

胶团是由胶粒和扩散层组成,见图 3-9。胶粒由胶核和吸附层构成,胶核作为溶胶的核心,是难溶多分子的聚集体,吸附层包含电位粒子和反离子,扩散层由反离子构成。胶粒是独立运动的单位,通常说溶胶带电是指胶粒而言,整个胶团是电中性的。溶胶胶团结构如图 3-9 所示。

胶团 { 胶粒 { 胶核:难溶多分子聚集体是溶胶的核心 / 吸附层 { 电位离子:被胶核吸附的离子 / 反离子:和电位离子电荷相反的离子 } / 扩散层:反离子 }

图 3-9　胶团结构

以 $Fe(OH)_3$ 胶体的形成为例来说明胶体的结构。向沸腾的蒸馏水中逐滴加入饱和的 $FeCl_3$ 生成溶胶 $Fe(OH)_3$,大量的 $Fe(OH)_3$ 聚集在一起成为胶核,以 $[Fe(OH)_3]_m$ 表示;胶核表面选择吸附与其结构相似的离子 FeO^+,使胶核称为带正电的粒子,被吸附的 FeO^+ 称为电位电子,溶液中还有 Cl^-,称为反离子,它被吸附在胶核的表面,组成了胶体的吸附层;在吸附层外,Cl^- 还分散在胶粒的周围形成了扩散层。这样就构成了胶团结构。

根据上述胶团结构的分析,$Fe(OH)_3$ 胶团结构式如下:

$$[\{Fe(OH)_3\}_m \cdot nFeO^+ \cdot (n-x)Cl]^{x+} \cdot xCl^-$$

胶核　　电位离子　　反离子　　　反离子

吸附层　　　　扩散层

胶粒

胶团

3.3.3 溶胶的稳定性和聚沉

(1)胶体的稳定性 溶胶一般都相当稳定,可以保存相当长的时间,原因如下:

①动力学稳定性 由于溶胶粒子小,布朗运动激烈,因而阻止了胶粒由于重力作用而引起下沉,使胶体具有动力学稳定性。胶粒越小,分散度越大,密度越小,介质的密度和黏度越大,溶胶的动力学稳定性越大。

②聚结稳定性 决定聚结稳定性的主要原因是溶胶胶粒表面的双电层结构,同一种溶胶的胶核粒子和扩散层带有同种电荷,当胶团靠近到与双电层的扩散层重叠时,出现静电排斥作用而阻止粒子靠近。

③溶剂化作用 胶粒表面吸附离子及反离子都是溶剂化的,在溶胶粒子周围形成了一层溶剂化膜(水化膜),水化膜中的水分子是定向排列的,当胶粒彼此接近时,水化膜就被挤压变形,此时引起定向排列的引力开始力图恢复原来的定向排列,使水化膜表面出现一定的弹性,成为胶粒彼此接近时的机械阻力,水化膜中的水有高度的黏度,也称为胶粒相互接近的机械障碍,阻止胶粒聚结如下。

(2)胶体的聚沉 溶胶胶粒具有很大的表面积,有聚集成更大颗粒的倾向。当颗粒聚结一定程度后就下沉,所以说溶胶又是不稳定的。胶粒聚集成较大的颗粒形成沉淀从分散剂中析出的过程叫聚沉。使胶体聚沉常见的方法如下。

①加入电解质 在溶液中加入电解质,增加胶体溶液中的离子总浓度,给带电荷的胶体粒子吸附相反电荷的离子创造了有利条件,从而减少或中和原来胶粒所带的电荷,使溶胶失去了保持稳定性的条件,在相互碰撞时,能很快聚集起来形成沉淀。例如:向豆浆中加入 $CaSO_4$,使带负电的大豆蛋白胶体快速聚形成胶冻状的豆腐(俗称卤水点豆腐)。例如:黄河三角洲的形成,是由于海水中的盐类使江河中带负电的土壤胶体发生聚沉,导致水流流速减慢颗粒下沉。

②胶体的相互聚沉 将两种带相反电荷的胶体相互混合,也会发生聚沉。如明矾$[KAl(SO_4)_2 \cdot 12H_2O]$净水,就是利用明矾在水中水解成带正电的 $Al(OH)_3$ 溶胶,使带负电的胶体污物(土壤胶体)聚沉。

③加热胶体 加热时,加速胶体粒子之间的碰撞机会,使胶核对离子的吸附作用减弱,导致胶体凝聚。比如,长时间加热 $Fe(OH)_3$ 溶胶因凝聚而出现红褐色沉淀。

3.3.4 胶体的保护

为了胶体稳定,在分散系中加入表面活性物质或高分子化合物,可使分散系更加稳定。表面活性物质也称表面活性剂,是一种能显著降低液体表面张力的物质,表面活性剂在被保护的胶体粒子表面形成网状和凝胶状结构的吸附层,该吸附层具有一定的弹性和机械强度,能阻止胶体粒子的结合和聚沉,因此对胶体具有保护作用。高分子化合物溶液比较稳定,高分子被吸附在胶粒的表面上,包裹住胶粒,形成一层高分子保护膜,阻止了胶粒间聚沉。例如:在 $Fe(OH)_3$ 溶胶中加入白明胶后,再加电解质也不易聚沉。人体血液中的难溶盐 $CaCO_3$、$Ca_3(PO_4)_2$ 是被蛋白质等高分子保护而以溶胶形式存在的,当发生某些疾病使血液中的蛋白质减少时,难溶盐的溶胶就会发生聚沉,沉积在胆、肾等器官中形成结石。

习 题

1.问答题

(1)产生稀溶液依数性的根本原因是什么?说明稀溶液有哪些依数性?

(2)冬天室外施工,为什么要向砂浆中掺杂食盐或氯化钙?

(3)在白雪皑皑的寒冬,松树叶子为什么能常青而不冻?

(4)为什么海水鱼和淡水鱼不能调换生存环境?

(5)为什么菜汤喝起来比开水更烫?

(6)乙二醇的沸点是 197.9℃,乙醇的沸点是 78.3℃,用作汽车水箱的防冻剂,哪一种物质较好?请说明理由。

2.将 1.8 g 葡萄糖溶于水配制成 100 mL 溶液,求溶液的物质的量浓度,质量摩尔浓度和摩尔分数(已知溶液的密度 $d=1.018$ g·mL^{-1})。

3.已知纯苯的沸点是 80.2℃,取 2.67 g 萘($C_{10}H_8$)溶于 100 g 苯中,测得该溶液的沸点升高了 0.531 K,试求苯的沸点系数。

4.将某样品 5.0 g 溶于 100 g 水中,测得溶液的凝固点为 -0.186℃,求试样的纯度(已知样品的分子量为 375.0 g·mol^{-1})。

5.将 0.92 g 甘油溶于 100 mL 水中,求溶液的沸点、凝固点和溶液的渗透压。

6.与人体血液具有相等渗透压的葡萄糖溶液,其凝固点降低值为 0.543 K,求此葡萄糖溶液的百分比浓度和血液的渗透压(设人的体温 310 K,葡萄糖分子量 1 807)。

7.有一种蛋白质,估计它的摩尔质量约为 15 000 g·mol^{-1},若在 20℃时,取 1.00 g 样品溶于 100 g 水中,试问利用哪一种依数性更适合测定摩尔质量?

8.AgI 溶胶是由 $AgNO_3$ 和 KI 反应制得,请分别写出 $AgNO_3$ 过量及 KI 过量时的 AgI 溶胶结构。

9.胶体为什么具有稳定性?如何使溶胶聚沉?如何保护溶胶?举例说明。

4　化学反应速率

【知识要点】

1. 掌握化学反应速率的表示方法以及基元反应、复杂反应等基本概念。

2. 了解化学反应速率的碰撞理论和过渡状态理论的要点。

3. 影响化学反应速率的因素。了解浓度、温度和催化剂对化学反应速率的影响，理解质量作用定律、速率方程及速率常数、反应级数等概念。掌握阿累尼乌斯方程的简单应用。

就化学研究来说,一个化学反应能否被利用,需要考虑两个问题,一是反应的可能性,这是化学热力学问题;第二是反应的现实性,这是化学动力学的问题,热力学研究的是客观上的可能性,不涉及化学反应时间,也不能告诉我们反应实际上能否发生? 如果能发生的话,速率有多大? 即化学反应速率的大小。如对环境造成污染的汽车尾气中的 CO 和 NO 有这样的反应:$CO(g) + NO(g) = CO_2(g) + \frac{1}{2}N_2(g) \Delta_r G_m^{\ominus} = -344$ kJ·mol^{-1},反应进行的趋势相当大,但因其反应速率太小,要利用这个反应治理或改善汽车尾气的污染,就必须设法提高反应速率,因而对该反应的催化剂研究已成为当今的研究热点。又如常温常压下氢气和氧气化合成水的反应 $\Delta_r G_m^{\ominus} = -237.19$ kJ·mol^{-1},从热力学的角度看自发进行的趋势很大,但因反应速率太小,将氢气和氧气放在同一容器中很久,也看不到生成水的迹象。等等诸如此类问题必须依靠化学动力学来解决。本章将介绍有关反应速率理论,影响反应速率因素等基本内容。

4.1 基本概念

有些化学反应进行得非常快,几乎在一瞬间就能完成。例如,炸药的爆炸、酸碱中和反应等;但是也有些反应进行得很慢,例如:煤炭、石油的形成,许多有机化合物之间的反应进行得较缓慢。有些反应需要采取措施来增大反应速率以缩短生产时间,如钢铁冶炼及氨、树脂、橡胶的合成等;但对于另一些反应,则要设法抑制其进行,如铁生锈,橡胶塑料的老化,机体的衰老等反应。

为了比较反应的快慢,需要明确化学反应速率的概念。化学反应速率是指在一定条件下,反应物转变为生成物的速率。化学反应速率经常用单位时间内反应物浓度的减少或生成物浓度的增加来表示。浓度一般用 mol·dm^{-3},mol·L^{-1},时间用 s,min 或 h 来表示,因此,反应速率单位一般为 mol·dm^{-3}·s^{-1},mol·L^{-1}·s^{-1}等。绝大多数化学反应在反应进行过程中的速率是不等的,因此在描述化学反应速率时,可选用平均速率和瞬时速率。

平均速率是指在一定时间间隔内反应物浓度或生成物浓度变化的平均值。所谓瞬时速率是指某一反应在某一时刻的真实速率,它等于时间间隔趋于无限小时的平均速率的极限值。例如:N_2O_5 在四氯化碳溶液中按下面的反应方程式分解:

$$2N_2O_5 = 4NO_2 + O_2$$

用浓度改变量表示化学反应速率即平均速率为

$$\bar{v}(N_2O_5) = -\frac{c(N_2O_5)_2 - c(N_2O_5)_1}{t_2 - t_1} = -\frac{\Delta c(N_2O_5)}{\Delta t}$$

式中的负号是为了使反应速率保持正值。表 4-1 给出了在不同时间内 N_2O_5 浓度的测定值和相应的反应速率。

表 4-1 在 CCl_4 溶液中 N_2O_5 的分解速率(298 K)

经过的时间 t/s	时间的变化 $\Delta t/s$	$c(N_2O_5)$ $/(mol \cdot L^{-1})$	$-\Delta c(N_2O_5)$ $/(mol \cdot L^{-1})$	反应速率 $\bar{v}/(mol \cdot L^{-1} \cdot s^{-1})$
0	0	2.10	—	—
100	100	1.95	0.15	1.5×10^{-3}
300	200	1.70	0.25	1.3×10^{-3}
700	400	1.31	0.39	0.99×10^{-3}
1 000	300	1.08	0.23	0.77×10^{-3}
1 700	700	0.76	0.32	0.45×10^{-3}
2 100	400	0.56	0.14	0.35×10^{-3}
2 800	700	0.37	0.19	0.27×10^{-3}

从数据中可以看出,不同时间间隔里,反应的平均速率不同。对于该反应的反应速率也可以用 NO_2 或 O_2 的浓度的改变来表示:

$$\bar{v}(NO_2) = \frac{\Delta c(NO_2)}{\Delta t}$$

$$\bar{v}(O_2) = \frac{\Delta c(O_2)}{\Delta t}$$

化学动力学规定,以各个不同的速率项除以各自在反应方程式中的计量系数的值来表示某反应的速率。即上述反应速率为:

$$\bar{v} = \frac{1}{2}\bar{v}(N_2O_5) = \frac{1}{4}\bar{v}(NO_2) = \bar{v}(O_2)$$

对于一般的化学反应: $\qquad aA + bB \rightarrow cC + dD,$

则有: $\qquad \bar{v} = \frac{1}{a}\bar{v}(A) = \frac{1}{b}\bar{v}(B) = \frac{1}{c}\bar{v}(C) = \frac{1}{d}\bar{v}(D)$

上述反应速率为该反应在一段时间内的平均速率 $\bar{v}$,实验证明,几乎所有化学反应的速率都随反应时间的变化而不断变化。一般来说,反应刚开始时速率较快,随着反应的进行,反应物浓度逐渐减少,反应速率不断减慢。因此,有必要应用瞬时速率的概念精确表示化学反应在某一指定时刻的速率。用作图的方法可以求出反应的瞬时速率。将表 4-1 中的 N_2O_5 的浓度对时间作图,见图 4-1。图中曲线的分割线 AB 的斜率表示时间间隔 $\Delta t = t_B - t_A$ 内反应的平均速率 $\bar{v}$,而过 C 点曲线的切线的斜率,则表示该时间间隔内时刻 t_C 时反应的瞬时速率,瞬时速率用 v 表示,若以 N_2O_5 的消耗速率表示,写成 $v(N_2O_5)$。图 4-1 中所示的 $\triangle DEF$,其切线的斜率 k 表示 $v(N_2O_5)$,故有

$$v(N_2O_5) = \frac{DE}{EF}$$

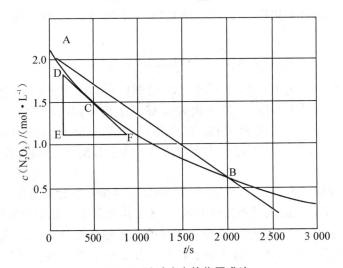

图 4-1 瞬时速度的作图求法

当 A、B 两点沿曲线向 C 点靠近时,即时间间隔 $\Delta t = t_B - t_A$ 越来越小时,割线 AB 越来越接近切线,割线的斜率 $-\dfrac{\Delta c(N_2O_5)}{\Delta t}$ 越来越接近切线的斜率,当 $\Delta t \to 0$ 时,割线的斜率则变为切线的斜率。因此瞬时速率 $v(N_2O_5)$ 可以用极限的方法来表达出其定义式:

$$v(N_2O_5) = \lim_{\Delta t \to 0} -\frac{\Delta c(N_2O_5)}{\Delta t}$$

由于瞬时速率真正反应了某时刻化学反应进行的快慢,所以比平均速率更重要,有着更广泛的应用。故以后提到反应速率,一般指瞬时速率。

4.2 化学反应速率理论简介

4.2.1 化学反应的碰撞理论

早在 1918 年,路易斯(Lewis)等运用气体分子运动的理论成果,对气相双分子反应提出了反应速率的碰撞理论。其理论要点为:

(1)发生化学反应的先决条件是反应物分子间必须相互碰撞。是否所有的碰撞都能发生化学变化呢?下面以碘化氢气体的分解为例,对碰撞理论进行讨论。

$$2HI(g) \rightarrow H_2(g) + I_2(g)$$

通过理论计算,浓度为 1.0×10^{-3} mol·L^{-1} 的 HI 气体,在 973 K 时,分子碰撞次数约为 3.5×10^{28} L^{-1}·s^{-1}。如果每次碰撞都发生反应,反应速率应约为 5.8×10^4 mol·L^{-1}·s^{-1}。但实验测得,在这种条件下实际反应速率约为 1.2×10^{-8} mol·L^{-1}·s^{-1}。实验证明,大多数碰撞并不引起反应,只有极少数碰撞是有效的。

(2)碰撞理论认为,只有活化分子间的碰撞才可能发生化学反应。碰撞中发生化学反应的分子首先必须具备足够的能量,才有可能使旧的化学键断裂,形成新的化学键,即发生化学反应。把具有足够能量的分子称为活化分子。活化分子具有的最低能量 E_a 称为活化能。活化分子在全部分子中所占比例及活化分子碰撞次数占碰撞总数的比率符合麦克斯韦—波耳兹曼分布:

$$f = e^{-\frac{E_a}{RT}} \tag{4-1}$$

式中:f 为能量因子,其意义是能量满足要求的碰撞占总碰撞次数的分数;e 为自然对数的底;R 为气体常数;T 为绝对温度;E_a 为反应的活化能。如图 4-2 横坐标表示能量在 E 值的气体分子分数,图中阴影面积代表能量在 E_a 以上的活化分子占总分子数的百分率。从图中可以看出活化能越大,活化分子占总分子数的百分率越小,即阴影部分的面积越小。

(3)只有当活化分子采取合适的取向进行碰撞时,化学反应才能发生。这种活化分子间能引起化学反应的碰撞称为有效碰撞。如 $NO_2 + CO \rightarrow NO + CO_2$,只有当 CO 分子中的碳原子与 NO_2 分子中的氧原子相碰撞时才能发生化学反应;而碳原子与氮原子相碰撞的这种取向,则不会发生化学反应,见图 4-3。

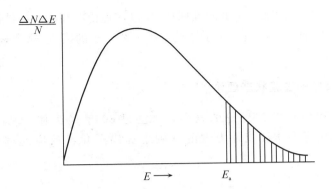

图 4-2 气体分子动能分布曲线

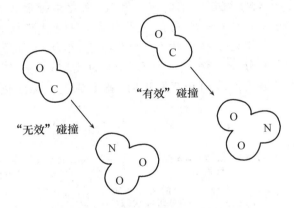

图 4-3 分子碰撞的不同取向

因此,碰撞理论认为,能量只是有效碰撞的一个必要条件,只有取向适当的活化分子间的碰撞才能发生化学反应。对于一个化学反应,其反应速率 v 与分子间的碰撞频率 Z、活化分子百分率 f 及取向因子 P 有关,可用下式表示:

$$v = ZPf = ZP e^{-\frac{E_a}{RT}} \qquad (4\text{-}2)$$

从图 4-2 和式(4-2)可以看出,活化能 E_a 越高,活化分子比率越小,反应速率 v 越小。活化能 E_a 的单位为 $kJ \cdot mol^{-1}$。每个分子的能量因碰撞而不断改变,因此活化分子并不是固定不变的,但由于当温度一定时分子的能量分布是不变的,所以活化分子的比例,在一定的温度下是固定的。对于不同的反应,活化能是不同的。不同类型的反应,活化能 E_a 相差很大,所以反应速率差别也很大。

碰撞理论虽然在处理理想气体分子双分子反应中较为成功,但只是简单地将反应物分子看成没有内部结构的刚性球体,所以该理论存在有一些缺陷,特别是无法揭示活化能 E_a 的真正本质。对于涉及结构复杂分子的反应,这个理论适应性则较差。

4.2.2 化学反应的过渡状态理论

随着原子和分子结构理论的发展,20 世纪 30 年代艾林(Eyring)、波兰尼(Polanyi)等在量子力学和统计力学的基础上提出了化学反应速率的过渡状态理论。

4.2.2.1 活化配合物

过渡状态理论认为,发生化学反应的过程就是具有足够平均能量的反应物分子逐渐接近,旧化学键逐步削弱以至断裂,新化学键逐步形成的过程。在此过程中反应物分子先经过一个中间过渡状态,中间过渡状态的物质称为活化配合物。活化配合物处于高能状态,极不稳定,很快就会分解成产物分子,也可能分解成反应物分子。例如,CO 和 NO_2 的反应,当具有较高能量的 CO 和 NO_2 分子彼此以适当的取向相互靠近时,就形成了一种活化配合物如图 4-4 所示。

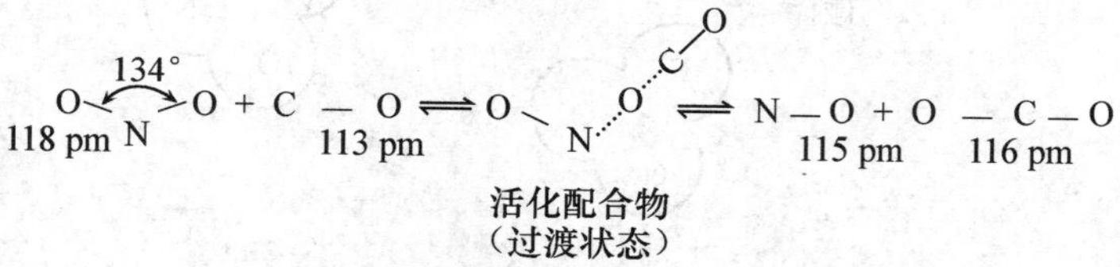

$$\underset{118\,pm}{O}\overset{134°}{\underset{N}{\diagup}}O + C\!-\!O \rightleftharpoons O\cdots N\overset{\cdots C\diagdown O}{\underset{}{\cdots}} \rightleftharpoons N\!-\!O + O\!-\!C\!-\!O$$

活化配合物
(过渡状态)

图 4-4　CO 和 NO_2 的反应的过程

该反应的速率与下列 3 个因素有关:活化配合物的浓度,活化配合物分解的概率,活化配合物的分解速率。

过渡状态理论将反应中涉及到的物质的微观结构与反应速率结合起来,这比碰撞理论前进了一步。然而,由于许多反应的活化配合物的结构尚无法从实验上加以确定,因此该理论的应用受到限制。

4.2.2.2 反应历程——势能图

应用过渡状态理论讨论化学反应时,可将反应过程中体系势能的变化用反应历程——势能图来表示。如 A+BC→AB+C 的反应的能量变化见图 4-5。A+BC 和 AB+C 分别表示反应物分子和产物分子所具有的平均能量,[A…B…C]表示活化配合物所具有的最低能量,它是反应物和产物之间一道能量很高的势垒。

反应的活化能就是超越势垒所需的最低能量,等于活化配合物的最低能量与反应物分子的平均能量的差值。图中 E_a 为正反应活化能,E_a' 为逆反应活化能,两者之差就是化学反应的摩尔反应热 ΔH,即:

$$\Delta H = E_a - E_a'$$

若 $E_a < E_a'$ 时,$\Delta H < 0$,反应是放热反应;若 $E_a > E_a'$ 时,$\Delta H > 0$,反应是吸热反应。无论反应正向还是逆向进行,都一定经过同一活化配合物状态。由图 4-5 可见,如果正反应是经过一步即可完成的反应,则其逆反应也可以经过一步完成,而且正逆反应经过同一个活化配合物中间体。这就是微观可逆性原理。

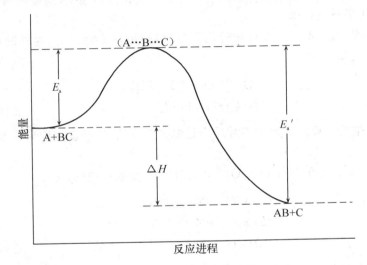

图 4-5　反应的能量变化

碰撞理论考虑了分子的有效碰撞频率等因素,过渡状态理论考虑到了物质内部的微观结构,揭示了化学反应的本质。不同的理论对活化能的定义不同,但都说明了活化能属于物质的本性,是影响反应速率快慢的内因,其数值大小由反应物的本质与反应途径决定,而与反应物的浓度无关。活化能均为正值,多数反应的活化能大小与破坏一般化学键所需的能量相近,一般化学反应的活化能在 $40 \sim 400\ kJ \cdot mol^{-1}$ 之间,大多数在 $60 \sim 250\ kJ \cdot mol^{-1}$ 之间。活化能小于 $40\ kJ \cdot mol^{-1}$ 的化学反应通常很快,一般方法难以测定,活化能大于 $250\ kJ \cdot mol^{-1}$ 的反应,通常条件下反应又非常慢,以致难以觉察。

4.3 影响化学反应速率的因素

4.3.1 浓度对化学反应速率的影响

大量实验表明,在一定的温度下,增加反应物的浓度可以增大反应速率。这个现象可用碰撞理论进行解释。因为在恒定的温度下,对某一化学反应来说,反应物中活化分子的百分率是一定的。增加反应物浓度时,单位体积内活化分子数目增多,从而增加了单位时间单位体积内反应分子有效碰撞的频率,反应速率加大。

4.3.1.1 化学反应机理

实验证明,有些反应从反应物转化为生成物,是一步完成的,这样的反应称为基元反应。例如:

$$NO_2 + CO \rightarrow NO + CO_2$$
$$2NO_2 \rightarrow 2NO + O_2$$

这些反应都是基元反应。而大多数反应是多步完成的,这些反应称为非基元反应,或复杂反应。

例如,反应 $2N_2O_5 = 4NO_2 + O_2$ 是由以下 3 个步骤完成的:

$$(1)N_2O_5 \rightarrow N_2O_3 + O_2 \quad (慢)$$
$$(2)N_2O_3 \rightarrow NO_2 + NO \quad (快)$$
$$(3)N_2O_5 + NO \rightarrow 3NO_2 \quad (快)$$

将这三个基元反应所表示的总反应所经历的具体途径称为反应机理,或反应历程。上述反应(1)是慢反应,限制和决定了整个复杂反应的速率,称为定速步骤或速率控制步骤。化学动力学的重要任务之一就是研究反应机理,确定反应历程,揭示反应速率的本质。

4.3.1.2 质量作用定律和速率方程

1863 年,挪威化学家古德贝格(Guldberg)和瓦格(Waage)总结了前人的大量工作,并结合自己的实验提出了:在一定温度下,基元反应的化学反应速率与反应物浓度以其计量数为指数的幂的连乘积成正比。这就是质量作用定律。如基元反应:

$$aA + bB \rightarrow gG + hH$$
$$v \propto c^a(A)c^b(B)$$
$$v = kc^a(A)c^b(B) \tag{4-3}$$

式(4-3)是质量作用定律的数学表达式,也是基元反应的速率方程。式中 k 为速率常数,与反应物的本性、温度和催化剂等因素有关,与反应物浓度无关。

由式(4-3)可知,当 $c(A)$ 和 $c(B)$ 均为 $1\ mol \cdot L^{-1}$ 时,有 $v=k$,所以 k 在数值上等于各反应物浓度均为 $1\ mol \cdot L^{-1}$ 时的反应速率,k 是表示反应速率快慢的特征常数,其单位为 $mol^{1-(a+b)} \cdot L^{(a+b)-1} \cdot s^{-1}$。

质量作用定律仅适用于基元反应,所以在写反应速率方程时,可直接根据此定律写出其速率方程,且速率方程中指数与化学反应方程式中的反应系数相一致。但大多数化学反应不是基元反应,而是由两个或多个基元反应构成的复杂反应,其反应速率是由最慢的一个基元反应(即定速步骤)所决定的,如:$A_2 + B \rightarrow A_2B$ 的反应,是由两个基元反应构成的:

$$(1)A_2 \rightarrow 2A \qquad\qquad (慢反应)$$
$$(2)2A + B \rightarrow A_2B \qquad (快反应)$$

该反应的速率方程为:$v=kc(A_2)$,对于这种复杂反应,其反应的速率方程只有通过实验来确定。同时在书写速率方程时还要注意:纯固态、液态物质的浓度可视为常数,不列入反应方程式中。而且在稀溶液中溶剂参与的反应,速率方程中也不必标出溶剂的浓度。因为在稀溶液中,溶剂的量很大,在整个变化过程中,溶剂的相对变化量非常小,所以其浓度可近似地看作常数。如在稀的蔗糖溶液中,蔗糖水解生成葡萄糖和果糖的反应:

$$C_{12}H_{22}O_{11} + H_2O \xrightarrow{\text{酶催化}} C_6H_{12}O_6(果糖) + C_6H_{12}O_6(葡萄糖)$$

由质量作用定律: $\qquad\qquad v=kc(C_{12}H_{22}O_{11})$

【例 4-1】 303 K 时,乙醛分解反应 $CH_3CHO(g) = CH_4(g) + CO(g)$ 为一基元反应,反应速率与乙醛浓度的关系如下:

$c(CH_3CHO)/(mol \cdot L^{-1})$	0.10	0.20	0.30	0.40
$v/(mol \cdot L^{-1} \cdot s^{-1})$	0.025	0.102	0.228	0.406

(1)写出反应的速率方程;(2)求速率常数 k;(3)求 $c(CH_3CHO) = 0.25\ mol \cdot L^{-1}$ 时的反应速率。

解:(1)设速率方程为 $v=kc^n(CH_3CHO)$,可以任选两组数据,代入速率方程以求 n 值,如选第一、第四组数据得:

$$0.025\ mol \cdot L^{-1} \cdot s^{-1} = k(0.10\ mol \cdot L^{-1})^n$$
$$0.406\ mol \cdot L^{-1} \cdot s^{-1} = k(0.40\ mol \cdot L^{-1})^n$$

两式相除得：

$$\frac{0.025}{0.406} = \frac{(0.10)^n}{(0.40)^n} = \left(\frac{1}{4}\right)^n$$

解得 $n \approx 2$，故该反应的速率方程为：

$$v = kc^2(CH_3CHO)$$

（2）将任一组实验数据（如第三组）代入速率方程，可得 k 值：

$$0.228 \text{ mol} \cdot L^{-1} \cdot s^{-1} = k(0.30 \text{ mol} \cdot L^{-1})^2;$$
$$k = 2.53 \text{ mol}^{-1} \cdot L \cdot s^{-1}$$

（3）当 $c(CH_3CHO) = 0.25 \text{ mol} \cdot L^{-1}$ 时

$$v = kc^2(CH_3CHO) = 2.53 \text{ mol} \cdot L^{-1} \cdot s^{-1} \times (0.25 \text{ mol} \cdot L^{-1})^2$$
$$= 0.158 \text{ mol} \cdot L^{-1} \cdot s^{-1}$$

4.3.1.3　反应分子数和反应级数

反应的分子数是指基元反应或复杂反应的基元步骤中发生反应所需要的微粒（分子、原子、离子或自由基）的数目。反应分子数只能对基元反应或复杂反应的基元步骤而言，非基元反应不能谈反应分子数，不能认为反应方程式中，反应物的计量数之和就是反应的分子数。根据参加反应的分子数可将反应划分为单分子反应、双分子反应和三分子反应、四分子反应或更多分子反应尚未发现。

所谓反应级数是反应的速率方程中各反应物浓度的指数之和。表 4-2 列出了几个反应和它们的速率方程及级数。

表 4-2　某些化学反应的速率方程和反应级数

反应	反应速率方程	反应级数
$2NH_3 \rightarrow 3H_2 + N_2$	$v_1 = k$	0
$SO_2Cl_2 \rightarrow SO_2 + Cl_2$	$v_2 = kc(SO_2Cl_2)$	1
$NO_2 + CO \rightarrow NO + CO_2$	$v_3 = kc(NO_2)c(CO)$	2
$2H_2 + 2NO \rightarrow 2H_2O + N_2$	$v_4 = kc(H_2)c^2(NO)$	3

各反应的级数等于速率方程式中该反应物浓度的方次数，如第④反应中，对于 H_2 的反应级数为 1，对 NO 的反应级数为 2，总反应级数为 3。

反应级数是通过实验测定的。一般而言，基元反应中反应物的级数等于反应式中的反应物计量系数之和。而复杂反应中这两者往往不同，且反应级数可能因实验条件改变而发生变化。反应级数可以是整数,也可以是分数或零。应该注意的是,即使由实验测得的反应级数与反应式中反应物计量数之和相等,该反应也不一定是基元反应。

例如反应:

$$H_2(g) + I_2(g) \rightarrow 2HI(g)$$

实验测得速率方程为

$$v = kc(H_2)c(I_2)$$

它却是个复杂反应,反应由两个基元反应完成:

$$①I_2 \rightleftharpoons I + I \qquad (快)$$
$$②H_2 + 2I \rightarrow 2HI \qquad (慢)$$

反应速率是由反应②决定的,其速率方程为

$$v = k_1 c(H_2) c^2(I)$$

由于①是快反应,总是处于平衡状态,故有

$$K = \frac{c^2(I)}{c(I_2)}$$

所以 $c^2(I) = Kc(I_2)$　　代入上式得

$$v = Kk_1 c(H_2) c(I_2)$$

令 $k = Kk_1$ 可得总反应的速率方程 $v = kc(H_2)c(I_2)$

4.3.1.4　一级反应

凡是反应速率与反应物浓度的一次方成正比的反应即为一级反应,其速率方程可表示为:

$$v = -\frac{dc}{dt} = kc \qquad (4\text{-}4)$$

此为速率方程式的微分形式,其意义是间隔微小的时间内的浓度变化,表明了速率 v 与浓度 c 之间的关系。将此式分离变量得:

$$-\frac{dc}{c} = k\,dt \qquad (4\text{-}5)$$

再将上式定积分:　　　　　　$$\int_{c_0}^{c} -\frac{dc}{c} = \int_{0}^{t} k\,dt \qquad (4\text{-}6)$$

得 $$\ln\frac{c_0}{c}=kt \tag{4-7}$$

即 $$\ln c=-kt+\ln c_0 \quad 或\ \lg c=-\frac{kt}{2.303}+\lg c_0 \tag{4-8}$$

式中：c_0 为反应物的初始浓度；c 为某一时刻的反应物浓度。

　　反应物恰好消耗掉一半时所需要的时间为半衰期，用 $t_{1/2}$ 表示，由式（4-7）可得

$$t_{1/2}=\frac{1}{k}\ln\frac{c_0}{c}=\frac{1}{k}\ln 2=\frac{0.693}{k} \tag{4-9}$$

从上式可以看出：一级反应的半衰期与反应物起始浓度无关；速率常数 k 的数值与浓度单位无关，其单位为（h^{-1}）。在众多的化学反应中一级反应是较为常见的。如放射性元素的蜕变，某些热分解反应，一些分子的重排反应，都属于一级反应。

【例 4-2】　已知某药物是按一级反应分解的，在 25 ℃分解反应速率常数 $k=2.09\times10^{-5}\,h^{-1}$。该药物的起始浓度为 94 $U\cdot cm^{-3}$，若其浓度下降至 45 $U\cdot cm^{-3}$ 就无临床价值，不能继续使用。问该药物的有效期应当定为多长？

　　解：根据 $\ln\dfrac{c_0}{c}=kt$ 得：

$$t=\frac{1}{k}\ln\frac{c_0}{c}=\frac{1}{2.09\times10^{-5}\,h^{-1}}\ln\frac{94\ U\cdot cm^{-3}}{45\ U\cdot cm^{-3}}$$
$$=3.52\times10^4\,h=4\ a$$

4.3.2　温度对化学反应速率的影响

　　温度对化学反应速率的影响特别显著，一般情况下升高温度可使大多数反应的速率加快。范特荷甫（Van't Hoff）依据大量实验提出经验规则：温度每升高 10 K，反应速率就增大到原来的 2～4 倍。可以认为，温度升高时分子运动速率增大，分子间碰撞频率增加，反应速率加快。另外一个重要的原因是温度升高，活化分子的百分率增大，有效碰撞的百分率增加，使反应速率大大加快。无论是吸热反应还是放热反应，温度升高时反应速率都是增加的。

　　1889 年阿仑尼乌斯（Arrhenius）总结了大量实验事实，指出反应速率常数和温度间的定量关系为：

$$k = A\mathrm{e}^{-\frac{E_a}{RT}} \tag{4-10}$$

对式(4-10)取自然对数,得:

$$\ln k = -\frac{E_a}{RT} + \ln A \tag{4-11}$$

对式(4-10)取常用对数,得:

$$\lg k = -\frac{E_a}{2.303RT} + \lg A \tag{4-12}$$

　　式(4-10)、式(4-11)和式(4-12)3个式子均称为阿仑尼乌斯公式。式中:k 为反应速率常数;E_a 为反应活化能;R 为气体常数;T 为绝对温度;A 为一常数,称为"指前因子"或"频率因子"。在浓度相同的情况下,可以用速率常数来衡量反应速率。

　　对于同一反应,在温度 T_1 和 T_2 时,反应速率常数分别为 k_1 和 k_2。则:

$$k_1 = A\mathrm{e}^{-\frac{E_a}{RT_1}}$$

$$k_2 = A\mathrm{e}^{-\frac{E_a}{RT_2}}$$

结合以上二式,得:

$$\ln \frac{k_2}{k_1} = \frac{-E_a}{R}\left(\frac{1}{T_2} - \frac{1}{T_1}\right) \tag{4-13}$$

即:

$$\ln \frac{k_2}{k_1} = \frac{E_a}{R}\left(\frac{T_2 - T_1}{T_1 T_2}\right) \tag{4-14}$$

　　阿仑尼乌斯公式不仅说明了反应速率与温度的关系,而且还可以说明活化能对反应速率的影响。这种影响可以通过图4-6看出。

　　式(4-12)是阿仑尼乌斯公式的对数形式,从此式可得,$\lg k$ 对 $\frac{1}{T}$ 作图应为一直线,直线的斜率为 $-\frac{E_a}{2.303R}$,截距为 $\lg A$。图4-6 中两条斜率不同的直线,分别代表活化能不同的两个化学反应。斜率较小的直线 Ⅰ 代表活化能较小的反应,斜率较大的直线 Ⅱ 代表活化能较大的反应。

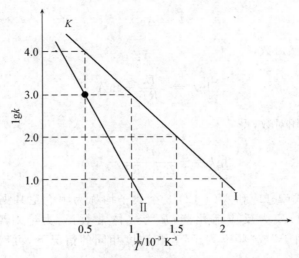

图 4-6　温度与反应速率常数的关系

图 4-6 可以说明,活化能较大的反应,其反应速率随温度的升高增加较快,所以升高温度更有利于活化能较大的反应进行。例如当温度从 1 000 K 升高到 2 000 K 时(图中横坐标 1.0～0.5),活化能较小的反应 Ⅰ,k 值从 1 000 增大到 10 000,扩大 10 倍;而活化能较大的反应 Ⅱ,k 值从 10 增大到 1 000,扩大 100 倍。对一给定反应例如反应 Ⅰ,如果要把反应速率扩大 10 倍,在低温区使 k 值从 10 增加到 100,只需升温 166.7 K;而在高温区使 k 值从 1 000 增加到 10 000,则需升温 1 000 K。这说明一个反应在低温时速率随温度的变化比在高温时显著得多。

利用上面的作图方法,可以求得反应的活化能,因为直线的斜率为 $-\dfrac{E_a}{2.303R}$,知道了图中直线的斜率,便可求出 E_a。

【例 4-3】 已知某反应的活化能 $E_a = 180$ kJ·mol^{-1},在 600 K 时速率常数 $k_1 = 1.3 \times 10^{-8}$ L·mol^{-1}·s^{-1},求 700 K 时的速率常数 k_2。

解:$\lg \dfrac{k_2}{k_1} = \dfrac{-E_a}{2.303R}\left(\dfrac{1}{T_2} - \dfrac{1}{T_1}\right)$

$\lg \dfrac{k_2}{1.3 \times 10^{-8} \text{ L·mol}^{-1}\text{·s}^{-1}} = \dfrac{-180 \text{ kJ·mol}^{-1} \times 10^3}{2.303 \times 8.314 \text{ kJ·mol}^{-1}\text{·K}^{-1}}\left(\dfrac{1}{700 \text{ K}} - \dfrac{1}{600 \text{ K}}\right)$

$k_2 = 2.25 \times 10^{-6}$ L·mol^{-1}·s^{-1}

4.3.3　催化剂对化学反应速率的影响

催化剂是一种能改变化学反应速率,其本身在反应前后质量和化学组成均不改变的物质。凡能加快反应速率的催化剂叫正催化剂,凡能减慢反应速率的催化剂叫负催化剂。一般提到催化剂时,若不明确指出是负催化剂时,则均指有加快反应速率作用的正催化剂。

许多实验测定指出,催化剂能加快反应速率的原因是因为催化剂参与了化学反应,改变了反应历程,降低了活化能。如图 4-7 所示。E_a 是反应的活化能,E_{ac} 是加催化剂后反应的活化能,$E_a > E_{ac}$。催化剂降低了活化能,增加了活化分子百分率,加快了反应速率。从图 4-7 可以看出逆反应的活化能 E'_a 降为 E'_{ac},这表明催化剂不仅加快正反应的速率,同时也加快逆反应的速率。

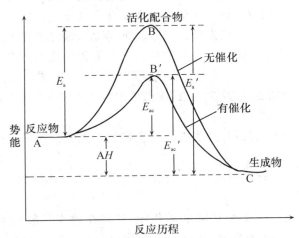

图 4-7   催化反应和原反应的能量图

从图 4-7 还可以看出,催化剂既不改变反应物和生成物的相对能量,也不改变反应始态和终态,只改变反应途径,即不改变原反应的 $\Delta_r H_m$ 和 $\Delta_r G_m$,这说明催化剂只能加速热力学上认为可能进行的反应。

催化剂具有一定选择性,某种催化剂只能催化某一个或某几个反应,不存在万能催化剂。某些物质对催化剂的性能有很大的影响,有些物质可以大大增强催化剂的能力,我们把这些物质叫助催化剂。有些物质可以严重降低甚至完全破坏催化剂的活性,这些物质称为催化剂毒物,这种现象称为催化剂中毒。

催化剂按与反应物相间的关系,分为均相催化反应和多相催化反应。

(1)均相催化   是指催化剂与反应物处于一相内的催化反应。在均相催化中,最普遍而又重要的一种是酸碱催化反应。如在酯的水解中 H^+ 作催化剂。

$$CH_3COOCH_3 + H_2O \xrightarrow{H^+} CH_3COOH + CH_3OH$$

OH⁻ 可催化 H_2O_2 的分解：

$$2H_2O_2 \xrightarrow{\text{OH}^-} 2H_2O + O_2$$

在均相催化反应中也有一类不需另加催化剂而自动发生催化作用的。例如向含有硫酸的 H_2O_2 溶液中加入 $KMnO_4$，最初观察不到反应的发生，但经过一段时间，反应速率逐渐加快，$KMnO_4$ 颜色迅速褪去，这是由于反应生成的 Mn^{2+} 离子对反应具有催化作用。

（2）多相催化　多相催化反应一般是催化剂自成一相。最常见的催化剂是固体，反应物为气体或液体。重要的化工生产如合成氨反应，接触法制硫酸，氨氧化法生产硝酸等，由于催化反应发生在固体表面，所以又称表面催化反应。

（3）酶催化　酶是生物体内产生的具有高效催化性能的蛋白质。几乎一切生命现象都与酶有关，可以说，没有酶催化就没有生命。酶催化反应应用于工业生产，可简化工艺，降低能耗，减少污染，现已可用酶法生产不少氨基酸、抗生素、酒精等重要的化工和医药产品。

酶催化反应为零级反应，其速率与反应物浓度无关。酶催化反应比一般催化反应更具特点：

①选择性高　如脲酶只能专一催化尿素 $(NH_2)_2CO$ 水解为 CO_2 和 NH_3，对别的反应不起作用。

②催化效率高　酶能显著降低活化能，其催化效率一般约为酸碱催化剂的 $10^8 \sim 10^{11}$ 倍。如 H_2O_2 的分解反应在 0℃ 时用过氧化氢酶催化是无机催化剂钯催化的 5.7×10^{11} 倍，是不用催化剂的 6.3×10^{12} 倍。

③反应条件温和　一般在常温常压下进行，介质为中性或近中性。例如，某些植物内部的固氮酶在常温常压下能固定空气中的 N_2 并将其转化为 NH_3，而以铁为催化剂的合成氨工业需高温高压。

由于酶催化的诸多优点，使模拟生物酶成为催化研究的一个活跃领域，酶学研究及其催化功能的实际应用也将会在不久的将来有重大突破和广泛的应用。

习　题

1.什么是基元反应、复杂反应？什么是反应级数？怎样确定反应的级数？

2.什么是质量作用定律？质量作用定律对基元反应能否适用？为什么？

3.影响反应速率的主要因素有哪几种？其中哪些对反应速率常数有影响？

4.判断下列说法是否正确：

（1）非基元反应是由多个基元反应组成；

(2)在某反应的速率方程式中,若反应物浓度的方次与反应方程式中的计量数相等,则反应一定是基元反应;

(3)非基元反应中,反应速率由最慢的反应步骤控制。

5.反应 A 和反应 B,在 298 K 时后者的反应速率较前者快;在同样浓度条件下,当温度升至318 K 时,前者的反应速率较后者快。试问 A,B 两反应的活化能何者较大？ 为什么？

6.什么是化学反应的活化能？ 催化剂为什么能加快反应速率？

7.反应 $2NO(g)+Cl_2(g)=2NOCl(g)$ 为基元反应。

a)写出反应的质量作用定律表达式。

b)反应级数是多少？

c)其他条件不变,如果容器体积增加到原来的 2 倍,反应速率如何变化？

d)如果容积不变,将 NO 的浓度增加到原来的 3 倍,反应速率又将怎样变化？

8.对于一氧化氮与氯气生成亚硝酰氯的反应:
$2NO(g)+Cl_2(g)=2NOCl(g)$ 测得数据如下:

$c(NO)/(mol \cdot L^{-1})$	$c(Cl_2)/(mol \cdot L^{-1})$	$v/(mol \cdot L^{-1} \cdot s^{-1})$
0.10	0.10	0.117
0.20	0.10	0.468
0.30	0.10	1.054
0.30	0.20	2.017
0.30	0.30	3.161

(1)写出此反应的反应速率方程表达式;

(2)求该反应的速率常数 k;

(3)求 $c(NO)=c(Cl_2)=0.50 \text{ mol} \cdot L^{-1}$ 时的反应速率 v 值。

9.在 301 K 时鲜牛奶大约 4.0 h 变酸,但在 278 K 的冰箱中可保持 48 h。假定反应速率与变酸时间成反比,求牛奶变酸反应的活化能。

10.在 294 K 和无酶存在时,尿素水解成氨及二氧化碳,反应的活化能为 126 kJ $\cdot$ mol^{-1},而在尿素酶存在时,反应的活化能降为 46 kJ $\cdot$ mol^{-1},计算反应因酶的存在而加速多少倍？

11.反应 $2NO_2(g)=2NO(g)+O_2(g)$ 是一个基元反应,正反应的活化能为 114 kJ $\cdot$ mol^{-1},反应的热效应 $\Delta H = -113$ kJ $\cdot$ mol^{-1}。

(1)写出正反应的速率方程式,并计算逆反应的活化能;

(2)当温度由 600 K 升高至 700 K 时,正、逆反应速率各增加多少倍？

12.正三价钒离子被催化氧化为四价状态的反应机理被认为如下:

$$V^{3+}+Cu^{2+} \rightarrow V^{4+}+Cu^{+} （慢）$$

$$Fe^{3+}+Cu^{+} \rightarrow Cu^{2+}+Fe^{2+} （快）$$

试回答:(1)哪种物质作为催化剂;

(2)哪种物质为中间产物。

5 化学热力学基础与化学平衡

【知识要点】

1. 理解状态函数的意义,了解等压热效应、等容热效应、焓及内能的概念及彼此之间的关系。掌握热力学第一定律,学会计算等压热效应、等容热效应、焓变及内能变。

2. 掌握熵的概念,并能根据物质的标准熵计算化学反应的标准熵变。

3. 理解反应自发性的判据及标准吉布斯自由能变的概念,能够判断化学反应的方向和计算反应的转变温度。

4. 了解化学平衡特点,掌握平衡常数与标准吉布斯函数变的关系,掌握平衡常数的意义及平衡移动的原理。

5. 理解化学反应等温方程式的含义,并会应用该方程式判断反应的自发性。

物质在化学反应过程中,除了发生质的变化外,还伴随着能量的变化。例如,二氧化碳和水在叶绿素的光合作用下产生葡萄糖的反应,需要吸收热量,而合成氨的反应则放出热量。那么,伴随着化学反应的进行,将发生多少能量变化? 这就是化学反应的热效应问题,研究此问题的理论基础就是热力学。

热力学是研究能量传递、转换与物质转化之间关系的科学。它只从物质的宏观性质出发解释各种现象,不涉及物质的微观结构。热力学的基础主要是热力学第一定律和热力学第二定律,这两个定律都是人类经验的总结。根据热力学的基本原理来研究化学反应的能量变化等问题,就形成了化学热力学。计算化学反应的热效应是化学热力学的主要问题之一。

化学热力学的内容是十分丰富的,本章仅根据大学化学的需要简单地介绍有关化学热力学的基本原理,并运用热力学原理探讨化学反应的方向和限度。为了便于学习,先介绍几个重要的热力学基本概念。

5.1　基本概念

5.1.1　体系和环境

在进行科学研究时,常根据需要人为地把研究对象与周围其他物质分开,这样选择的研究对象就称为体系;而把除体系之外与之有关的部分称为环境。例如,研究硝酸银和氯化钠在水溶液中的反应,则含有这两种物质的水溶液就是体系,而盛溶液的烧杯及周围空气都为环境。在热力学中,按照体系和环境之间物质和能量的交换情况不同,可将体系分为以下 3 类:

(1)敞开体系　体系和环境之间既有物质交换,又有能量交换。

(2)封闭体系　体系和环境之间没有物质交换,只有能量交换。

(3)孤立体系　体系和环境之间既没有物质交换,也没有能量交换。

例如,盛在烧杯中的热水溶液,就是一个敞开体系。溶液中水分子可蒸发出去,周围环境中的物质分子也可溶进水中,发生了物质交换。另外,热水将能量传递给环境,环境能量增加,而水本身温度降低,这就是能量交换。如果给该烧杯上加一个严密的盖子,这时体系和环境之间没有物质交换,只有能量交换,则成为一个封闭体系。假若把这杯水放在一个绝热的保温杯中,可以认为在一段时间内体系和环境之间既无物质交换也无能量交换,这就是所谓的孤立体系。

5.1.2　状态和状态函数

　　热力学体系的状态是体系的物理性质与化学性质的综合表现。体系的各种宏观性质一定,体系就处于一定的状态。例如,气体的温度、压力、体积以及气体的物质的量等宏观物理量确定了,则这体系的状态也就确定了。但是,只要其中一个物理量改变,则体系的状态就会发生相应的变化,变化之前的状态为始态,变化之后的状态为终态。由于各物理量之间互相联系,因此,只要确定几个主要物理量,就可以确定体系的状态。比如要确定某理想气体的状态,只需在温度、压力、体积以及物质的量这四个物理量中确定任意三个就可以,因为第四个物理量可通过理想气体状态方程式 $pV=nRT$ 计算得到。同理,通过其他形式的方程式还可确定体系的能量、密度等物理量。

　　体系的状态和性质之间是相互联系、相互制约的,状态一定,体系的性质也就一定,状态改变,性质也就发生变化,体系的性质是随状态的变化而变化的,在这种意义上可以说体系的性质是体系的状态函数,在热力学上把描述体系状态的物理量称为状态函数。像温度、压力、体积、物质的量等都是状态函数。

　　体系的状态函数,有下述明显的特征:

　　(1)体系的状态一定,各种状态函数的值就一定。

　　(2)体系状态发生变化时,体系的状态函数也随之发生变化,状态函数的变化值只与体系的始态和终态有关,而与变化的具体途径无关。

　　总之,凡是状态函数,必具有上述两个特征,这种特征简要概括为"异途同归,值变相等,周而复始,数值还原"。

5.1.3　过程和途径

　　由于外界条件的改变,体系的状态也会发生变化,通常把体系状态发生变化的经过称为过程,完成这个过程的具体步骤则称为途径。例如,某一体系由始态 A 变到终态 B,可以经过以下两种途径(图 5-1):第 1 种是由始态 A 一步变化到终态 B;第 2 种是先由始态 A 变化到状态 C,然后再由状态 C 变化到终态 B。不管采用哪种途径,状态函数的改变量是与途径无关的。

图 5-1　过程与途径的关系

　　热力学根据过程发生时的条件,通常将它分为:

　　(1)恒温过程　在变化过程中,体系的温度保持不变,即体系的始态温度与终态温度相同,并等于环境温度。

（2）恒压过程 在变化过程中,体系的压力保持不变,即体系的始态压力与终态压力相同,并等于环境压力。

（3）恒容过程 在变化过程中,体系的体积保持不变。即体系的始态体积与终态体积相同。

（4）绝热过程 体系和环境之间没有热量交换。

（5）循环过程 如果体系从某状态出发,经过一系列变化后,又重新回到原状态,则称为循环过程,循环过程中一切状态函数的变化值为零。

5.2 热力学第一定律

5.2.1 热和功

当体系的状态发生变化时,体系和环境之间必然伴随着能量交换,而能量交换的形式可以概括为热和功。

物体之间由于存在温度差而引起的能量传递称之为热,用符号 Q 表示。当两个温度不同的物体接触时,高温物体逐渐变冷,低温物体逐渐变热,两者之间发生了能量交换,最后达到温度相同。

在热力学中,除热以外,能量的其他传递形式叫做功,用符号 W 表示。功有多种形式,为了研究问题的方便,热力学中常把功分为体积功和非体积功两大类。由于体系体积变化,反抗外力作用而与环境交换的能量,称为体积功。除体积功以外的其他功统称为非体积功(也称其他功)。电功、表面功、机械功等都是非体积功。

体积功的概念,可用图 5-2 中的装置作进一步说明。设有内贮一定量气体的圆筒,截面积为 A,筒上有一无摩擦、无重量的理想活塞,受到外压力 $p_{外}$ 的作用。如果加热筒内气体使其膨胀,使活塞移动了 Δl 距离。此时,该体系对外界所做的体积功 W,应等于气体所受外力 $f_{外}$ 与位移 Δl 的乘积,即：

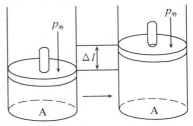

图 5-2 体积功示意图

$$W = f_{外} \cdot \Delta l = p_{外} \cdot A \cdot \Delta l$$

式中：$A \cdot \Delta l$ 项即是圆筒内气体膨胀时体积的增加量 ΔV。于是体积功为

$$W = f_{外} \cdot \Delta l = p_{外} \cdot \Delta V$$

在热力学中,热或功的传递方向用热量 Q 和功 W 的正负号表示。符号按贯

例是以体系为出发点。体系吸热,Q 为正值;体系放热,Q 为负值;体系对环境做功,W 为正值,环境对体系做功,W 为负值。

对于热和功的概念,必须明确以下几点:

(1)热和功都是变化过程中交换和传递的能量,是和变化过程相联系的,过程完成也就无热和功可言了,它们都不是体系的自身性质,因此它们都不是状态函数。

(2)热虽然是因温度不同而引起的一种能量交换,但热与反映物体温度高低的冷热现象不能混为一谈。温度高的物体,可以说它具有较高的能量,但却不能说它具有较高的热量。

(3)对任何一个体系而言,不能说它含有多少热和功,只能说它吸收或释放了多少热,做了多少功。

5.2.2　内能

体系在变化过程中,有热和功两种形式的能量传递,说明任何物质内部都贮存着一定的能量。体系内部能量的总和称为体系的内能,用符号 U 来表示。内能包括体系内所有物质分子的平动能、转动能、振动能、电子运动能、核能等。由于物质内部微粒运动及相互间的作用很复杂,到目前为至,尚无法知道一个体系内能的绝对值,但在解决实际问题时,往往并不需要知道内能的绝对值,只需知道内能的改变值 ΔU,而 ΔU 可通过体系和环境之间热和功的传递来确定。

内能既然是体系内部能量的总和,那么它就是体系本身的性质。体系在一定状态下,其内能应有确定值,因此,内能是体系的状态函数,内能的改变量也只决定于体系的始态和终态,而与变化的途径无关。

5.2.3　热力学第一定律

自然界的一切物质都具有能量,能量有各种不同形式,而且能够从一种形式转化为另一种形式,在转化过程中能量的总数值不变,这就是能量守恒定律。把它运用于热力学体系,则称为热力学第一定律。它是根据体系内能的改变与体系和环境之间所传递的热和功之间的关系提出来的。

比如某体系处于状态Ⅰ,具有内能 U_1,当该体系自环境吸收了 Q 的热,同时对环境做了 W 的功,变化到状态Ⅱ时,具有能量 U_2,根据能量守恒定律,体系终态的内能 U_2 应等于始态的内能 U_1 加上体系吸收的热量 Q,减去对环境所做的功 W,即:

$$U_2 = U_1 + Q - W$$
$$U_2 - U_1 = Q - W \tag{5-1}$$
$$\Delta U = Q - W$$

式(5-1)是热力学第一定律的数学表达式(式中 W 是指总功)。它的物理意义是:对于封闭体系,体系内能变化等于体系自环境吸收的热量减去体系对环境所做的功。

当 $Q > W$ 时,说明体系从环境中吸收的热大于体系对环境所做的功,$\Delta U > 0$,体系内能增加。当 $Q < W$ 时,说明体系从环境吸收的热小于体系对环境所做的功,由于能量不能凭空产生,必消耗体系的内能,故体系内能减少,$\Delta U < 0$。

热力学第一定律是人们在生产实践和科学实验的基础上总结出来的,它是自然界的普遍规律。

【例 5-1】 某一内能为 U_1 的封闭体系,从环境吸收 60 kJ 的热,对环境做功 20 kJ。在上述变化过程中,试问:(1)体系的内能变化为多少?(2)此过程中环境又发生了什么变化?

解:(1)由题意知:$Q = +60$ kJ,$W = +20$ kJ

因此: $\Delta U_{体系} = Q - W = +60 \text{ kJ} - (+20 \text{ kJ}) = +40 \text{ kJ}$

即体系内能净增加了 40 kJ。

(2)当体系吸收 60 kJ 的热时,环境必然放出 60 kJ 的热,对环境来讲 $Q = -60$ kJ。另外,体系对环境做功 20 kJ,对环境来讲 $W = -20$ kJ,于是环境的能量改变值为

$$\Delta U_{环境} = Q - W = -60 \text{ kJ} - (-20 \text{ kJ}) = -40 \text{ kJ}$$

即环境内能减少了 40 kJ。

计算结果表明,体系内能变化和环境的能量变化,数值大小相等而符号相反。如果把体系和环境看成一个整体,则其内能的净变化为零。

$$\Delta U_{体系} + \Delta U_{环境} = 0 \tag{5-2}$$

这是热力学第一定律的另一种表达方法。

5.3　化学反应的热效应

5.3.1　焓

根据热力学第一定律

$$\Delta U = Q - W$$

当体系只做体积功不做其他功时,热力学第一定律可表示为

$$\Delta U = Q - p \cdot \Delta V$$

如果反应在恒容条件下进行,这时的热效应称为恒容热效应,以 Q_V 表示,单位 $kJ \cdot mol^{-1}$。

因为恒容过程 $\Delta V = 0$,无体积功,所以:

$$p \cdot \Delta V = 0$$

则

$$\Delta U = Q_V \tag{5-3}$$

式(5-3)表明,在恒容条件下,且不做非体积功时,体系吸收的热量等于体系内能的改变量。如果是吸热反应,那么体系从环境吸收的热量,全部用来增加体系的内能。

通常,我们所遇到的化学反应多是在敞开容器中进行的,即反应在恒压条件下进行,这时的热效应称为恒压热效应,以 Q_p 表示,单位 $kJ \cdot mol^{-1}$。恒压过程(只做体积功,不做其他功)中进行的化学反应常伴随着体积的变化,体系与环境之间有体积功的交换,这样,内能的变化为:

$$\Delta U = Q_p - W$$
$$= Q_p - p \cdot \Delta V$$

体系在恒压条件下,由状态 I 变化到状态 II,只做体积功时,

$$p_1 = p_2 = p_{\text{外}}$$
$$\Delta U = Q_p - p_{\text{外}} \cdot \Delta V$$
$$U_2 - U_1 = Q_p - p_{\text{外}} \cdot \Delta V$$
$$Q_p = (U_2 - U_1) + p_{\text{外}}(V_2 - V_1)$$
$$Q_p = (U_2 + p_2 V_2) - (U_1 + p_1 V_1)$$

由于 U、p、V 都是状态函数,故它们的组合 $(U+pV)$ 也是状态函数,我们把这个新的状态函数称之为焓,用符号 H 表示,即:

$$H = U + pV \tag{5-4}$$

式(5-4)是焓的定义式。焓和内能、体积一样,是体系的性质。在一定状态下每一体系都有确定的焓值,但由于内能的绝对值目前尚无法测定,因此也不能测得焓的绝对值。但是我们所感兴趣的是焓的改变值 ΔH,即焓变。当体系的状态改

变时,根据焓的定义,可由下式表示焓变:

$$\Delta H = H_2 - H_1 = (U_2 + p_2 V_2) - (U_1 + p_1 V_1)$$

将此式与 $Q_p = (U_2 + p_2 V_2) - (U_1 + p_1 V_1)$ 相比较得:

$$\Delta H = Q_p \qquad\qquad (5\text{-}5)$$

式(5-5)表明,在恒压过程(不做其他功)中,体系与环境交换的热量全部用来改变体系的焓。这就是焓变的物理意义。

关于焓的概念,这里应强调指出几点:

(1)焓和焓变相比,焓变 ΔH 更有实际意义。$\Delta H < 0$,表示在恒压条件下,体系向环境放热,该反应为放热反应;$\Delta H > 0$,表示体系向环境吸热,该反应为吸热反应。例如:

$$C(s) + 2H_2O(g) \Longrightarrow CO(g) + H_2(g) \quad \Delta H = 131.25 \text{ kJ} \cdot \text{mol}^{-1}$$

表示该化学反应吸收 131.25 kJ 的热量。

(2)焓和反应条件有关,当体系温度升高,焓值也升高,但 ΔH 基本不变,即温度对 ΔH 几乎无影响。如 $CaCO_3$ 的热分解反应 $CaCO_3(s) \Longrightarrow CaO(s) + CO_2(g)$ 当反应在 298 K 下进行时,$\Delta H = 178 \text{ kJ} \cdot \text{mol}^{-1}$,当反应在 1 000 K 下进行时,$\Delta H = 175 \text{ kJ} \cdot \text{mol}^{-1}$,温度改变了 702 K,焓只改变了 3 kJ $\cdot$ mol^{-1},相对于温度,焓变变化很小。

(3)正逆反应在同一条件下进行时,ΔH 绝对值相等,符号相反。

5.3.2 化学反应的热效应

在不做其他功,且产物温度与反应物温度相同时,化学反应体系所吸收或放出的热,称为该反应的热效应,通常也叫反应热。

从热力学第一定律可以推导出 Q_p 与 Q_V 的关系为:

$$Q_p = Q_V + p \cdot \Delta V \qquad\qquad (5\text{-}6)$$

假若参加反应的气体是理想气体,则

$$Q_p = Q_V + \Delta n R T \qquad\qquad (5\text{-}7)$$

式中:Δn 为生成物中气体物质的量与反应物中气体物质的量之差值,R 为气体常数,取值为 8.314 J $\cdot$ mol^{-1} $\cdot$ K^{-1};T 为热力学温度,单位为 K。

同样,运用热力学第一定律也可以推出在不做非体积功条件下,有理想气体参

加的反应其 ΔU 和 ΔH 的关系为：

$$\Delta H = \Delta U + \Delta nRT \qquad (5-8)$$

在许多情况下，ΔH 和 ΔU 差值很小，特别是当化学反应的反应物和生成物都是液态或固态时，因为反应过程中体积变化很小，$p\Delta V$ 可忽略不计，ΔH 在数值上近似等于 ΔU，这时恒压热效应基本上等于恒容热效应。如果反应有气体参加或有气体产生，反应过程中有较大的体积变化，$p\Delta V$ 不可忽略，即使如此，$p\Delta V$ 项与 ΔH 相比仍是一个较小的值。

【例 5-2】 已知反应 $H_2(g) + 1/2O_2(g) = H_2O(g)$ 在 100 kPa 和 100℃时的 $\Delta H = -241.8$ kJ·mol^{-1}，计算反应的内能改变量。

解：根据式(5-8) $\Delta H = \Delta U + \Delta nRT$

反应中的 $\Delta n = 1 - (1 + 1/2) = -1/2$，当 $T = 373$ K 时

$$\Delta U = -241.8 \text{ kJ·mol}^{-1} - (-1/2) \times$$
$$8.314 \text{ kJ·mol}^{-1} \cdot \text{K}^{-1} \times 10^{-3} \times 373 \text{ K}$$
$$= -240.30 \text{ kJ·mol}^{-1}$$

由此例题可以看出 ΔH 和 ΔU 是比较接近的，ΔnRT 项的数值相对于 ΔH 而言是比较小的。

5.3.3　热化学方程式

在热化学中，把标明反应热效应的方程式称为热化学方程式。例如，25℃ 100 kPa 下石墨氧化放出 393.5 kJ·mol^{-1} 的热量，相应的热化学方程式为

$$C(石墨) + O_2(g) = CO_2(g) \qquad \Delta_r H_m^{\ominus} = -393.51 \text{ kJ·mol}^{-1}$$

$\Delta_r H_m^{\ominus}$ 右上角的"$\ominus$"表示热力学标准态。由于热效应与反应条件有关，因此在书写热化学方程式时必须注意以下几点：

(1)无论放热或吸热反应，焓变数值 $\Delta_r H_m^{\ominus}$ 直接写于反应式之后，$\Delta_r H_m^{\ominus} < 0$，表示放热反应；$\Delta_r H_m^{\ominus} > 0$，表示吸热反应。

(2)由于焓是状态函数，其值与体系的状态有关，因此在热化学方程式中一定要注明反应条件(温度、压力)。如果不注明，指的就是 298K 条件下。气体的标准态是其压力为 100 kPa 的纯气体，用符号 $p^{\ominus}$ 表示，溶液中溶质的标准态是处于标准压力下，溶质的物质的量浓度等于 1 mol·L^{-1}，液体和固体的标准态是处于标准压力下的纯净物质。反应物质均处于标准状态时反应的热效应称为标准反应热，用 $\Delta_r H_m^{\ominus}$ 表示，一般反应都是在 298 K 下进行，T 可省略不写，通常用 $\Delta_r H_m^{\ominus}$ 表示。

（3）必须在化学式的右侧注明物质的物态和浓度，可分别用小写的英文字母"s,l,g,aq"表示固、液、气以及无限稀释的溶液，如果涉及的固体物质有几种晶形时应注明是哪一种（如金刚石、石墨）。因为同一物质，由于所处的物态不同，或同一固体，由于所处的结晶态不同，其 $\Delta_r H_m^\ominus$ 值也不同。例如：

$$H_2(g) + 1/2 O_2(g) \Longrightarrow H_2O(g) \qquad \Delta_r H_m^\ominus = -241.83 \text{ kJ} \cdot \text{mol}^{-1}$$

$$H_2(g) + 1/2 O_2(g) \Longrightarrow H_2O(l) \qquad \Delta_r H_m^\ominus = -285.84 \text{ kJ} \cdot \text{mol}^{-1}$$

$$C(石墨) + O_2(g) \Longrightarrow CO_2(g) \qquad \Delta_r H_m^\ominus = -393.51 \text{ kJ} \cdot \text{mol}^{-1}$$

$$C(金刚石) + O_2(g) \Longrightarrow CO_2(g) \qquad \Delta_r H_m^\ominus = -395.41 \text{ kJ} \cdot \text{mol}^{-1}$$

（4）在热化学方程式中，各化学式前的系数是化学计量数，它可以是整数，也可以是简单分数。系数不同，同一反应的反应热数值也不同。例如：

$$1/2 H_2(g) + 1/2 Cl_2(g) \Longrightarrow HCl(g) \qquad \Delta_r H_m^\ominus = -92.31 \text{ kJ} \cdot \text{mol}^{-1}$$

若将方程式写成

$$H_2(g) + Cl_2(g) \Longrightarrow 2HCl(g) \qquad \Delta_r H_m^\ominus = -184.62 \text{ kJ} \cdot \text{mol}^{-1}$$

（5）热化学方程式可以像一般代数方程式一样进行运算，如可在两端加上或减去同一个量；也可以把几个热化学方程式相加或相减而得到一个新的热化学方程式等。这一性质，对讨论化学反应的热效应十分有用。但要注意，只有状态相同的物质才能相加或相减。

5.3.4 盖斯定律（Gess）

俄国化学家盖斯在 19 世纪 40 年代根据一系列的实验事实总结出：在恒压或恒容条件下，任一化学反应不管是一步完成还是分几步完成，其反应的热效应总是相同的，这就是著名的盖斯定律。

【例 5-3】 $H_2(g) + 1/2 O_2(g) \Longrightarrow H_2O(l)$ $\qquad \Delta_r H_m^\ominus = -285.8 \text{ kJ} \cdot \text{mol}^{-1}$
这个反应可以由两种途径来完成：（1）直接用 $H_2(g)$ 和 $1/2 O_2(g)$ 反应生成 $H_2O(l)$；（2）让 $H_2(g)$ 和 $1/2 O_2(g)$ 分 4 个步骤进行，最后达到生成 $H_2O(l)$ 的目的。分步进行的反应及热效应如下：

$$① \quad H_2(g) \rightarrow 2H(g) \qquad \Delta_r H_{m,1}^\ominus = +431.8 \text{ kJ} \cdot \text{mol}^{-1}$$

$$② \quad 1/2 O_2(g) \rightarrow O(g) \qquad \Delta_r H_{m,2}^\ominus = +244.3 \text{ kJ} \cdot \text{mol}^{-1}$$

$$③ \quad 2H(g) + O(g) \rightarrow H_2O(g) \qquad \Delta_r H_{m,3}^\ominus = -917.9 \text{ kJ} \cdot \text{mol}^{-1}$$

$$+ ④ \quad H_2O(g) \rightarrow H_2O(l) \qquad \Delta_r H_{m,4}^\ominus = -44.0 \text{ kJ} \cdot \text{mol}^{-1}$$

$$\overline{\text{总反应 } H_2(g) + 1/2 O_2(g) \Longrightarrow H_2O(l) \qquad \Delta_r H_m^\ominus = -285.8 \text{ kJ} \cdot \text{mol}^{-1}}$$

　　盖斯定律的重要意义在于可以通过简单运算,很快计算出某一化学反应的热效应,而这个化学反应的热效应有可能是难以或不能用实验方法测定的。只要反应物和生成物已确定,不论中间反应过程如何进行,热效应是相同的。因此,可根据一些已经准确测量的化学反应热效应来计算另一难以测量的化学反应热效应。但应用盖斯定律进行代数运算时,必须注意两点:

　　①只有条件(如温度等)相同的反应和聚集态相同的同一物质,才能相加或相减。②将反应式乘(或除)以一个数值时,该反应热效应 $\Delta_r H_m^\ominus$ 也应同乘(或同除)同样数值。

　　使用盖斯定律的基本条件是恒压或恒容、不做非体积功,而且不同途径的始终态必须完全一致。

【例 5-4】 已知在 298 K,100 kPa 下,下列反应的热效应:

① $CH_3COOH(l) + 2O_2(g) === 2CO_2(g) + 2H_2O(l)$

$\Delta_r H_{m,1}^\ominus = -871.7 \ kJ \cdot mol^{-1}$

② $C(石墨) + O_2(g) === CO_2(g)$

$\Delta_r H_{m,2}^\ominus = -393.51 \ kJ \cdot mol^{-1}$

③ $H_2(g) + 1/2 \ O_2(g) === H_2O(l)$

$\Delta_r H_{m,3}^\ominus = -285.83 \ kJ \cdot mol^{-1}$

求反应 $2C(石墨) + 2H_2(g) + O_2(g) === CH_3COOH(l)$ 的热效应。

解: 根据盖斯定律,2×③-①可得:

④ $2H_2(g) + 2CO_2(g) === CH_3COOH(l) + O_2(g)$

$$\begin{aligned}
\Delta_r H_{m,4}^\ominus &= 2\Delta_r H_{m,3}^\ominus - \Delta_r H_{m,1}^\ominus \\
&= 2 \times (-285.83 \ kJ \cdot mol^{-1}) - (-871.7 \ kJ \cdot mol^{-1}) \\
&= +300.04 \ kJ \cdot mol^{-1}
\end{aligned}$$

2×②+④可得:

⑤ $2C(石墨) + 2H_2(g) + O_2(g) === CH_3COOH(l)$

$$\begin{aligned}
\Delta_r H_{m,5}^\ominus &= 2\Delta_r H_{m,2}^\ominus + \Delta_r H_{m,4}^\ominus \\
&= 2 \times (-393.15 \ kJ \cdot mol^{-1}) + 300.04 \ kJ \cdot mol^{-1} \\
&= -486.98 \ kJ \cdot mol^{-1}
\end{aligned}$$

⑤式即为本题要计算热效应的反应式,其热效应为 $-486.98 \ kJ \cdot mol^{-1}$。

5.3.5　标准生成热

5.3.5.1　标准生成热

恒温恒压下化学反应的热效应 ΔH，等于生成物焓的总和与反应物焓的总和之差，即

$$\Delta H = \sum H_{生成物} - \sum H_{反应物}$$

如果能够知道参加化学反应的各个物质焓的绝对值，那么，对于任一反应就能直接计算其反应热，这种方法最为简便。但是实际上，物质焓的绝对值是无法测定的，为了解决这一困难，人们采用了一个相对的标准，同样可以很方便地计算反应的 ΔH。

热力学中规定，在标准压力（100 kPa）和指定温度（通常是 298 K）下，由最稳定单质生成 1 mol 化合物或转变为其他形式的单质的反应热，称为该物质的标准生成热，用符号 $\Delta_f H_m^{\ominus}$ 表示，其单位为 kJ·mol^{-1}。

例如，在 298 K，100 kPa 下

$$Mg(s) + 1/2 O_2(g) = MgO(s) \qquad \Delta_f H_m^{\ominus} = -601.83 \ kJ·mol^{-1}$$

即 MgO(s) 的标准生成热 $\Delta_f H_m^{\ominus}(MgO,s) = -601.83 \ kJ·mol^{-1}$。

这里应强调指出的是，所谓最稳定单质是指在标准状态下元素的最稳定状态。例如，$H_2(g)$、$Hg(l)$、$Br_2(l)$、$Na(s)$ 等都是最稳定单质，而 $Hg(g)$、$Br_2(g)$、$Na(g)$、$N_2(l)$ 则不是最稳定单质。还有碳在标准状态下最稳定的单质是石墨而不是金刚石。

根据标准生成热的定义，最稳定单质的标准生成热等于零，即 $\Delta_f H_m^{\ominus} = 0$。

一些常见物质的标准生成热可在本书附录Ⅱ中查到。

标准生成热是说明物质性质（如热稳定性）的重要数据之一。如果参与化学反应的各物质的标准生成热为已知，则可按盖斯定律求得各种反应的热效应。由于化学反应实质上是原子的重新组合，任何化学反应的反应物和产物都有相同种类和数量的原子，因此它们都可以由相同种类和数量的单质组成。

对于标准态下进行的一般反应

$$mA + nB = pC + qD$$

可根据图 5-3 求得其标准反应热。根据盖斯定律得：

$$\Delta_r H_{m,1}^{\ominus} + \Delta_r H_m^{\ominus} = \Delta_r H_{m,2}^{\ominus}$$

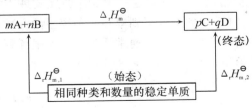

图 5-3　由生成热计算反应热的图解

式中：$\Delta_r H_m^{\ominus}$ 为任意反应的标准反应热；$\Delta_r H_{m,1}^{\ominus}$ 和 $\Delta_r H_{m,2}^{\ominus}$ 分别为反应物和生成物的标准生成热之和，即：

$$\Delta_r H_{m,1}^{\ominus} = m\Delta_f H_m^{\ominus}(A) + n\Delta_f H_m^{\ominus}(B) = \sum n_i \Delta_f H_m^{\ominus}(反应物)$$

$$\Delta_r H_{m,2}^{\ominus} = p\Delta_f H_m^{\ominus}(C) + q\Delta_f H_m^{\ominus}(D) = \sum n_j \Delta_f H_m^{\ominus}(生成物)$$

所以　　$\Delta_r H_m^{\ominus} = \sum n_j \Delta_f H_m^{\ominus}(生成物) - \sum n_i \Delta_f H_m^{\ominus}(反应物)$　　　　(5-9)

式(5-9)是由反应物和生成物的标准生成热计算标准反应热的重要公式。式中，n 为物质在反应式中的计量系数（全为正值）。式(4-9)表明，任何化学反应的标准反应热等于产物的标准生成热总和与反应物标准生成热总和之差。

【**例 5-5**】　利用标准生成热计算下列反应的标准反应热。

$$Al_2O_3(s) + 6HCl(g) = 2AlCl_3(s) + 3H_2O(g)$$

解：从附录Ⅱ可分别查得各物质的 $\Delta_f H_m^{\ominus}$，但代入数值时，不能忘记各物质化学式前的计量系数。

$$Al_2O_3(s) + 6HCl(g) = 2AlCl_3(s) + 3H_2O(g)$$
$\Delta_f H_m^{\ominus} /(kJ \cdot mol^{-1})\ -1\ 675.7\quad -92.3\quad -704.2\quad -241.8$

$$\begin{aligned}\Delta_r H_m^{\ominus} &= \sum n_j \Delta_f H_m^{\ominus}(产物) - \sum n_i \Delta_f H_m^{\ominus}(反应物)\\ &= [2\Delta_f H_m^{\ominus}(AlCl_3, s) + 3\Delta_f H_m^{\ominus}(H_2O, g)]\\ &\quad - [\Delta_f H_m^{\ominus}(Al_2O_3, s) + 6\Delta_f H_m^{\ominus}(HCl, g)]\\ &= [2\times(-704.2\ kJ \cdot mol^{-1}) + 3\times(-241.8\ kJ \cdot mol^{-1})]\\ &\quad - [-1\ 675.7\ kJ \cdot mol^{-1} + 6\times(-92.3\ kJ \cdot mol^{-1})]\\ &= +95.7\ kJ \cdot mol^{-1}\end{aligned}$$

反应热效应为正值，表明这是一个吸热反应。

5.3.5.2　离子标准生成热

对于有离子参加的化学反应，如果能够知道每种离子的标准生成热，则同样可根据式(4-9)计算这一类反应的反应热。由于溶液中正负离子同时存在，总是电中性的，因此不能得到单独一种离子的标准生成热。例如，将 1 mol $HCl(g)$ 在 298 K 时溶于大量水中（通常认为生成无限稀释溶液），形成 $H^+(aq)$ 和 $Cl^-(aq)$，经测得溶解过程放热为 74.84 $kJ \cdot mol^{-1}$，即

$$HCl(g) \xrightarrow{H_2O} H^+(aq) + Cl^-(aq) \qquad \Delta_r H_m^{\ominus} = -74.84\ kJ \cdot mol^{-1}$$

由式(4-9)可知：

$$\Delta_r H_m^{\ominus} = \Delta_f H_m^{\ominus}(H^+, aq) + \Delta_f H_m^{\ominus}(Cl^-, aq) - \Delta_f H_m^{\ominus}(HCl, g)$$

查表知 HCl(g) 的标准生成热为 $-92.31 \text{ kJ} \cdot \text{mol}^{-1}$。

故 $\Delta_f H_m^{\ominus}(H^+, aq) + \Delta_f H_m^{\ominus}(Cl^-, aq) = -74.84 \text{ kJ} \cdot \text{mol}^{-1} + (-92.31 \text{ kJ} \cdot \text{mol}^{-1})$
$$= -167.15 \text{ kJ} \cdot \text{mol}^{-1}$$

为了获得其他各种离子在无限稀释时的相对生成热,热力学上规定 $H^+(aq)$ 生成热等于 0,即 $\Delta_f H_m^{\ominus}(H^+, aq) = 0$,代入上式得

$$\Delta_f H_m^{\ominus}(Cl^-, aq) = -167.15 \text{ kJ} \cdot \text{mol}^{-1}$$

本书附录Ⅱ中列出了部分常见离子的标准生成热。有了水合离子的生成热,就可求出包含水合离子的化学反应热效应。

【例 5-6】 计算下列化学反应的热效应

$$Ag^+(aq) + Cl^-(aq) == AgCl(s)$$

解: 查表知 $\Delta_f H_m^{\ominus}(AgCl, s) = -127.1 \text{ kJ} \cdot \text{mol}^{-1}$, $\Delta_f H_m^{\ominus}(Cl^-, aq) = -167.15 \text{ kJ} \cdot \text{mol}^{-1}$, $\Delta_f H_m^{\ominus}(Ag^+, aq) = 105.58 \text{ kJ} \cdot \text{mol}^{-1}$,根据式 (5-9) 得

$$\Delta_r H_m^{\ominus} = \Delta_f H_m^{\ominus}(AgCl, s) - [\Delta_f H_m^{\ominus}(Ag^+, aq) + \Delta_f H_m^{\ominus}(Cl^-, aq)]$$
$$= -127.1 \text{ kJ} \cdot \text{mol}^{-1} - [105.58 \text{ kJ} \cdot \text{mol}^{-1} + (-167.15 \text{ kJ} \cdot \text{mol}^{-1})]$$
$$= -65.53 \text{ kJ} \cdot \text{mol}^{-1}$$

5.4 化学反应的方向

自然界的一切过程都服从热力学第一定律,但是,任何不违反热力学第一定律的过程,并不是都能自动进行的。例如,一块石头从高处落下,势能转变为动能,最后转化为等量的热能,这是符合热力学第一定律的。然而相反的过程虽然不违反热力学第一定律,却是不能自动进行的。所以,热力学第一定律只能用于计算如果某一过程却已发生,将伴随着怎样的能量转换。至于在给定条件下,一个过程能否自动进行,进行的方向和限度如何,只能依据热力学第二定律才能解决。本节将利用热力学第二定律所得到的结论,从能量的角度讨论化学反应的方向和限度。

5.4.1 熵和熵变

5.4.1.1 化学反应的自发性

自然界中有许多变化能自动进行,如水自高处流向低处,热从高温物体传递给

低温物体,金属铁在稀硫酸溶液中溶解析出氢气等。在一定温度和压力下,不需要任何外力做功就能自动进行的化学反应或物理变化过程,在热力学中称为自发反应或自发过程,反之称为非自发反应或非自发过程。一个化学反应若正向反应为自发,那么它的逆反应则一定是非自发的。自发反应的最大限度是反应体系的平衡状态。

人们早期在研究自发反应的规律时发现,许多自发反应都是放热的。从反应体系的能量变化来看,当放热反应发生以后,体系的能量降低,反应放出的热量愈多,体系的能量降低得愈多,因而反应进行的趋势越大,自发的程度越高。也就是说,在反应的过程中,体系有倾向于最低能量状态的趋势。所以认为凡能自发进行的反应焓变都为负值(至今仍作为近似原则应用),如:

$$NaOH(aq) + HCl(aq) == NaCl(aq) + H_2O(l) \qquad \Delta_r H_m^\ominus = -57.3 \ kJ \cdot mol^{-1}$$

$$CH_4(g) + 2O_2(g) == CO_2(g) + 2H_2O(l) \qquad \Delta_r H_m^\ominus = -890.3 \ kJ \cdot mol^{-1}$$

大量实例表明,放热反应确实是自发反应,但同时也发现还有些吸热反应也可以自发进行。如:

$$H_2O(s) == H_2O(l) \qquad \Delta_r H_m^\ominus = 6.01 \ kJ \cdot mol^{-1}$$

$$KNO_3(s) == K^+(aq) + NO_3^-(aq) \qquad \Delta_r H_m^\ominus = 35 \ kJ \cdot mol^{-1}$$

上述反应均为吸热反应,但又能在常温下自发进行,可见以焓变作为反应自发性的判据只反映了事物的一个方面,说明还有其他因素未被考虑,这个因素就是熵。

5.4.1.2 混乱度和熵

(1)混乱度 我们知道,物质内部的微观粒子(分子、原子、离子、电子等)都处在不停地运动中,时刻都在改变着自己的空间位置和能级。在固体物质中,微粒有规则地排列,只能在晶格的平衡位置附近振动,因而可以认为固体物质的混乱度是很低的。如果将固体加热,由于微粒的热运动,原先有规则的排列次序受到破坏,混乱度增大。继续加热,当固体熔化为液体时,微粒可以在液体所占体积范围内比较自由地运动,所处的空间位置和能级范围较广,所以液体的混乱度较大。若继续加热,液体蒸发为气体,微粒可以在更大的范围内自由运动,能级状态更多,所以气体的混乱度更大。

冰晶体中,水分子排列规则,当冰融化为水,液态水分子(或水分子的缔合体)却能自由运动,所以,冰的融化过程,是水分子的运动从有序到无序的变化。氯化钠溶于水,$Na^+(aq)$ 和 $Cl^-(aq)$ 与具有离子晶体的 $NaCl(s)$ 相比是处于无序的运动之中。由此看来,冰融化和氯化钠溶解的共同特点是反应后较反应前体系中微粒运动的无规则、无秩序的程度增加了。可以认为,体系的无序度或混乱度的增加是反应自发进行的一种推动力,为定量地描述体系无序度或混乱度,引入了熵的概念。

（2）熵的初步概念 熵是体系或物质无序度、混乱度的一种量度，以符号"S"表示。熵是体系或物质所具有的一种特性，高度无序或高度混乱的体系或物质，具有较高的熵值，井然有序、排列规则的体系或物质，熵值较低。熵是状态函数，体系或物质所处状态不同，熵值也不同。

若以 $S_{始}$ 和 $S_{终}$ 分别表示始态熵和终态熵，则体系的熵变为

$$\Delta S = S_{终} - S_{始}$$

当 $\Delta S > 0$ 时，表示体系的熵增加，即体系的混乱度由小变大；当 $\Delta S < 0$ 时，表示体系的熵减小，即体系由混乱度大的状态变为混乱度小的状态。

（3）标准熵 物质的熵值是该物质混乱程度的量度。普朗克根据统计理论指出：各物质最完美的晶体在热力学零度（0 K）时的熵值等于零，即 $S_0 = 0$。因为 0 K 时，在纯物质的完美晶体中，组成的微粒是整齐排列而不混乱的。这样，我们就可以把某物质在任意温度时的熵值称为该物质的绝对熵，以 S_T 表示。当物质的温度升高时，组成该物质的微粒的混乱度增加，其熵值也增加。如果把 0 K 时的熵值 S_0 作为始态熵，任意温度 T 时的熵值 S_T，作为终态熵，温度由 0 K 变化到 T，该过程的熵变为 ΔS，则有

$$\Delta S = S_T - S_0$$

因为 $S_0 = 0$，所以有：$\Delta S = S_T$。

即温度为 T 时，某纯物质的绝对熵等于将该物质从 0 K 变化到 T 时的熵变。

这样，1 mol 某纯物质，在标准状态和任意温度 T 时的绝对熵称为标准摩尔熵，简称标准熵，以符号 $S_{m,T}^{\ominus}$，其单位 $J \cdot mol^{-1} \cdot K^{-1}$。常见物质在 298 K 的标准熵 $S_{m,298}^{\ominus}$ 可查阅附录Ⅱ。一般情况下 $S_{m,298}^{\ominus}$ 可简写成 $S_m^{\ominus}$ 。

根据熵的定义归纳出下列影响熵值的因素：

（1）同一物质其聚集状态不同熵值也不同。气态时熵值大于液态，液态时熵值大于固态。如：$S_m^{\ominus}(H_2O, g) > S_m^{\ominus}(H_2O, l) > S_m^{\ominus}(H_2O, s)$。

（2）同一聚集状态的物质，一般讲其摩尔质量越大，结构越复杂，熵值也越大。如：$S_m^{\ominus}(Fe, s) < S_m^{\ominus}(FeO, s) < S_m^{\ominus}(Fe_2O_3, s) < S_m^{\ominus}(Fe_3O_4, s)$。

（3）分子中原子数目相同，则摩尔质量大的物质其熵值高于摩尔质量小的。如：$S_m^{\ominus}(HF, g) < S_m^{\ominus}(HCl, g) < S_m^{\ominus}(HBr, g) < S_m^{\ominus}(HI, g)$。

（4）不同的固态物质，熔点高、硬度大的熵值小于熔点低、硬度小的物质。如：$S_m^{\ominus}(C, 金刚石) < S_m^{\ominus}(C, 石墨)$；$S_m^{\ominus}(Fe, s) < S_m^{\ominus}(Na, s)$。

5.4.1.3 化学反应的标准熵变

由于熵是一个状态函数，所以一个化学反应的熵变只与体系的始态和终态有

关,而与反应途径无关。在标准状态下,化学反应的标准熵变等于生成物的标准熵之和减去反应物的标准熵之和,即

$$\Delta_r S_m^{\ominus} = \sum S_m^{\ominus}(生成物) - \sum S_m^{\ominus}(反应物) \tag{5-10}$$

式中:$\Delta_r S_m^{\ominus}$ 为标准熵变,单位 $J \cdot mol^{-1} \cdot K^{-1}$。

【例 5-7】 在标准状态和 298 K 时,1 mol $NH_4Cl(s)$ 溶于水的标准熵变是多少?

解:$NH_4Cl(s) = NH_4^+(aq) + Cl^-(aq)$

根据式(5-11)查附录 Ⅱ 计算如下:

$$\Delta_r S_m^{\ominus} = S_m^{\ominus}(NH_4^+, aq) + S_m^{\ominus}(Cl^-, aq) - S_m^{\ominus}(NH_4Cl, s)$$
$$= 113 \; J \cdot mol^{-1} \cdot K^{-1} + 56.48 \; J \cdot mol^{-1} \cdot K^{-1} - 94.6 \; J \cdot mol^{-1} \cdot K^{-1}$$
$$= 75 \; J \cdot mol^{-1} \cdot K^{-1}$$

计算结果表明,$NH_4Cl(s)$ 溶解是熵增加的反应。

【例 5-8】 计算在标准状态和 298 K 条件下,石墨碳不完全燃烧生成 $CO(g)$ 的标准熵变。

解:石墨碳不完全燃烧的反应式为:

$$2C(石墨) + O_2(g) = 2CO(g)$$
$$\Delta_r S_m^{\ominus} = 2S_m^{\ominus}(CO, g) - 2S_m^{\ominus}(C, 石墨) - S_m^{\ominus}(O_2, g)$$
$$= 2 \times 197.90 \; J \cdot mol^{-1} \cdot K^{-1} - 2 \times 5.69 \; J \cdot mol^{-1} \cdot K^{-1}$$
$$- 205.03 \; J \cdot mol^{-1} \cdot K^{-1}$$
$$= 179.39 \; J \cdot mol^{-1} \cdot K^{-1}$$

由于 C 的不完全燃烧反应生成 2 mol CO 气体($\Delta n > 0$),反应终了,体系的熵值增加。

一般对于气体来说,气体物质的量增加($\Delta n > 0$)的反应,体系的熵值增大;反之气体物质的量减少($\Delta n < 0$)的反应,体系的熵值减小。对于气体物质的量不变的反应($\Delta n = 0$),标准熵变的值总是很小的。对于没有气体参加的反应,大多数情况下,物质的量增加的反应,同样会导致标准熵变值的增加。如:

$$CuSO_4 \cdot 5H_2O(s) = CuSO_4(s) + 5H_2O(l) \qquad \Delta_r S_m^{\ominus} = 153.1 \; J \cdot mol^{-1} \cdot K^{-1}$$

物质的熵值随着温度的升高而增加,但当温度升高时,生成物和反应物的熵值都随之增大,故化学反应的熵变随温度的变化很小。所以在实际应用时,在一定范围内可以忽略温度对化学反应熵变的影响。

前面谈到,焓变不是化学反应自发性的唯一因素,那么熵变能否作为实际工作

中反应自发性的判据呢? 下面是碳酸钙的分解反应:

$$CaCO_3(s) == CaO(s) + CO_2(g) \qquad \Delta_r S_m^{\ominus} = 159 \text{ J} \cdot \text{mol}^{-1} \cdot \text{K}^{-1}$$

$CaCO_3$分解是熵增加的反应,这是由于反应生成了 CO_2 气体,使体系的混乱度增大,$\Delta_r S_m^{\ominus} > 0$,有利于反应自发进行。但是,在常温下,$CaCO_3$ 的分解反应并不自发,由此看来,熵变是决定反应方向的又一重要因素,也不是唯一的因素。

人们通过对各种自发过程本质的研究;发现有两条基本规律控制着自然界自发过程的方向,这两条基本规律是:①体系倾向于取得最低能量状态;②体系倾向于取得最大混乱度。

对于化学反应来说,体系的混乱度增加通常需要吸收能量,这与体系趋向于保持最低能量状态的倾向相矛盾。实际上,变化方向是两者共同作用的结果,在有些情况下最低能量倾向起主导作用,而另一些情况下,最大混乱度的倾向起主导作用。如铁的锈蚀

$$2Fe(s) + 3/2O_2(g) == Fe_2O_3(s)$$

$\Delta_r H_m^{\ominus} = -822.2 \text{ kJ} \cdot \text{mol}^{-1}$,而 $\Delta_r S_m^{\ominus} = -271.9 \text{ J} \cdot \text{mol}^{-1} \cdot \text{K}^{-1}$。虽然锈蚀的速率很小,但是只要有足够的时间,锈蚀的程度会相当严重。这个反应中,体系为取得最低能量状态的倾向占主导作用。又如硝酸钾的溶解:

$$KNO_3(s) == K^+(aq) + NO_3^-(aq)$$

$\Delta_r S_m^{\ominus} = 115.9 \text{ J} \cdot \text{mol}^{-1} \cdot \text{K}^{-1}$,而 $\Delta_r H_m^{\ominus} = 35 \text{ kJ} \cdot \text{mol}^{-1}$。$KNO_3(s)$溶解为自发反应。这个反应中体系的熵增加,是溶解过程的推动力;熵变与焓变之间的关系,通过另一个状态函数——Gibbs 自由能把它们联系在一起。

5.4.2 吉布斯(Gibbs)自由能和热力学第二定律

5.4.2.1 吉布斯自由能和热力学第二定律

(1)吉布斯自由能 化学反应多数是在恒温恒压并与环境有能量交换的条件下进行。美国物理学家吉布斯(J. W. Gibbs)提出将体系的焓和熵组合在一起的热力学函数,称为吉布斯自由能,简称自由能,并用它作为在恒温恒压下反应自发性的判据。自由能的定义:

$$G = H - TS \qquad (5-11)$$

式中:G 为自由能的符号。虽然 G 是一个复合的热力学函数,因为 H、T、S 都是状态函数,所以 G 也是状态函数,具有状态函数的各种性质。自由能的改变量 ΔG 由

体系的始态和终态决定,与变化的途径无关,可表示为:

$$\Delta G = G_{终} - G_{始}$$

ΔG 之所以可以作为恒温恒压下反应自发性的判据,可以从它的物理意义来理解。对于反应物的自由能高于生成物的自由能的反应,随着反应的进行,体系的自由能减小,减小的这部分能量可以对环境做有用功。

(2)热力学第二定律　凡是使体系的自由能减少的变化都会自动发生。所以,当 $\Delta G < 0$ 表示体系能对环境做有用功,反应可以自发进行;$\Delta G > 0$,表示体系需要从环境获得有用功,反应才能进行,故为非自发反应。因此,一个化学反应自发性的标准是它做有用功的本领。

在恒温恒压和理想条件下,每个自发反应都有做有用功的本领。不同的反应做功本领的大小不一样。每个自发反应产生的有用功都有各自的极限值,这个极限值称作最大有用功。

从热力学可以推导出,在恒温恒压和理想条件下,一个化学反应能够做的最大有用功等于反应后自由能的减少,即:

$$\Delta_r G_m = -W'_{最大} \tag{5-12}$$

式中:$W'_{最大}$ 为该反应释放出来的能量所做的最大有用功。这说明,如果一个化学反应由始态(反应物、高能量状态)到终态(生成物、低能量状态),变化过程中自由能降低,释放出来的自由能可用来做有用功,则该反应可以自发进行。

这里要注意的是,从任何真正自发过程所获得的实际值总是小于由 $\Delta_r G_m$ 所预计的最大值。即使相当有效的体系可产生有用功的自由能只占一小部分。例如,甲烷的燃烧反应:

$$CH_4(g) + 2O_2(g) = CO_2(g) + 2H_2O(l) \qquad \Delta_r G_m = -818.0 \ kJ \cdot mol^{-1}$$

反应发生以后,体系对环境可做 $818.0 \ kJ \cdot mol^{-1}$ 的有用功。这只是可做有用功的上限。实际上当天然气在内燃机中燃烧时,由 1 mol 甲烷所得到的有用功很少超过 $100 \sim 200 \ kJ$,而在燃料电池中从 1 mol 甲烷可得到 700 kJ 的功。如果再改进装置,有可能产生更多的有用功,但无论如何燃烧 1 mol 甲烷所得到的有用功绝不会超过 $818.0 \ kJ$。$818.0 \ kJ \cdot mol^{-1}$ 这是甲烷燃烧反应做有用功能力的极限值。

5.4.2.2　化学反应的标准自由能变

由于焓的绝对值是无法得到的,根据自由能的定义式(5-12)可知自由能的绝对值也是无法测出的,但是可以和标准生成热一样采用取相对值的方法来解决。

　　热力学中规定,在标准状态和指定温度(通常为 298 K)下,由稳定单质生成
1 mol 某物质时的自由能变,称为该物质的标准生成自由能,用符号 $\Delta_f G_{m,298}^{\ominus}$ 表示,
简写成 $\Delta_f G_m^{\ominus}$,单位 $kJ \cdot mol^{-1}$。通常,热力学上选取稳定单质的标准生成自由能
为零。应当指出:某物质的生成自由能是生成 1 mol 该物质时的自由能变,计量方
程式中生成物的化学计算系数必须是 1。

　　那么,在标准状态下,一个化学反应的自由能变等于生成物的标准生成自由能
之和减去反应物的标准生成自由能之和,即:

$$\Delta_r G_m^{\ominus} = \sum \Delta_f G_m^{\ominus}(\text{生成物}) - \sum \Delta_f G_m^{\ominus}(\text{反应物}) \qquad (5\text{-}13)$$

$\Delta_r G_m^{\ominus}$ 称为化学反应的标准自由能变。一些物质的标准生成自由能数值列于附
录Ⅱ之中。

　　绝大多数物质的标准生成自由能 $\Delta_f G_m^{\ominus}$ 为负值,只有少数为正值,这意味着在
标准状态和 298 K 下,由稳定单质生成某物质通常都是自发的,而少数则例外,其
中引人感兴趣的是 NO, NO_2,它们的生成反应分别是:

$$1/2N_2(g) + 1/2O_2(g) = NO(g) \qquad \Delta_f G_m^{\ominus}(NO, g) = 86.57 \ kJ \cdot mol^{-1}$$
$$1/2N_2(g) + O_2(g) = NO_2(g) \qquad \Delta_f G_m^{\ominus}(NO_2, g) = 5.30 \ kJ \cdot mol^{-1}$$

　　这两个反应正向进行的标准生成自由能为正值,反应是非自发的,那么逆反应
则应是自发的,即这两种化合物在通常条件下应分解成氮气和氧气。但实际中一
氧化氮和二氧化氮在空气中停留的时间很长,以致成为污染空气的主要物质的事
实本身说明它们的分解速率是极其缓慢的。这也表明虽然从自由能变判断该反应
可以发生,但是由于反应的活化能较高,因而使得反应速率太慢以至于在短期内观
察不到反应的进行。

【例 5-9】　计算反应 $4NH_3(g) + 5O_2(g) = 4NO(g) + 6H_2O(l)$ 的标准自由能变。

　　解:根据式(5-14)

$$\Delta_r G_m^{\ominus} = [4\Delta_f G_m^{\ominus}(NO, g) + 6\Delta_f G_m^{\ominus}(H_2O, l)]$$
$$- [4\Delta_f G_m^{\ominus}(NH_3, g) + 5\Delta_f G_m^{\ominus}(O_2, g)]$$
$$= [4 \times 86.57 \ kJ \cdot mol^{-1} + 6 \times (-237.18 \ kJ \cdot mol^{-1})]$$
$$- [4 \times (-16.5 \ kJ \cdot mol^{-1}) - 0]$$
$$= 1\ 019.8 \ kJ \cdot mol^{-1}$$

5.4.2.3　吉布斯-亥姆霍兹(Gibbs-Helmholtz)方程

　　每一个化学反应都有其特定的焓变、熵变和自由能变。焓变是化学反应的能

量变化,熵变代表化学反应的混乱度变化,自由能变则决定反应自发进行的方向。三者之间的关系可由自由能的定义式(5-11)导出。

$$\Delta_r G_m = \Delta_r H_m - T\Delta_r S_m \tag{5-14}$$

该式由吉布斯和亥姆霍茨(H. L. F. Helmholtz)各自独立证明,称为吉布斯-亥姆霍茨方程。在这个方程中,焓变和熵变对反应的自发性都有贡献,但在不同条件下,它们的贡献是不同的。

若将式(5-14)改写成 $\Delta_r H_m = \Delta_r G_m + T\Delta_r S_m$ 的形式,由此可以看出,化学反应的热效应只有一部分能量可用来做有用功,这部分能量就是自由能变,另一部分反应热则用于改变体系内部一定混乱度所需的能量变化,它是无法用来做功的。从此意义上讲,在自发过程中,如果对体系的吉布斯自由能变加以利用,就能使之转变为有用功。因此自由能变是体系提供有用功的本领。

标准状态下式(5-14)可以写成:

$$\Delta_r G_m^{\ominus} = \Delta_r H_m^{\ominus} - T\Delta_r S_m^{\ominus} \tag{5-15}$$

对于一个化学反应,当自由能变小于零时,反应可以自发进行。从式(5-14)可以看出,自由能变与焓变、熵变及温度有关,其间的关系具体分析如下:

(1)焓变、熵变对反应自发性的影响

①当熵变很小或趋近于零,而焓变却是一个较大的负值或较大的正值时,焓变是反应自发进行的主要推动力。当 $\Delta_r H_m^{\ominus} > 0$,则 $\Delta_r G_m^{\ominus} > 0$,反应非自发;当 $\Delta_r H_m^{\ominus} < 0$,则 $\Delta_r G_m^{\ominus} < 0$,反应自发。

②当焓变很小或趋近于零,而熵变是较大的正值或负值时,熵变是决定反应自发性的主要因素。当 $\Delta_r S_m^{\ominus} > 0$,则 $\Delta_r G_m^{\ominus} < 0$,为自发反应;当 $\Delta_r S_m^{\ominus} < 0$,则 $\Delta_r G_m^{\ominus} > 0$,为非自发反应。

③当焓变为负值、熵变为正值时,无论温度如何,自由能变总是负值,反应在任何温度下均自发。这是因为焓减和熵增这两个因素同时降低自由能变的结果。

④当焓变为正值,熵变是负值时,自由能变总是正值,即反应在任何温度下均为非自发(未考虑压力的影响)。

以上讨论了焓变及熵变值或是很小可以忽略不计或是两者符号相反时,反应自发性的情况。如果焓变、熵变值都较大,而且两者符号相同,这类反应的自发性又如何呢?

(2)温度对反应自发性的影响

①$\Delta_r H_m^{\ominus} > 0$,$\Delta_r S_m^{\ominus} > 0$,低温时 $\Delta_r H_m^{\ominus} > T\Delta_r S_m^{\ominus}$,反应为非自发。若温度升高,$T\Delta_r S_m^{\ominus}$ 项的数值将增大,当 $T\Delta_r S_m^{\ominus} > \Delta_r H_m^{\ominus}$ 时,$\Delta_r G_m^{\ominus} < 0$,反应转变为自发。

一个反应由非自发($\Delta_r G_m^{\ominus} > 0$),转变到自发($\Delta_r G_m^{\ominus} < 0$),一定经过一个平衡态

（$\Delta_r G_m^{\ominus}=0$），这时的温度称为转变温度，以 $T_{转}$ 表示。它的计算方法如下：

因为：
$$\Delta_r G_m^{\ominus}=\Delta_r H_m^{\ominus}-T\Delta_r S_m^{\ominus}$$

当反应达平衡时 $\Delta_r G_m=0$，则上式可写成：

$$\Delta_r H_m^{\ominus}=T\Delta_r S_m^{\ominus}$$

$$T_{转}=\frac{\Delta_r H_m^{\ominus}}{\Delta_r S_m^{\ominus}} \tag{5-16}$$

②$\Delta_r H_m^{\ominus}<0$，$\Delta_r S_m^{\ominus}<0$，低温时反应可自发，但高温情况下，$T\Delta_r S_m$ 项值增大，如 $|T\Delta_r S_m^{\ominus}|>|\Delta_r H_m^{\ominus}|$，反应为非自发。

【例 5-10】 为了减少大气污染，常用 $CaO(s)$ 除去炉气中的 $SO_3(g)$。已知反应的 $\Delta_r H_m^{\ominus}=-395.7\ kJ\cdot mol^{-1}$，$\Delta_r G_m^{\ominus}=-371.1\ kJ\cdot mol^{-1}$，计算在标准状态和 298 K 时反应处于平衡时的温度。

解： 反应式为 $CaO(s)+SO_3(g)\Longrightarrow CaSO_4(s)$

先根据式(5-15)计算 $\Delta_r S_m^{\ominus}$

$$\begin{aligned}\Delta_r S_m^{\ominus}&=(\Delta_r H_m^{\ominus}-\Delta_r G_m^{\ominus})/T\\&=[-395.7\ kJ\cdot mol^{-1}-(-371.1\ kJ\cdot mol^{-1})]\times10^3/298\ K\\&=-82.5\ J\cdot mol^{-1}\cdot K^{-1}\end{aligned}$$

反应达平衡时温度

$$\begin{aligned}T_{转}&=\Delta_r H_m^{\ominus}/\Delta_r S_m^{\ominus}=-395.7\ kJ\cdot mol^{-1}/(-82.5\ J\cdot mol^{-1}\cdot K^{-1}\times10^{-3})\\&=4\ 796\ K\end{aligned}$$

在 4 796 K 以下的任何温度该反应都能自发进行，实际中炉温常低于 1 273 K，所以向炉中加入生石灰 CaO 是束缚 SO_3 的有效方法。此法不仅可以去除污染废气，而且产物 $CaSO_4$ 可作人造木材的原料，这是解决 $SO_3(g)$ 空气污染较有前途的方法之一。

恒压下温度对反应自发性的影响小结于表 5-1 中。

表 5-1　恒压下温度对反应自发性的影响

实验序号	$\Delta_r H_m^{\ominus}$	$\Delta_r S_m^{\ominus}$	$\Delta_r G_m^{\ominus}=\Delta_r H_m^{\ominus}-T\Delta_r S_m^{\ominus}$		反应的自发性
			低温	高温	
1	－	＋	－	－	任何温度下均为自发反应
2	＋	－	＋	＋	任何温度下均为非自发反应
3	－	－	－	＋	低温时自发，高温时非自发
4	＋	＋	＋	－	低温时非自发，高温时自发

5.5　化学平衡

　　一个化学反应不可能无休止地进行下去,反应物不可能全部转化为生成物,也就是说化学反应进行的程度是有限的。例如,在密闭容器中,一定温度下,氢气和碘蒸气反应生成气态的碘化氢:

$$H_2(g)+I_2(g)\rightarrow 2HI(g)$$

在同样条件下,气态的碘化氢也能分解成碘蒸气和氢气:

$$2HI(g)\rightarrow H_2(g)+I_2(g)$$

上述两个反应同时发生并且方向相反,这一特征可用下列形式表示:

$$H_2(g)+I_2(g)\rightleftharpoons 2HI(g)$$

习惯上,把从左向右进行的反应叫正反应;从右向左进行的反应叫逆反应。这种在同一条件下,既可以正向进行又能逆向进行的反应,称为可逆反应。

　　恒温恒压下化学反应之所以能进行,是由于 $\Delta_r G_m < 0$,随着反应的进行,$\Delta_r G_m$ 逐渐增大,当 $\Delta_r G_m = 0$ 时,反应失去了推动力,体系处于平衡状态。反应体系达到平衡状态时,反应物和生成物的浓度不再随时间而变化,这时各物质的浓度或分压称为平衡浓度或平衡分压。

　　为了定量地研究化学平衡,必须找出反应达平衡时体系内各组分的量之间的关系,平衡常数就是衡量平衡状态的一种数量标志。

5.5.1　化学平衡常数

5.5.1.1　标准平衡常数

　　标准平衡常数简称平衡常数,用 $K^\ominus$ 表示。若已知平衡时各组分的浓度或分压,分别与标准浓度 $c^\ominus$($c^\ominus = 1.0\ mol \cdot l^{-1}$)或标准压力 $p^\ominus$($p^\ominus = 100\ kPa$)相比,再代入标准平衡常数表达式即可。如可逆反应:

$$aA+bB \rightleftharpoons dD+eE$$

　　若反应物、生成物均为气体,在一定温度下达到平衡时,其平衡常数表示成:

$$K^\ominus = \frac{[p(D)/p^\ominus]^d \cdot [p(E)/p^\ominus]^e}{[p(A)/p^\ominus]^a \cdot [p(B)/p^\ominus]^b} \tag{5-17}$$

式中:$p(D)/p^\ominus$,$p(E)/p^\ominus$,$p(A)/p^\ominus$,$p(B)/p^\ominus$ 分别为 D,E,A,B 组分平衡时的

相对分压,是无量纲的量。

若是溶液中的反应,在一定温度下反应达平衡时,其平衡常数表达式可写成:

$$K^{\ominus} = \frac{\left[c(D)/c^{\ominus}\right]^d \cdot \left[c(E)/c^{\ominus}\right]^e}{\left[c(A)/c^{\ominus}\right]^a \cdot \left[c(B)/c^{\ominus}\right]^b} \tag{5-18}$$

式中:$c(D)/c^{\ominus}$,$c(E)/c^{\ominus}$,$c(A)/c^{\ominus}$,$c(B)/c^{\ominus}$ 分别为 D,E,A,B 组分平衡时的相对浓度,也是无量纲的量。

综上所述,平衡常数是表征可逆反应建立平衡或表征可逆反应进行程度的特征常数。$K^{\ominus}$ 值越大,表示反应达平衡时,生成物在平衡混合物中所占的比例越大,反应进行得越完全。平衡常数取决于反应物本性,与温度有关,但与反应物的浓度无关。

5.5.1.2 应用平衡常数注意事项

(1)在平衡常数表达式中,体系中各物质的相对压力或相对浓度的乘幂,应与反应方程式中相应的计量系数一致。

(2)平衡常数表达式必须与计量方程式相对应。同一化学反应,以不同的计量方程式表示时,其平衡常数的数值不同。如:

$$2SO_2(g) + O_2(g) \Longrightarrow 2SO_3(g)$$

$$K_1^{\ominus} = \frac{\left[p(SO_3)/p^{\ominus}\right]^2}{\left[p(SO_2)/p^{\ominus}\right]^2 \left[p(O_2)/p^{\ominus}\right]}$$

若将反应写成:

$$SO_2(g) + 1/2 O_2(g) \Longrightarrow SO_3(g)$$

则:

$$K_2^{\ominus} = \frac{p(SO_3)/p^{\ominus}}{\left[p(SO_2)/p^{\ominus}\right]\left[p(O_2)/p^{\ominus}\right]^{1/2}}$$

$K_1^{\ominus}$ 与 $K_2^{\ominus}$ 之间的关系是 $K_1^{\ominus} = (K_2^{\ominus})^2$。

(3)当有纯固体、纯液体参加反应时,其浓度可以认为是常数,均不写进平衡常数表达式中。如反应:

$$CO_2(g) + H_2(g) \Longrightarrow CO(g) + H_2O(l)$$

$$K^{\ominus} = \frac{p(CO)/p^{\ominus}}{\left[p(CO_2)/p^{\ominus}\right]\left[p(H_2)/p^{\ominus}\right]}$$

$$CaCO_3(s) \Longrightarrow CaO(s) + CO_2(g)$$

$$K^{\ominus} = p(CO_2)/p^{\ominus}$$

(4)在稀溶液反应中,水是大量的,其浓度可视为常数。如果水仅作为反应物或生成物的一个组分,则要写入平衡常数表达式。如反应:

$$Cr_2O_7^{2-}(aq) + H_2O(l) \Longrightarrow 2CrO_4^{2-}(aq) + 2H^+(aq)$$

$$K^\ominus = \frac{[c(H^+)/c^\ominus]^2 [c(CrO_4^{2-})/c^\ominus]^2}{c(Cr_2O_7^{2-})/c^\ominus}$$

$$CH_3COOH(l) + C_2H_5OH(l) \Longrightarrow CH_3COOC_2H_5(l) + H_2O(l)$$

$$K^\ominus = \frac{[c(CH_3COOC_2H_5)/c^\ominus][c(H_2O)/c^\ominus]}{[c(CH_3COOH)/c^\ominus][c(C_2H_5OH)/c^\ominus]}$$

（5）同一反应的正逆反应，其平衡常数互为倒数。

$$K^\ominus_正 = \frac{1}{K^\ominus_逆}$$

（6）多重平衡规则　假如有两个或多个反应，它们的平衡常数分别为 $K^\ominus_1$，$K^\ominus_2$，$K^\ominus_3$，…，这几个反应之和为一总反应，则总反应的平衡常数等于各个反应的平衡常数之积，即 $K^\ominus_总 = K^\ominus_1 \cdot K^\ominus_2 \cdot K^\ominus_3 \cdots$；相反，若一个反应可表示为两个反应之差，则总反应的平衡常数等于两个反应平衡常数之商，即 $K^\ominus_总 = K^\ominus_1/K^\ominus_2$。这些关系称之为多重平衡规则。例如下列反应：

$$2NO(g) + O_2(g) \Longrightarrow 2NO_2(g) \tag{a}$$

$$K^\ominus_a = \frac{[p(NO_2)/p^\ominus]^2}{[p(NO)/p^\ominus]^2[p(O_2)/p^\ominus]}$$

$$2NO_2(g) \Longrightarrow N_2O_4(g) \tag{b}$$

$$K^\ominus_b = \frac{[p(N_2O_4)/p^\ominus]}{[p(NO_2)/p^\ominus]^2}$$

$$2NO(g) + O_2(g) \Longrightarrow N_2O_4(g) \tag{c}$$

$$K^\ominus_c = \frac{[p(N_2O_4)/p^\ominus]}{[p(NO)/p^\ominus]^2[p(O_2)/p^\ominus]}$$

可以看出，反应（a）和反应（b）相加得反应（c），则 $K^\ominus_c = K^\ominus_a \cdot K^\ominus_b$。

应用多重平衡规则时，所有平衡常数必须是相同温度时的值，否则不能使用此规则。

5.5.2　化学反应等温方程式

5.5.2.1　化学反应等温方程式

对于一个反应 $aA(g) + bB(g) \Longrightarrow dD(g) + eE(g)$，若任意温度的自由能变用 $\Delta_r G_m$ 表示，标准状态下的自由能变表示成 $\Delta_r G^\ominus_m$，在恒温恒压下，热力学上已经证明 $\Delta_r G_m$ 和 $\Delta_r G^\ominus_m$ 有以下关系：

$$\Delta_r G_m = \Delta_r G_m^\ominus + RT \ln \frac{[p'(D)/p^\ominus]^d [p'(E)/p^\ominus]^e}{[p'(A)/p^\ominus]^a [p'(B)/p^\ominus]^b} \tag{5-19a}$$

式中：T 为热力学温度，单位 K；R 为摩尔气体常数，取值 8.314 J·mol·K^{-1}；$p^\ominus$ 为标准压力；$p'(A)$、$p'(B)$、$p'(D)$、$p'(E)$ 分别为反应物和生成物任意时刻的分压。生成物与反应物相对分压之比称为"分压商"，用 Q_p 表示：

$$Q_p = \frac{[p'(D)/p^\ominus]^d [p'(E)/p^\ominus]^e}{[p'(A)/p^\ominus]^a [p'(B)/p^\ominus]^b}$$

所以，式(5-19a)可以表示成：

$$\Delta_r G_m = \Delta_r G_m^\ominus + RT \ln Q_p \tag{5-19b}$$

当体系到达平衡时，$\Delta_r G_m = 0$，此时各组分的分压即为平衡分压，则式(5-19a)可以写成：

$$\Delta_r G_m^\ominus = -RT \ln \frac{[p(D)/p^\ominus]^d [p(E)/p^\ominus]^e}{[p(A)/p^\ominus]^a [p(B)/p^\ominus]^b}$$

因为：

$$\frac{[p(D)/p^\ominus]^d \cdot [p(E)/p^\ominus]^e}{[p(A)/p^\ominus]^a \cdot [p(B)/p^\ominus]^b} = K^\ominus$$

所以：

$$\Delta_r G_m^\ominus = -RT \ln K^\ominus \tag{5-20}$$

式(5-20)即为任意温度下，标准自由能变和平衡常数的关系式。

对于溶液中发生的反应，反应物和生成物均用浓度表示，$c'(A)$，$c'(B)$，$c'(D)$，$c'(E)$ 分别为反应物和生成物任意时刻的浓度，$c^\ominus$ 为标准态浓度。生成物与反应物相对浓度之比称为"浓度商"，用 Q_c 表示：

$$Q_c = \frac{[c'(D)/c^\ominus]^d [c'(E)/c^\ominus]^e}{[c'(A)/c^\ominus]^a [c'(B)/c^\ominus]^b}$$

同样有 $\Delta_r G_m = \Delta_r G_m^\ominus + RT \ln Q_c$

当体系到达平衡时，上式也可以写成：

$$\Delta_r G_m^\ominus = -RT \ln K^\ominus$$

水溶液中的标准态是指反应物和生成物的浓度都是 1.0 mol·L^{-1} 的状态，由于标准不同，$\Delta_r G_m^\ominus$ 值应由溶液中的相关数值求得。

若将式(5-20)代入式(5-19b)，并用反应商 Q 表示分压商 Q_p 和浓度商 Q_c，则有：

$$\Delta_r G_m = -RT\ln K^{\ominus} + RT\ln Q$$

$$\Delta_r G_m = RT\ln \frac{Q}{K^{\ominus}}$$

(5-21)

此式称为化学反应的等温方程式。

由式(5-19b)可以看出，$\Delta_r G_m$ 和 $\Delta_r G_m^{\ominus}$ 在数值上不相等。式中 Q 值经过对数运算后，数值变化幅度不是很大。在通常情况下，如果 $\Delta_r G_m^{\ominus}$ 足够大，$\Delta_r G_m$ 的正负号主要由 $\Delta_r G_m^{\ominus}$ 决定，$RT\ln Q$ 项很难改变 $\Delta_r G_m$ 的正负号，因此可用 $\Delta_r G_m^{\ominus}$ 来粗略估计非标准态下反应的自发性。一般来说，当 $\Delta_r G_m^{\ominus} > 40$ kJ·mol^{-1}时，可以认为反应不能发生，而当 $\Delta_r G_m^{\ominus} < -40$ kJ·mol^{-1}时，可以认为反应进行得很完全，当 $\Delta_r G_m^{\ominus}$ 介于以上两者之间时，就应根据式(5-19b)计算，以确定 $\Delta_r G_m$ 的正负号。

5.5.2.2　根据 $Q/K^{\ominus}$ 判断反应的自发性

从化学反应等温方程式可知，自由能变的正负号由反应商 Q 和平衡常数 $K^{\ominus}$ 的比值决定，因此用 $\Delta_r G_m$ 和 $Q/K^{\ominus}$ 就可以判断任意状态下反应进行的方向。当 $Q < K^{\ominus}$ 时，$\Delta_r G_m < 0$，正向反应自发；当 $Q = K^{\ominus}$，$\Delta_r G_m = 0$，反应处于平衡状态；当 $Q > K^{\ominus}$ 时，$\Delta_r G_m > 0$，逆向反应自发。这就是化学反应进行方向的反应商判据。

5.5.3　化学平衡的移动

所有的平衡都是暂时的、相对一定条件而言的，一旦外界条件发生变化，平衡即被破坏，从而引起各物质浓度的变化，直到在新的条件下建立起新的平衡。这种因外界条件改变，使体系从一种平衡状态变化到另一种平衡状态的过程，称为化学平衡的移动。影响化学平衡的外界条件一般是浓度、压力和温度。

5.5.3.1　浓度对化学平衡的影响

对于任意一个化学反应：

$$a\mathrm{A(aq)} + b\mathrm{B(aq)} \Longrightarrow d\mathrm{D(aq)} + e\mathrm{E(aq)}$$

当反应达到平衡时，体系中各组分的相对浓度有以下关系：

$$K^{\ominus} = \frac{[c(\mathrm{D})/c^{\ominus}]^d \ [c(\mathrm{E})/c^{\ominus}]^e}{[c(\mathrm{A})/c^{\ominus}]^a \ [c(\mathrm{B})/c^{\ominus}]^b}$$

在这个平衡体系中，若减小反应物浓度或增大生成物浓度，反应由平衡状态过渡到非平衡态，此时各组分的相对浓度表示如下：

$$Q = \frac{[c'(\mathrm{D})/c^{\ominus}]^d \ [c'(\mathrm{E})/c^{\ominus}]^e}{[c'(\mathrm{A})/c^{\ominus}]^a \ [c'(\mathrm{B})/c^{\ominus}]^b}$$

由于 Q 值增大,则 $Q > K^{\ominus}$,$\Delta_r G_m > 0$,即说明改变某些物质浓度时,原有的平衡遭到破坏,为了建立新的平衡,反应向逆方向移动。

若减小平衡体系中生成物的浓度或增加反应物的浓度,Q 值将减小,$Q < K^{\ominus}$,平衡被破坏。由于 $\Delta_r G_m < 0$,反应向生成物方向移动,随着反应的进行,Q 值逐渐增大,当 $Q = K^{\ominus}$ 时,体系又建立起新的平衡。在新的平衡体系中,各物质的平衡浓度均不同于前一个平衡状态时的浓度。增加反应物的浓度或减小生成物的浓度引起平衡移动的结果是获得了更多的生成物。

【例 5-11】 反应 $Fe^{2+}(aq) + Ag^+(aq) \Longrightarrow Fe^{3+}(aq) + Ag(s)$,反应开始前,体系中各物质的浓度分别是:$c(Ag^+) = 0.10\ mol \cdot L^{-1}$,$c(Fe^{2+}) = 0.10\ mol \cdot L^{-1}$,$c(Fe^{3+}) = 0.010\ mol \cdot L^{-1}$。已知 25℃时的平衡常数 $K^{\ominus} = 2.98$,求(1)反应开始后向何方进行?(2)平衡时 Ag^+、Fe^{2+}、Fe^{3+} 的浓度各为多少?(3)如果保持 Ag^+、Fe^{3+} 的浓度不变,而使 $c(Fe^{2+})$ 变为 $0.30\ mol \cdot L^{-1}$,求由 $Ag^+(aq)$ 转化为 $Ag(s)$ 的转化率是多少?

解:(1)反应开始时

$$Q = \frac{c(Fe^{3+})/c^{\ominus}}{[c(Fe^{2+})/c^{\ominus}][c(Ag^+)/c^{\ominus}]}$$

$$= \frac{(0.01\ mol \cdot L^{-1}/1.0\ mol \cdot L^{-1})}{(0.10\ mol \cdot L^{-1}/1.0\ mol \cdot L^{-1})(0.10\ mol \cdot L^{-1}/1.0\ mol \cdot L^{-1})}$$

$$= 1.0$$

$Q < K^{\ominus}$,反应向正方向进行。

(2)平衡时各组分浓度的计算

$$Fe^{2+}(aq)\ +\ Ag^+(aq) \Longrightarrow Fe^{3+}(aq)\ +\ Ag(s)$$

开始浓度/(mol · L^{-1})　　0.10　　　　　0.10　　　　　0.01

平衡浓度/(mol · L^{-1})　　0.10 $- x$　　0.10 $- x$　　0.010 $+ x$

$$K^{\ominus} = \frac{c(Fe^{3+})/c^{\ominus}}{[c(Fe^{2+})/c^{\ominus}][c(Ag^+)/c^{\ominus}]}$$

$$2.98 = \frac{(0.010\ mol \cdot L^{-1} + x\ mol \cdot L^{-1})/1.0\ mol \cdot L^{-1}}{[(0.10\ mol \cdot L^{-1} - x\ mol \cdot L^{-1})/1.0\ mol \cdot L^{-1}]^2}$$

解之得:$x = 0.013\ mol \cdot L^{-1}$

$c(Fe^{3+}) = 0.010\ mol \cdot L^{-1} + 0.013\ mol \cdot L^{-1} = 0.023\ mol \cdot L^{-1}$

$c(Fe^{2+}) = c(Ag^+) = 0.087\ mol \cdot L^{-1}$

（3）在恒容条件下，某一反应物的平衡转化率用 α 表示，α 的计算如下：

$$\alpha = \frac{\text{某反应物转化了的物质的量浓度}}{\text{反应前该反应物的物质的量浓度}} \times 100\%$$

设在新的条件下 Ag^+ 的转化率为 $\alpha(Ag^+)$，新条件下反应又达平衡时

$$Fe^{2+}(aq) + Ag^+(aq) \rightleftharpoons Fe^{3+}(aq) + Ag(s)$$

平衡浓度/$(mol \cdot L^{-1})$　　$0.30-0.10\alpha$　　$0.10-0.10\alpha$　　$0.010+0.10\alpha$

$$2.98 = \frac{(0.010+0.10\alpha)mol \cdot L^{-1}/1.0\ mol \cdot L^{-1}}{\left[(0.30-0.10\alpha)mol \cdot L^{-1}/1.0\ mol \cdot L^{-1}\right]\left[(0.10-0.10\alpha)mol \cdot L^{-1}/1.0\ mol \cdot L^{-1}\right]}$$

解之得：$\alpha(Ag^+) = 38.1\%$

与未增加前相比，Ag^+ 的转化率约是原来的 3 倍。

5.5.3.2　压力对化学平衡的影响

压力的变化对固体、液体物质的体积影响较小，而对气体物质体积的影响很大，因此在没有气体物质参加的反应中，压力对化学反应的影响可不必考虑。对于有气体参加的化学反应，反应体系压力的改变对平衡移动的影响要视具体情况而定。

一个气体反应：

$$aA(g) + bB(g) \rightleftharpoons dD(g) + eE(g)$$

当反应达到平衡时：

$$K^{\ominus} = \frac{\left[p(D)/p^{\ominus}\right]^d \cdot \left[p(E)/p^{\ominus}\right]^e}{\left[p(A)/p^{\ominus}\right]^a \cdot \left[p(B)/p^{\ominus}\right]^b}$$

令反应式中气体生成物计量系数之和减去气体反应物计量系数之和所得的差值为 Δn，即 $(d+e)-(a+b)=\Delta n$

（1）对于 $\Delta n > 0$，即气体物质的量增加的反应。若将体系的压力增大到 x 倍，相应各组分的分压也将增大到 x 倍，此时

$$Q = \frac{\left[xp(D)/p^{\ominus}\right]^d \left[xp(E)/p^{\ominus}\right]^e}{\left[xp(A)/p^{\ominus}\right]^a \left[xp(B)/p^{\ominus}\right]^b} = x^{\Delta n}K^{\ominus}$$

由于该反应 $\Delta n > 0$，$x^{\Delta n} > 1$，则 $Q > K^{\ominus}$，平衡向逆方向移动，即平衡向气体物质的量减小的方向移动。

（2）对于 $\Delta n < 0$，即气体物质的量减小的反应。若将体系的总压力增大到 x 倍，同样有

$$Q = x^{\Delta n} K^{\ominus}$$

由于 $\Delta n < 0$，$x^{\Delta n} < 1$，则 $Q < K^{\ominus}$，平衡向正方向移动，即平衡向气体物质的量减小的方向移动。

（3）对于 $\Delta n = 0$，即反应前后气体物质的量不变的反应。若改变体系的总压力，由于 $\Delta n = 0$，$x^{\Delta n} = 1$，则 $Q = K^{\ominus}$，此时平衡不发生移动。

总之，压力的改变只对那些反应前后气体物质的量有变化的反应才有影响。在恒温下，体系的总压力增大，平衡向气体物质的量减小的方向移动；体系的总压力减小，平衡向气体物质的量增加的方向移动。

【例 5-12】　某容器中充有 N_2O_4 和 NO_2 的混合物，在 308 K、101.3 kPa 发生反应：$N_2O_4(g) \Longrightarrow NO_2(g)$ 并达平衡。平衡时 $K^{\ominus} = 0.315$，各物质的分压分别为 $p(N_2O_4) = 58$ kPa，$p(NO_2) = 43$ kPa，计算：（1）上述反应的压力增大到 202.6 kPa 时，平衡向何方向移动？（2）若反应开始时 N_2O_4 物质的量为 1.0 mol，NO_2 物质的量为 0.10 mol，平衡时有 0.155 mol N_2O_4 发生了转化，计算总压力增大后，各物质的分压增加了多少？

解：（1）压力增大时，平衡遭到破坏：

$$p(N_2O_4) = 58 \text{ kPa} \times 2 = 116 \text{ kPa}$$

$$p(NO_2) = 43 \text{ kPa} \times 2 = 86 \text{ kPa}$$

$$Q = \frac{[p(NO_2)/p^{\ominus}]^2}{p(N_2O_4)/p^{\ominus}} = \frac{(86 \text{ kPa}/101.325 \text{ kPa})^2}{(116 \text{ kPa}/101.325 \text{ kPa})} = 0.63$$

$Q > K^{\ominus}$，平衡向左移动。

（2）　　　　　　　　　　　　　$N_2O_4(g) \Longrightarrow 2NO_2(g)$

开始时物质的量/mol　　　　　　　1.0　　　　　　0.10

平衡时物质的量/mol　　　　　　1.0 − 0.155　　0.10 + 2 × 0.155

平衡时　$n_{总} = (1.0 \text{ mol} - 0.155 \text{ mol}) + (0.1 \text{ mol} + 2 \times 0.155 \text{ mol}) = 1.255 \text{ mol}$

$$p(N_2O_4) = \frac{n(N_2O_4)}{n_{总}} p_{总} = \frac{1.0 \text{ mol} - 0.155 \text{ mol}}{1.255 \text{ mol}} \times 202.6 \text{ kPa} = 136.4 \text{ kPa}$$

$$p(NO_2) = \frac{0.10 \text{ mol} + 2 \times 0.155 \text{ mol}}{1.255 \text{ mol}} \times 202.6 \text{ kPa} = 66.2 \text{ kPa}$$

$$\Delta p(N_2O_4) = 136.4 \text{ kPa} - 58 \text{ kPa} = 78.4 \text{ kPa}$$

$$\Delta p(NO_2) = 66.2 \text{ kPa} - 43 \text{ kPa} = 23.2 \text{ kPa}$$

当总压力增大时，$p(N_2O_4)$ 和 $p(NO_2)$ 均有增加，但 $p(N_2O_4)$ 增加得更多，由此也说明平衡向左移动了。

需要注意的是,若向反应体系中加入不参加反应的惰性气体时,总压力对平衡的影响有以下几种情况:

(1)在恒温、恒容条件下,对于反应前后气体物质的量不等的反应($\triangle n \neq 0$),尽管通入惰性气体造成总压力增大,但各反应物和生成物的分压不变,此时 Q 和 $K^{\ominus}$ 都是定值,所以平衡不发生移动。

(2)在恒温恒压条件下,反应达平衡后通入惰性气体,体系的压力升高。为了维持恒压条件,只有使体系的体积增大,这时各组分的分压下降,使得 $Q = K^{\ominus}$,对于 $\triangle n < 0$ 的反应,平衡逆向移动;对于 $\triangle n > 0$ 的反应,平衡正向移动。

综上所述,压力对平衡移动的影响,一方面考虑反应前后气体物质的量是否改变,关键看各反应物和生成物的分压是否改变。

5.5.3.3　温度对化学平衡的影响

温度对化学平衡的影响同浓度和压力的影响有本质的区别。浓度和压力对平衡的影响是通过改变体系组分的组成,使 Q 改变,但 $K^{\ominus}$ 并不改变,此时 $Q \neq K^{\ominus}$,平衡发生移动。温度对化学平衡的影响则不然,温度变化引起平衡常数的改变,从而使化学平衡发生移动。温度改变与平衡移动方向之间的关系可以通过热力学的有关公式来计算。

对于某一平衡体系,平衡常数和标准自由能变有如下关系:

$$\Delta_r G_m^{\ominus} = - RT \ln K^{\ominus}$$

由吉布斯-亥姆霍茨方程知: $\Delta_r G_m^{\ominus} = \Delta_r H_m^{\ominus} - T \Delta_r S_m^{\ominus}$

两式合并　　　　　　$- RT \ln K^{\ominus} = \Delta_r H_m^{\ominus} - T \Delta_r S_m^{\ominus}$

$$\ln K^{\ominus} = - \frac{\Delta_r H_m^{\ominus}}{RT} + \frac{\Delta_r S_m^{\ominus}}{R} \tag{5-22}$$

若 $\Delta_r H_m^{\ominus} < 0$,当 T 增大时,$K^{\ominus}$ 减小;T 减小时,$K^{\ominus}$ 增大。若 $\Delta_r H_m^{\ominus} > 0$,当 T 增大时,$K^{\ominus}$ 也增大;T 减小时,$K^{\ominus}$ 也减小。

设某一可逆反应的反应热为 $\Delta_r H_m^{\ominus}$,温度 T_1 时的平衡常数为 $K_1^{\ominus}$,温度 T_2 时的平衡常数为 $K_2^{\ominus}$,由公式(5-22)可知,它们之间有下列关系:

$$\ln \frac{K_2^{\ominus}}{K_1^{\ominus}} = \frac{\Delta_r H_m^{\ominus}}{R} \left(\frac{T_2 - T_1}{T_1 T_2} \right) \tag{5-23}$$

式(5-24)称为范特霍夫(J. H. Van't Hoff)公式。

由上式知,对于放热反应 $\Delta_r H_m^{\ominus} < 0$,升高温度 $T_2 > T_1$,则 $K_2^{\ominus} < K_1^{\ominus}$,说明温度升高,平衡常数减小,不利于正反应的进行;对吸热反应 $\Delta_r H_m^{\ominus} > 0$,升高温度

$T_2 > T_1$，则 $K_2^\ominus > K_1^\ominus$，即升高温度平衡常数增大，温度越高，反应进行得越完全。总之，在平衡体系中，升高温度，平衡总是向吸热方向移动；反之，降低温度，平衡则向放热方向移动。

【例 5-13】 合成氨的反应 $N_2(g) + 3H_2(g) = 2NH_3(g)$ $\Delta_r H_m^\ominus = -92.2 \text{ kJ} \cdot \text{mol}^{-1}$，已知 25℃时，$K_1^\ominus = 6.8 \times 10^5$，求在 400℃时的 $K_2^\ominus$ 为多少？

解：根据公式 $\ln \dfrac{K_2^\ominus}{K_1^\ominus} = \dfrac{\Delta_r H_m^\ominus}{R} \left(\dfrac{T_2 - T_1}{T_1 T_2} \right)$ 知：

$$\ln \frac{K_2^\ominus}{6.8 \times 10^5} = \frac{-92.2 \text{ kJ} \cdot \text{mol}^{-1} \times 10^3}{8.314 \text{ J} \cdot \text{mol}^{-1} \cdot \text{K}^{-1}} \left(\frac{673 \text{ K} - 298 \text{ K}}{673 \text{ K} \times 298 \text{ K}} \right)$$

得：$$K_2^\ominus = 6.5 \times 10^{-4}$$

合成氨反应为放热反应，升高温度，平衡常数减小。

前面讨论了浓度、压力和温度对平衡移动的影响。总之，平衡移动的规律可以概括为：如果改变平衡体系的条件之一（如浓度、压力或温度），平衡就向能减弱这个改变的方向移动。这一规律称为吕·查德里（H. L. Le ChateLier）原理，也称为化学平衡移动原理。

习　题

1. 在 373 K 和 101.325 kPa 下，2.0 mol H_2 和 1.0 mol O_2 反应，生成 2.0 mol 水蒸气，放出 483.7 kJ 的热量，计算生成 1.0 mol 水蒸气的 ΔH 和 ΔU。

2. 计算以下各过程的内能变化。已知(1) $Q = -300$ J，$W = -750$ J；(2)体系从环境吸热 1 000 J，并对环境做功 540 J；(3)体系从环境吸热 250 J，环境对体系做功 635 J。

3. 已知下列反应的热效应

(1) $CH_3OH(l) + 1/2O_2(g) \rightarrow C(石墨) + 2H_2O(l)$　　　$\Delta_r H_{m,1}^\ominus = -370.0 \text{ kJ} \cdot \text{mol}^{-1}$；

(2) $C(石墨) + 1/2O_2(g) \rightarrow CO(g)$　　　$\Delta_r H_{m,2}^\ominus = -110.5 \text{ kJ} \cdot \text{mol}^{-1}$；

(3) $H_2(g) + 1/2O_2(g) \rightarrow H_2O(l)$　　　$\Delta_r H_{m,3}^\ominus = -285.8 \text{ kJ} \cdot \text{mol}^{-1}$。

计算合成甲醇反应的热效应 $\Delta_r H_{m,4}^\ominus$：$CO(g) + 2H_2(g) \rightarrow CH_3OH(l)$。

4. 已知下列反应在 298 K 时的标准反应热为 $-10\,088 \text{ kJ} \cdot \text{mol}^{-1}$，求蔗糖的标准生成热 $\Delta_f H_m^\ominus$ ($C_{12}H_{22}O_{11}$, s)。

$$C_{12}H_{22}O_{11}(s) + 12O_2(g) = 12 CO_2(g) + 11H_2O(l)$$

5. 利用标准燃烧热数据，计算反应

$CH_3COOH(l) + C_2H_5OH(l) \rightarrow CH_3COOC_2H_5(l) + H_2O(l)$ 的标准反应热 $\Delta_r H_m^\ominus$。

6. 已知环丙烷(g)、石墨及氢气的标准燃烧热分别为 $-2\,092.00 \text{ kJ} \cdot \text{mol}^{-1}$，$-393.51 \text{ kJ} \cdot \text{mol}^{-1}$ 及 $-285.84 \text{ kJ} \cdot \text{mol}^{-1}$，求环丙烷的 $\Delta_f H_m^\ominus$ (C_3H_6, g)。

7.已知单斜硫 $S_m^{\ominus} = 32.6\,J \cdot mol^{-1} \cdot K^{-1}$，$\Delta_c H_m^{\ominus} = -297.19\,kJ \cdot mol^{-1}$，正交硫的 $S_m^{\ominus} = 31.8\,J \cdot mol^{-1} \cdot K^{-1}$，$\Delta_c H_m^{\ominus} = -296.90\,kJ \cdot mol^{-1}$，在 101.325 kPa 及 95.5℃时正交硫转化为单斜硫，计算说明在该压力下，温度分别为 25℃和 95.5℃时，硫的哪种晶型稳定？

8.$CaCO_3(s)$热分解反应式为：

$$CaCO_3(s) \Longrightarrow CaO(s) + CO_2(g)$$

计算 $CaCO_3(s)$分解的最低温度。

9.将空气中的单质氮变成各种含氮的化合物的反应叫做固氮反应。根据 $\Delta_f G_m^{\ominus}$ 数值计算下列三种固氮反应的 $\Delta_r G_m^{\ominus}$ 并求出 $K^{\ominus}$值，从热力学的角度看选择哪个反应最好。

(1)$N_2(g) + O_2(g) \Longrightarrow 2NO(g)$；

(2)$2N_2(g) + O_2(g) \Longrightarrow 2N_2O(g)$；

(3)$N_2(g) + 3H_2(g) \Longrightarrow 2NH_3(g)$。

10.写出下列反应的平衡常数 $K^{\ominus}$ 的表示式

(1)$CH_4(g) + 2O_2(g) \Longrightarrow CO_2(g) + 2H_2O(l)$；

(2)$MgCO_3(s) \Longrightarrow MgO(s) + CO_2(g)$；

(3)$NO(g) + 1/2O_2(g) \Longrightarrow NO_2(g)$；

(4)$2MnO_4^-(aq) + 5H_2O_2(aq) + 6H^+(aq) \Longrightarrow 2Mn^{2+}(aq) + 5O_2(g) + 8H_2O(l)$。

11.反应 $C(s) + CO_2(g) \Longrightarrow 2CO(g)$ 在 1 773 K 时 $K^{\ominus} = 2.1 \times 10^3$，1 273 K 时 $K^{\ominus} = 1.6 \times 10^2$，问

(1)计算反应的 $\Delta_r H_m^{\ominus}$，并说明是吸热反应还是放热反应；

(2)计算 1 773 K 时反应的 $\Delta_r G_m^{\ominus}$，并说明正反应是否自发；

(3)计算反应的 $\Delta_r S_m^{\ominus}$。

12.在 763 K 时反应 $H_2(g) + I_2(g) \Longrightarrow 2HI(g)$，$K^{\ominus} = 45.9$，$H_2$，$I_2$，HI 按下列起始浓度混合，反应将向何方进行？

试验序号	$c(H_2)/(mol \cdot L^{-1})$	$c(I_2)/(mol \cdot L^{-1})$	$c(HI)/(mol \cdot L^{-1})$
1	0.060	0.400	2.00
2	0.096	0.300	0.500
3	0.086	0.263	1.02

13.反应 $H_2(g) + I_2(g) \Longrightarrow 2HI(g)$ 在 713 K 时 $K^{\ominus} = 50.0$，如用下列两个化学反应方程式表示时：

(1)$1/2H_2(g) + 1/2I_2(g) \Longrightarrow HI(g)$；

(2)$2HI(g) \Longrightarrow H_2(g) + I_2(g)$。

计算 713 K 时的平衡常数 $K^{\ominus}$。

14.在 523 K 下 PCl_5 按下式分解 $PCl_5(g) \Longrightarrow PCl_3(g) + Cl_2(g)$，将 0.7 mol 的 PCl_5 置于 2 L

密闭容器中,当有 0.5 mol PCl₅分解时,体系达到平衡,计算 523 K 时反应的 $K^{\ominus}$ 及 PCl₅分解率。

15.Ag₂O 遇热分解 $2Ag_2O(s) \rightleftharpoons 4Ag(s) + O_2(g)$,已知 298 K 时 Ag₂O 的 $\Delta_f H_m^{\ominus} = -30.6$ kJ·mol⁻¹,$\Delta_f G_m^{\ominus} = -11.2$ kJ·mol⁻¹。求(1)298 K 时 Ag₂O(s)-Ag 体系的 $p(O_2)$,(2)Ag₂O 的热分解温度(在分解温度时 $p(O_2) = 100$ kPa)。

6 溶液中的离子平衡

【知识要点】

1. 了解酸碱的定义和缓冲溶液的概念,掌握溶液酸度的计算。
2. 掌握溶度积和溶解度的关系,根据溶度积规则判断沉淀的生成和溶解。
3. 了解配离子的解离平衡,了解影响配位平衡移动的因素。
4. 了解原电池和电极电势,掌握能斯特公式,了解元素标准电极电势图及其应用。

6.1 酸碱质子理论

最初对酸碱的认识比较直观,认为酸是有酸味,能使石蕊试液变红的物质。而碱是有涩味,滑腻感,能使红色石蕊变蓝的物质。1887 年 Arrhenius 提出了酸碱的电离理论,认为酸是在水溶液中电离只生成 H^+ 的物质,碱是在水溶液中电离只生成 OH^- 的物质。酸碱的电离理论是人们对酸碱的认识从现象到本质的一次飞跃,对化学的发展起了重大作用,为此 Arrhenius 获得了 1903 年的诺贝尔化学奖。但电离理论也存在着局限性,它把酸、碱和酸碱反应仅仅局限于水溶液体系中。随着对酸碱的不断深入认识,又相继提出了酸碱溶剂理论,酸碱质子理论,酸碱电子理论和软硬酸碱的理论。本章重点介绍酸碱质子理论。

6.1.1 酸碱定义

1923 年,丹麦的布朗斯特(J. N. Bronsted)和英国的劳瑞(T. M. Lowry)分别提出了酸碱质子理论。酸碱的定义为:凡是能提供质子(H^+)的分子或离子称为酸。如 HCl,NH_4^+,HCO_3^- 等;凡是能结合质子的分子或离子称为碱。如 NH_3,OH^-,CO_3^{2-} 等。根据酸碱定义,酸给出质子后就变为碱,碱接受质子后就变为酸,它们之间的关系为:

$$酸 \rightleftharpoons 质子 + 碱$$

例如:
$$HCl \rightleftharpoons H^+ + Cl^-$$
$$HAc \rightleftharpoons H^+ + Ac^-$$
$$NH_4^+ \rightleftharpoons H^+ + NH_3$$
$$H_2PO_4^- \rightleftharpoons H^+ + HPO_4^{2-}$$
$$H_2CO_3 \rightleftharpoons H^+ + HCO_3^-$$
$$HCO_3^- \rightleftharpoons H^+ + CO_3^{2-}$$

由上式可见,HCl,HAc,NH_4^+,$H_2PO_4^-$,H_2CO_3,HCO_3^- 提供质子后变成相应的碱 Cl^-,Ac^-,NH_3,HPO_4^{2-},HCO_3^-,CO_3^{2-}。而 HCO_3^- 是既能提供质子,又能接受质子的物质,为两性物质,为两性物质还有 HPO_4^{2-},H_2O 等。质子理论扩大了酸碱的范围,没有了盐的定义,如在 $NaCl$ 中,Na^+ 是酸,Cl^- 是碱。

酸给出质子后,余下的那部分为碱,碱接受质子后又变成为酸。酸与碱的这种相互依存、相互转化的关系,叫做酸碱的共轭关系。酸与它的共轭碱,碱与它的共轭酸互称共轭酸碱对。如果酸越强,其共轭碱越弱;碱越弱,其共轭碱越强,如 HCl 是强酸,HAc 是弱酸,则 Ac⁻ 的碱性比 Cl⁻ 强,Cl⁻ 是弱碱,弱到不能接受质子。

6.1.2　酸碱反应

上述讲的共轭酸碱对的半反应是不能单独存在的,因为酸提供质子需要有接受质子的碱,而碱接受质子需要有提供质子的酸。酸碱质子理论认为,酸碱的解离反应是酸、碱和溶剂分子之间发生的质子传递反应。如:

$$\overset{\overset{\displaystyle H^+}{\frown}}{HCl} + H_2O \rightleftharpoons H_3O^+ + Cl^-$$
酸(1)　碱(2)　酸(2)　碱(1)

$$\overset{\overset{\displaystyle H^+}{\frown}}{HAc} + H_2O \rightleftharpoons H_3O^+ + Ac^-$$
酸(1)　碱(2)　酸(2)　碱(1)

$$\overset{\overset{\displaystyle H^+}{\frown}}{NH_4^+} + H_2O \rightleftharpoons H_3O^+ + NH_3$$
酸(1)　碱(2)　酸(2)　碱(1)

$$NH_3 + \overset{\overset{\displaystyle H^+}{\frown}}{H_2O} \rightleftharpoons NH_4^+ + OH^-$$
碱(1)　酸(2)　酸(1)　碱(2)

$$Ac^- + \overset{\overset{\displaystyle H^+}{\frown}}{H_2O} \rightleftharpoons HAc + OH^-$$
碱(1)　酸(2)　酸(1)　碱(2)

$$CO_3^{2-} + \overset{\overset{\displaystyle H^+}{\frown}}{H_2O} \rightleftharpoons HCO_3^- + OH^-$$
碱(1)　酸(2)　酸(1)　碱(2)

酸碱反应是由较强的酸和较强的碱向生成较弱的酸和较弱的碱方向自发进行。

6.1.2.1　水的自偶解离

将水分子之间的质子传递反应,称为的水的自偶解离。

$$H_2O + \overset{\overset{\displaystyle H^+}{\frown}}{H_2O} = H_3O^+ + OH^-$$

其平衡常数表达式为:

$$K_w^{\ominus} = \{c(H_3O^+)/c^{\ominus}\}\{c(OH^-)/c^{\ominus}\} \tag{6-1}$$

$K_w^{\ominus}$ 称为水的离子积常数,简称离子积,它只与温度有关。由于水的解离是吸热反应,所以温度越高,$K_w^{\ominus}$ 值越大。$K_w^{\ominus}$ 随温度变化不明显,一般采用 1.0×10^{-14}。

当 $c(H_3O^+) > 1.0 \times 10^{-7}$ mol·L^{-1}时,为酸性溶液;当 $c(H_3O^+) = 1.0 \times 10^{-7}$ mol·L^{-1}时,为中性溶液;当 $c(H_3O^+) < 1.0 \times 10^{-7}$ mol·L^{-1}时,为碱性溶液。如果溶液中的 H_3O^+(OH^-)浓度很小,就可用 H_3O^+(OH^-)相对浓度的负对数表示溶液的酸碱性。

$$pH = -\lg\{c(H_3O^+)/c^{\ominus}\} \tag{6-2}$$

$$pOH = -\lg\{c(OH^-)/c^{\ominus}\} \tag{6-3}$$

若将式(6-1)的两边分别取负对数,则有

$$pH + pOH = 14 \tag{6-4}$$

6.1.2.2　弱酸、弱碱的解离

酸碱的强弱不仅取决于酸碱本身提供和接受质子的能力,也取决于溶剂接受和提供质子的能力。本教材只讨论以水为溶剂的质子传递反应。

(1)一元弱酸、弱碱的解离　一元弱酸 HA、一元弱碱 B 在水溶液中的解离反应为:

$$HA(aq) + H_2O(l) \Longrightarrow H_3O^+(aq) + A^-(aq)$$
$$B(aq) + H_2O(l) \Longrightarrow HB^+(aq) + OH^-(aq)$$

其平衡常数表达式分别为:

$$K_a^{\ominus}(HA) = \frac{\{c(H_3O^+)\}c^{\ominus}/\{c(A^-)/c^{\ominus}\}}{\{c(HA)/c^{\ominus}\}} \tag{6-5}$$

$$K_b^{\ominus} = \frac{\{c(BH^+)/c^{\ominus}\}\{c(OH^-)/c^{\ominus}\}}{\{c(B)/c^{\ominus}\}} \tag{6-6}$$

$K_a^{\ominus}$、$K_b^{\ominus}$ 称为一元弱酸的、一元弱碱解离常数,它和其他平衡常数一样,只与温度有关,与浓度无关。

常见的弱分子酸和弱分子碱的解离常数见附录Ⅲ。而离子酸、离子碱的解离常数,需要根据其相应的共轭碱、共轭酸的解离常数求得。例如:

$$Ac^- + H_2O \Longrightarrow HAc + OH^-$$

$$K_b^{\ominus}(Ac^-) = \frac{\{c(HAc)/c^{\ominus}\}\{c(OH^-)/c^{\ominus}\}}{\{c(Ac^-)/c^{\ominus}\}} = \frac{\{c(HAc)/c^{\ominus}\}\{c(OH^-)/c^{\ominus}\}\{c(H_3O^+)/c^{\ominus}\}}{\{c(Ac^-)/c^{\ominus}\}\{c(H_3O^+)/c^{\ominus}\}}$$

$$= \frac{K_w^{\ominus}}{K_a^{\ominus}(HAc)}$$

$$NH_4^+ + H_2O \rightleftharpoons H_3O^+ + NH_3$$

$$K_a^{\ominus}(NH_4^+) = \frac{\{c(NH_3)/c^{\ominus}\}\{c(H_3O^+)/c^{\ominus}\}}{\{c(NH_4^+)/c^{\ominus}\}} = \frac{\{c(NH_3)/c^{\ominus}\}\{c(H_3O^+)/c^{\ominus}\}\{c(OH^-)/c^{\ominus}\}}{\{c(NH_4^+)/c^{\ominus}\}\{c(OH^-)/c^{\ominus}\}}$$

$$= \frac{K_w^{\ominus}}{K_b^{\ominus}(NH_3)}$$

除了用解离常数表示弱酸弱碱的相对强弱外,也可以用解离度(α)来表示:

$$\alpha = \frac{已解离的浓度}{解离前的浓度} \times 100\% \tag{6-7}$$

解离度与解离常数有一定关系,现以一元弱酸 HA 的解离为例说明。

$$HA(aq) + H_2O(l) \rightleftharpoons H_3O^+(aq) + A^-(aq)$$

初始浓度/(mol·L^{-1})　　　　c　　　　0　　　　0

平衡浓度/(mol·L^{-1})　　$c-c\alpha$　　$c\alpha$　　$c\alpha$

$$K_a^{\ominus}(HA) = \frac{\{c\alpha/c^{\ominus}\}\{c\alpha/c^{\ominus}\}}{\{(c-c\alpha)/c^{\ominus}\}} = \frac{c\alpha^2}{(1-\alpha)c^{\ominus}} \tag{6-8}$$

当 α 很小时,$1-\alpha \approx 1$,则

$$\alpha = \sqrt{\frac{K_a^{\ominus}(HA)}{(c/c^{\ominus})}} \tag{6-9}$$

式(6-9)表明弱酸的解离度与其浓度的平方根成反比,即浓度越稀,解离度越大。此关系式称为稀释定律。

当 $(c/c^{\ominus})/K_a^{\ominus} \geqslant 500$ 时,计算一元弱酸溶液 H_3O^+ 浓度的最简式为

$$c(H_3O^+)/c^{\ominus} = \sqrt{K_a^{\ominus} \times (c/c^{\ominus})} \tag{6-10}$$

当 $(c/c^{\ominus})/K_b^{\ominus} \geqslant 500$ 时,计算一元弱碱溶液 OH^- 浓度的最简式为

$$c(OH^-)/c^{\ominus} = \sqrt{K_b^{\ominus} \times (c/c^{\ominus})} \tag{6-11}$$

【例 6-1】　计算 0.100 mol·L^{-1} HAc 溶液中的 H_3O^+ 平衡浓度和溶液的 pH。已知 $K_a^{\ominus}(HAc) = 1.76 \times 10^{-5}$。

解：因为 $(c/c^{\ominus})/K_a^{\ominus} = \dfrac{0.100}{1.76\times10^{-5}} = 5.7\times10^3 > 500$

所以 $c(\mathrm{H_3O^+})/c^{\ominus} = \sqrt{K_a^{\ominus}\times(c/c^{\ominus})} = \sqrt{1.76\times10^{-5}\times0.100} = 1.33\times10^{-3}$

$c(\mathrm{H_3O^+}) = 1.33\times10^{-3}\ \mathrm{mol\cdot L^{-1}}$

$\mathrm{pH} = -\lg\{c(\mathrm{H_3O^+})/c^{\ominus}\} = 2.88$

【**例 6-2**】 计算 $0.100\ \mathrm{mol\cdot L^{-1}}\ \mathrm{NaAc}$ 溶液中的 pH。

解： $K_b^{\ominus}(\mathrm{Ac^-}) = \dfrac{K_w^{\ominus}}{K_a^{\ominus}(\mathrm{HAc})} = \dfrac{1.0\times10^{-14}}{1.76\times10^{-5}} = 5.68\times10^{-10}$

因为 $(c/c^{\ominus})/K_b^{\ominus} = \dfrac{0.100}{5.68\times10^{-10}} = 1.76\times10^8 > 500$

所以 $c(\mathrm{OH^-})/c^{\ominus} = \sqrt{K_b^{\ominus}\times(c/c^{\ominus})} = \sqrt{5.68\times10^{-10}\times0.100} = 7.53\times10^{-6}$

$c(\mathrm{OH^-}) = 7.53\times10^{-6}\ \mathrm{mol\cdot L^{-1}}$

$\mathrm{pOH} = -\lg\{c(\mathrm{OH^-})/c^{\ominus}\} = 5.12$

$\mathrm{pH} = 8.88$

(2)多元弱酸、弱碱的解离　多元弱酸的解离是分步进行的。如：

$$\mathrm{H_2S + H_2O \Longrightarrow H_3O^+ + HS^-}$$

$$K_{a_1}^{\ominus}(\mathrm{H_2S}) = \frac{\{c(\mathrm{H_3O^+})/c^{\ominus}\}\cdot\{c(\mathrm{HS^-})/c^{\ominus}\}}{\{c(\mathrm{H_2S})/c^{\ominus}\}} = 9.1\times10^{-8}$$

$$\mathrm{HS^- + H_2O \Longrightarrow H_3O^+ + S^{2-}}$$

$$K_{a_2}^{\ominus}(\mathrm{H_2S}) = \frac{\{c(\mathrm{H_3O^+})/c^{\ominus}\}\cdot\{c(\mathrm{S^{2-}})/c^{\ominus}\}}{\{c(\mathrm{HS^-})/c^{\ominus}\}} = 1.1\times10^{-12}$$

$K_{a_1}^{\ominus}$ 和 $K_{a_2}^{\ominus}$ 分别为 $\mathrm{H_2S}$ 的第一、第二步解离常数。一般情况下，二元酸的 $K_{a_1}^{\ominus} \gg K_{a_2}^{\ominus}$，这是因为 $\mathrm{H_2S}$ 第二步解离使 $\mathrm{HS^-}$ 再给出 $\mathrm{H^+}$，要比第一步解离困难得多，因此可忽略第二步解离。因此计算多元酸的 $\mathrm{H_3O^+}$ 浓度可按一元弱酸处理。

多元弱碱的解离也是分步进行的。如：

$$\mathrm{CO_3^{2-} + H_2O \Longrightarrow HCO_3^- + OH^-}$$

$$K_{b_1}^{\ominus}(\mathrm{CO_3^{2-}}) = \frac{\{c(\mathrm{OH^-})/c^{\ominus}\}\cdot\{c(\mathrm{HCO_3^-})/c^{\ominus}\}}{\{c(\mathrm{CO_3^{2-}})/c^{\ominus}\}} = \frac{K_w^{\ominus}}{K_{a_2}^{\ominus}(\mathrm{H_2CO_3})}$$

$$= 1.8\times10^{-4}$$

$$\mathrm{HCO_3^- + H_2O \Longrightarrow H_2CO_3 + OH^-}$$

$$K_{b_2}^{\ominus}(\mathrm{CO_3^{2-}}) = \frac{\{c(\mathrm{OH^-})/c^{\ominus}\}\cdot\{c(\mathrm{H_2CO_3})/c^{\ominus}\}}{\{c(\mathrm{HCO_3^-})/c^{\ominus}\}} = \frac{K_w^{\ominus}}{K_{a_1}^{\ominus}(\mathrm{H_2CO_3})} = 2.3\times10^{-8}$$

$K_{b_1}^\ominus$ 和 $K_{b_2}^\ominus$ 分别为 CO_3^{2-} 的第一、第二步解离常数。若 $K_{b_1}^\ominus \gg K_{b_2}^\ominus$，计算溶液酸度时，按一元弱碱处理。

【例 6-3】 计算在 $0.10\ mol \cdot L^{-1} H_2S$ 溶液中 H_3O^+、S^{2-} 的浓度和溶液的 pH。已知 H_2S 的 $K_{a_1}^\ominus = 9.1 \times 10^{-8}$，$K_{a_2}^\ominus = 1.1 \times 10^{-12}$。

解: 因为 $K_{a_1}^\ominus(H_2S) \gg K_{a_2}^\ominus(H_2S)$，且 $(c/c^\ominus)/K_{a_1}^\ominus \geqslant 500$

所以 $c(H_3O^+)/c^\ominus = \sqrt{K_{a_1}^\ominus \times (c/c^\ominus)} = \sqrt{9.1 \times 10^{-8} \times 0.10} = 9.5 \times 10^{-5}$

$c(H_3O^+) = 9.5 \times 10^{-5}\ mol \cdot L^{-1}$

$pH = -\lg\{c(H_3O^+)/c^\ominus\} = 4.02$

S^{2-} 的浓度需按第二步解离求算:

$$HS^- + H_2O \Longrightarrow H_3O^+ + S^{2-}$$

$$K_{a_2}^\ominus(H_2S) = \frac{\{c(H_3O^+)/c^\ominus\} \cdot \{c(S^{2-})/c^\ominus\}}{\{c(HS^-)/c^\ominus\}} = c(S^{2-})/c^\ominus = 1.1 \times 10^{-12}$$

$c(S^{2-}) = 1.1 \times 10^{-12}\ mol \cdot L^{-1}$

【例 6-4】 计算在 $0.10\ mol \cdot L^{-1} Na_2S$ 溶液中 OH^-、S^{2-} 的浓度和溶液的 pH。

解: S^{2-} 的解离是分步进行的:

$$S^{2-} + H_2O \Longrightarrow HS^- + OH^-$$

$$K_{b_1}^\ominus(S^{2-}) = \frac{\{c(OH^-)/c^\ominus\} \cdot \{c(HS^-)/c^\ominus\}}{\{c(S^{2-})/c^\ominus\}} = \frac{K_w^\ominus}{K_{a_2}^\ominus(H_2S)}$$

$$= \frac{1.0 \times 10^{-14}}{1.1 \times 10^{-12}} = 9.1 \times 10^{-3}$$

$$HS^- + H_2O \Longrightarrow H_2S + OH^-$$

$$K_{b_2}^\ominus(S^{2-}) = \frac{\{c(OH^-)/c^\ominus\} \cdot \{c(H_2S)/c^\ominus\}}{\{c(HS^-)/c^\ominus\}}$$

$$= \frac{K_w^\ominus}{K_{a_1}^\ominus(H_2S)} = \frac{1.0 \times 10^{-14}}{9.1 \times 10^{-8}} = 1.1 \times 10^{-7}$$

因为 $K_{b_1}^\ominus(S^{2-}) \gg K_{b_2}^\ominus(S^{2-})$

所以 计算 OH^- 浓度时可忽略 S^{2-} 的第二步解离。

又因为 $(c/c^\ominus)/K_{b_1}^\ominus = \dfrac{0.100}{9.1 \times 10^{-3}} < 500$

所以 不能用最简式计算溶液的 $c(OH^-)$。

$$S^{2-} + H_2O \Longrightarrow HS^- + OH^-$$

平衡浓度$/(mol \cdot L^{-1})\quad 0.10-x \qquad\qquad\qquad x \qquad\quad x$

$$K_{b_1}^{\ominus}(S^{2-})=\frac{\{c(OH^-)/c^{\ominus}\}\cdot\{c(HS^-)/c^{\ominus}\}}{\{c(S^{2-})/c^{\ominus}\}}=\frac{x^2}{0.1-x}=9.1\times10^{-3}$$

$$x=c(OH^-)=2.5\times10^{-2}\ mol\cdot L^{-1}$$

$$pOH=1.60$$

$$pH=14-pOH=12.40$$

$$c(S^{2-})=0.10\ mol\cdot L^{-1}-2.5\times10^{-2}\ mol\cdot L^{-1}=7.5\times10^{-2}\ mol\cdot L^{-1}$$

由上述例题可以得到以下结论：

①多元弱酸、弱碱的解离是分步进行的，H_3O^+、OH^-主要来自于弱酸、弱碱的第一步解离，计算 $c(H_3O^+)$、$c(OH^-)$ 只考虑第一步解离。

②对于二元弱酸 H_2A，$c(A^{2-})\approx K_{a_2}^{\ominus}$，与弱酸初始浓度无关。

6.1.3　酸碱解离平衡的移动

酸碱的解离平衡是一种动态平衡。当外界条件改变时，就会破坏旧的平衡，从而建立新的平衡。例如在 HAc 溶液中，存在下列平衡：

$$HAc+H_2O\Longleftrightarrow H_3O^++Ac^-$$

向该溶液中加入与 HAc 含有相同离子的强酸或 NaAc，由于增大了溶液中的 H_3O^+ 或 Ac^-，使 HAc 解离平衡向左移动，从而降低了 HAc 解离度。像这样在弱电解质溶液中，加入与弱电解质具有相同离子的强电解质，从而降低了弱电解质解离度的现象，称为同离子效应。

【例 6-5】　分别计算 0.10 mol·L⁻¹ HAc 溶液和向 1 L 0.10 mol·L⁻¹ HAc 溶液加入 0.1 mol NaAc 晶体(忽略体积变化)的解离度 α。

解：因为 $\qquad (c/c^{\ominus})/K_a^{\ominus}=\dfrac{0.100}{1.76\times10^{-5}}\geqslant500$

所以　$c(H_3O^+)/c^{\ominus}=\sqrt{K_a^{\ominus}\times(c/c^{\ominus})}=\sqrt{1.76\times10^{-5}\times0.100}=1.33\times10^{-3}$

$$c(H_3O^+)=1.33\times10^{-3}\ mol\cdot L^{-1}$$

$$\alpha=\frac{1.33\times10^{-3}}{0.1}\times100\%=1.33\%$$

	HAc	+	H₂O	⇌	H₃O⁺	+	Ac⁻
初始浓度/(mol·L⁻¹)	0.10				0		0.10
平衡浓度/(mol·L⁻¹)	0.10−x				x		0.10+x

$$K_a^{\ominus}(HAc)=\frac{\{c(H_3O^+/c^{\ominus})\}\{c(Ac^-/c^{\ominus})\}}{\{c(HAc)/c^{\ominus}\}}=\frac{x(x+0.10)}{0.10-x}=1.76\times10^{-5}$$

因为　　　　$0.10\pm x\approx0.10,0.10-x\approx0.10$

$$所以 \quad x = 1.76 \times 10^{-5}$$

$$c(H_3O^+) = 1.76 \times 10^{-5} \ mol \cdot L^{-1}$$

$$\alpha = \frac{1.76 \times 10^{-5}}{0.1} \times 100\% = 0.0176\%$$

可见因同离子效应,大大地降低了 HAc 的解离度。在实际工作中,常利用同离子效应作为控制溶液中离子浓度,特别是氢离子浓度的方法和手段。

6.1.4　缓冲溶液

由弱酸及其共轭碱或弱碱及其共轭酸组成的溶液能够抵抗外加的少量强酸、强碱或稀释,而溶液的 pH 基本保持不变的作用,称为缓冲作用,具有缓冲作用的溶液称为缓冲溶液。缓冲溶液具有重要的意义和广泛的用途。例如:土壤中含有硅酸、磷酸和腐殖酸及其共轭碱所组成缓冲系统,使土壤 pH 保持在 5~8 之间,以利于植物的正常生长。人体血液中含有 $H_2CO_3\text{-}HCO_3^-$,$H_2PO_4^-\text{-}HPO_4^{2-}$,$HHbO_2$(带氧血红蛋白)-$KHbO_2$ 和 HHb(血红蛋白)-KHb 等缓冲体系,使血液的 pH 保持在 7.35~7.45 之间,以维持正常的生命活动,超出这个范围就会出现"酸中毒"或"碱中毒",若 pH 改变 0.4 个单位,人体就有生命危险。

6.1.4.1　缓冲原理

缓冲溶液为什么具有抵抗外加酸、碱的作用呢? 现以 HAc-Ac$^-$ 缓冲溶液为例说明缓冲原理。在 HAc-Ac$^-$ 缓冲溶液中存在着以下解离平衡:

$$HAc + H_2O = H_3O^+ + Ac^-$$

由于缓冲溶液中存在着大量的 HAc 和 Ac$^-$,当外加少量 H_3O^+ 时,溶液中的 Ac$^-$ 就会与之作用生成 HAc,上述平衡向左移动,以抵消外加的 H_3O^+。当外加少量的 OH$^-$ 时,溶液中的 HAc 就会与之作用生成 Ac$^-$,上述平衡向右移动,以抵消外加的 OH$^-$。当稀释时,一方面降低了 H_3O^+ 的浓度,另一方面由于解离度的增大而使 H_3O^+ 增大,因此溶液的酸度基本不变。

缓冲溶液的缓冲能力是有限度的。当外加大量的强酸、强碱及无限稀释,或加入的强酸、强碱的量接近于缓冲溶液组分的量时,缓冲溶液就会失去缓冲作用。

6.1.4.2　缓冲溶液 pH 计算

弱酸及其共轭碱组成的缓冲溶液的 pH 计算公式为:

$$c(H_3O^+)/c^{\ominus} = K_a^{\ominus} \frac{\{c(酸)/c^{\ominus}\}}{\{c(碱)/c^{\ominus}\}} \tag{6-12}$$

弱碱及其共轭酸组成的缓冲溶液的 pH 计算公式为:

$$c(OH^-)/c^{\ominus} = K_b^{\ominus} \frac{\{c(\text{碱})/c^{\ominus}\}}{\{c(\text{酸})/c^{\ominus}\}} \tag{6-13}$$

分别将式(6-9)和式(6-10)两边取负对数,得:

$$pH = pK_a^{\ominus} - \lg \frac{\{c(\text{酸})/c^{\ominus}\}}{\{c(\text{碱})/c^{\ominus}\}} \tag{6-14}$$

$$pOH = pK_b^{\ominus} - \lg \frac{\{c(\text{碱})/c^{\ominus}\}}{\{c(\text{酸})/c^{\ominus}\}} \tag{6-15}$$

【例 6-6】 已知 HAc-Ac$^-$ 缓冲溶液 10 mL,HAc、Ac$^-$ 的浓度均为 1.0 mol·L^{-1},分别加入 0.20 mol·L^{-1} HCl 溶液 0.50 mL、0.20 mol·L^{-1} NaOH 溶液 0.50 mL 后,计算溶液 pH 各改变了多少?已知 $pK_a^{\ominus}(HAc) = 4.75$

解:未加酸碱时,缓冲溶液的 pH 为:

$$pH = pK_a^{\ominus} - \lg \frac{\{c(HAc)/c^{\ominus}\}}{\{c(Ac^-)/c^{\ominus}\}} = 4.75 - \lg \frac{(1 \text{ mol·L}^{-1}/1 \text{ mol·L}^{-1})}{(1 \text{ mol·L}^{-1}/1 \text{ mol·L}^{-1})}$$
$$= 4.75$$

由题意可知,加入的 HCl 为 0.10×10^{-3} mol,根据 HCl 和 Ac$^-$ 反应方程式可知,Ac$^-$ 减少了 0.10×10^{-3} mol,HAc 增加了 0.10×10^{-3} mol。故加入 HCl 后,溶液中 HAc、Ac$^-$ 的浓度分别为:

$$c(HAc) = \frac{10.1 \times 10^{-3} \text{ mol}}{10.5 \times 10^{-3} \text{ L}} = 0.962 \text{ mol·L}^{-1}$$

$$c(Ac^-) = \frac{9.9 \times 10^{-3} \text{ mol}}{10.5 \times 10^{-3} \text{ L}} = 0.943 \text{ mol·L}^{-1}$$

$$pH = pK_a^{\ominus} - \lg \frac{\{c(HAc)/c^{\ominus}\}}{\{c(Ac^-)/c^{\ominus}\}}$$
$$= 4.75 - \lg \frac{(0.962 \text{ mol·L}^{-1}/1 \text{ mol·L}^{-1})}{(0.943 \text{ mol·L}^{-1}/1 \text{ mol·L}^{-1})} = 4.74$$

同理,加入 NaOH 后,溶液的 pH 为:

$$pH = pK_a^{\ominus} - \lg \frac{\{c(HAc)/c^{\ominus}\}}{\{c(Ac^-)/c^{\ominus}\}}$$
$$= 4.75 - \lg \frac{(0.943 \text{ mol·L}^{-1}/1 \text{ mol·L}^{-1})}{(0.962 \text{ mol·L}^{-1}/1 \text{ mol·L}^{-1})} = 4.76$$

计算表明,加入 HCl、NaOH 后溶液的 pH 各改变了 0.01 个单位,pH 基本保持不变。

6.1.4.3　缓冲溶液的选择和配制

缓冲溶液的缓冲能力大小用缓冲容量来衡量。使缓冲溶液 pH 改变一个单位所需的强酸或强碱的量,称为缓冲容量。缓冲容量越大,抵抗外加的酸或碱的能力越强。如何提高缓冲溶液的缓冲能力呢?

(1)提高共轭酸碱对的浓度　组成缓冲溶液的共轭酸碱对浓度越大,缓冲能力越大。但浓度不宜过高,一般以 $0.1\sim1.0\ mol\cdot L^{-1}$ 为宜。

(2)保持共轭酸碱对浓度之比(缓冲比)接近 1　当共轭酸碱对浓度之比为 1时,缓冲能力最大。一般要求缓冲比在 $(10:1)\sim(1:10)$ 之间,其相应的 pH 及pOH 变化范围为:

$$pH=pK_a^{\ominus}\pm1 \tag{6-16}$$

$$pOH=pK_b^{\ominus}\pm1 \tag{6-17}$$

此范围称缓冲溶液的有效缓冲范围。显然缓冲溶液的有效缓冲范围取决于其 $K_a^{\ominus}$ 和 $K_b^{\ominus}$ 值。

在实际工作中常常需要配制缓冲溶液。首先选择共轭酸碱对的 $pK_a^{\ominus}$($pK_b^{\ominus}$)等于或接近所需的 pH(pOH)。如果 $pK_a^{\ominus}$($pK_b^{\ominus}$)与所需的 pH(pOH)不相等,可调节共轭酸碱对之比,即能得到所需的 pH(pOH)。常用的缓冲溶液见表 6-1。

表 6-1　常用的缓冲溶液

缓冲溶液	$pK_a^{\ominus}$	缓冲范围
HAc-NaAc	4.75	3.75~5.75
NaH_2PO_4-Na_2HPO_4	7.21	6.21~8.21
Na_2HPO_4-Na_3PO_4	12.66	11.66~13.66
$NaHCO_3$-Na_2CO_3	10.25	9.25~11.25
NH_3-NH_4Cl	9.25	8.25~10.25
HCOOH-HCOONa	3.75	2.75~4.75

6.2　沉淀溶解平衡

沉淀溶解平衡是一类常见的化学平衡。反应的特征是反应过程中总是伴随着一种物相的生成或消失。例如,$AgNO_3$ 溶液与 NaCl 溶液反应生成 AgCl 沉淀,$CaCO_3$ 沉淀与 HCl 反应后,固相就消失了。如何定量地讨论沉淀的生成和溶解问题呢?如何判断反应发生的方向及程度呢?这些都是沉淀溶解平衡所要解决的问题。

6.2.1 溶度积与溶解度

绝对不溶于水的物质是不存在的,只是溶解的多少而已。以水为溶剂,将溶解度小于 $0.01\ g/100\ g\ H_2O$ 的物质称为难溶物。

将难溶电解质 $BaSO_4$ 固体放入水中,$BaSO_4$ 固体表面的正、负离子受水分子偶极的作用,固体表面的 Ba^{2+}、SO_4^{2-} 不断进入溶液中,此过程为沉淀的溶解。随着溶液中离子浓度的逐渐增加,Ba^{2+}、SO_4^{2-} 受到固体表面的吸引,又重新返回到晶体表面上,此过程称为沉淀。在一定温度下当沉淀和溶解的速率相等时,难溶电解质就达到了沉淀溶解平衡。$BaSO_4$ 的沉淀溶解平衡为:

$$BaSO_4(s) \underset{沉淀}{\overset{溶解}{\rightleftharpoons}} Ba^{2+}(aq) + SO_4^{2-}(aq)$$

达到平衡时溶液为饱和溶液。与酸碱平衡不同的是,沉淀溶解平衡为多相平衡。

难溶电解质的沉淀溶解平衡可以用下列通式表示:

$$A_nB_m(s) \rightleftharpoons nA^{m+}(aq) + mB^{n-}(aq)$$

其标准平衡常数表达式为:

$$K_{sp}^{\ominus}(A_nB_m) = \{c(A^{m+})/c^{\ominus}\}^n \cdot \{c(B^{n-})/c^{\ominus}\}^m \qquad (6\text{-}18)$$

式中:$K_{sp}^{\ominus}$ 为溶度积常数,它只与难溶电解质的本质和温度有关,与离子浓度无关。改变浓度可引起化学平衡的移动。难溶电解质的溶度积常数见附录 IV。

对于同类型难溶电解质,$K_{sp}^{\ominus}$ 大,溶解度大。对于不同类型难溶电解质,不能直接用 $K_{sp}^{\ominus}$ 比较溶解度的大小,需要通过计算。设 S 为难溶电解质在水中的溶解度$(mol \cdot L^{-1})$,$K_{sp}^{\ominus}$ 和 S 相互换算关系如下:

(1)AB 型难溶电解质

$$AB(s) = A^+(aq) + B^-(aq)$$
$$ S S$$
$$K_{sp}^{\ominus} = (S/c^{\ominus}) \cdot (S/c^{\ominus})$$
$$(S/c^{\ominus}) = \sqrt{K_{sp}^{\ominus}} \qquad (6\text{-}19)$$

(2)AB_2 型难溶电解质

$$AB_2(s) = A^+(aq) + 2B^-(aq)$$
$$ S 2S$$

$$K_{sp}^{\ominus} = (S/c^{\ominus}) \cdot (2S/c^{\ominus})^2$$

$$(S/c^{\ominus}) = \sqrt[3]{\frac{K_{sp}^{\ominus}}{4}} \qquad\qquad (6\text{-}20)$$

（3）AB_3 型难溶电解质

$$AB_3(s) = A^+(aq) + 3B^-(aq)$$
$$\qquad\qquad S \qquad\quad 3S$$

$$K_{sp}^{\ominus} = (S/c^{\ominus}) \cdot (3S/c^{\ominus})^3$$

$$(S/c^{\ominus}) = \sqrt[4]{\frac{K_{sp}^{\ominus}}{27}} \qquad\qquad (6\text{-}21)$$

【例 6-7】　298 K 时，AgBr 的溶度积为 5.35×10^{-13}，计算 AgBr 在水中的溶解度。

　　解：设 AgBr 的溶解度为 S，则

$$AgBr(s) \rightleftharpoons Ag^+(aq) + Br^-(aq)$$

平衡浓度/$(mol \cdot L^{-1})$ 　　　S 　　　　S

$$K_{sp}^{\ominus}(AgBr) = \{c(Ag^+)/c^{\ominus}\} \cdot \{c(Br^-)/c^{\ominus}\}$$
$$= (S/c^{\ominus})^2 = 5.35 \times 10^{-13}$$
$$S = 7.31 \times 10^{-7}\ mol \cdot L^{-1}$$

6.2.2　沉淀的生成

非标态下，根据化学反应等温式 $\Delta_r G_m(T) = -RT\ln K^{\ominus} + RT\ln Q = RT\ln \dfrac{Q}{K^{\ominus}}$
可以判断化学反应的方向。对于难溶电解质存在以下平衡：

$$A_n B_m(s) \rightleftharpoons nA^{m+}(aq) + mB^{n-}(aq)$$

Q 称为离子积，因此可以用 Q 和 $K_{sp}^{\ominus}$ 的大小判断沉淀的生成和溶解。

　　① $Q > K_{sp}^{\ominus}$，过饱和溶液，有沉淀生成，直到达到新的平衡；

　　② $Q = K_{sp}^{\ominus}$，饱和溶液，沉淀与溶解处于平衡状态；

　　③ $Q < K_{sp}^{\ominus}$，未饱和溶液，无沉淀生成或原来的沉淀继续溶解，直到达到新的平衡。

　　上述结论称为溶度积规则，是用来判断沉淀的生成和溶解的。

【例 6-8】　80.0 mL 0.010 mol $\cdot$ L^{-1} 的 Na$_2$SO$_4$ 溶液与 20.0 mL 0.010 mol $\cdot$ L^{-1} 的 BaCl 溶液混合，是否会生成 BaSO$_4$ 沉淀？反应后溶液中的 Ba^{2+} 浓度是多少？已知 $K_{sp}^{\ominus}(BaSO_4) = 1.07 \times 10^{-10}$

解：混合后溶液的总体积为 80.0 mL＋20.0 mL＝100.0 mL，溶液中各离子的浓度为：

$$c(Ba^{2+}) = \frac{0.010 \text{ mol} \cdot L^{-1} \times 20.0 \text{ mL}}{100.0 \text{ mL}} = 0.002 \text{ mol} \cdot L^{-1}$$

$$c(SO_4^{2-}) = \frac{0.010 \text{ mol} \cdot L^{-1} \times 80.0 \text{ mL}}{100.0 \text{ mL}} = 0.008 \text{ mol} \cdot L^{-1}$$

$$Q = \{c(Ba^{2+})/c^{\ominus})\} \cdot \{(c(SO_4^{2-})/c^{\ominus})\} = 0.002 \times 0.008 = 1.6 \times 10^{-5}$$

因为　$Q > K_{sp}^{\ominus}$

所以　有 $BaSO_4$ 沉淀生成。

设平衡时溶液中的 Ba^{2+} 浓度为 x mol $\cdot$ L^{-1}

$$BaSO_4(s) \;=\; Ba^{2+}(aq) \;+\; SO_4^{2-}(aq)$$

起始浓度/(mol $\cdot$ L^{-1})	0.002	0.008
变化浓度/(mol $\cdot$ L^{-1})	0.002－x	0.002－x
平衡浓度/(mol $\cdot$ L^{-1})	x	0.008－(0.002－x)

$$K_{sp}^{\ominus}(BaSO_4) = \{c(Ba^{2+})/c^{\ominus}\} \cdot \{c(SO_4^{2-})/c^{\ominus}\} = 1.07 \times 10^{-10}$$

$$x(0.006 + x) = 1.08 \times 10^{-10}$$

由于 $K_{sp}^{\ominus}$ 很小，x 也就很小，故 $0.006 + x \approx 0.006$

$$x = \frac{1.07 \times 10^{-10}}{0.006} = 1.78 \times 10^{-8}$$

即达到平衡后，溶液中的 Ba^{2+} 浓度为 1.78×10^{-8} mol $\cdot$ L^{-1}。

【例 6-9】 已知 Ag_2CrO_4 的 $K_{sp}^{\ominus}$ 为 1.12×10^{-12}，求

(1) Ag_2CrO_4 在水中的溶解度。

(2) Ag_2CrO_4 在 0.01 mol $\cdot$ L^{-1} K_2CrO_4 溶液中的溶解度。

解：设 Ag_2CrO_4 在水中的溶解度为 S_1，在 0.01 mol $\cdot$ L^{-1} K_2CrO_4 溶液中的溶解度为 S_2。

(1)　　　　　　　$Ag_2CrO_4(s) \Longrightarrow 2Ag^+(aq) + CrO_4^{2-}(aq)$

平衡浓度/(mol $\cdot$ L^{-1})　　　　　$2S_1$　　　　　S_1

$$K_{sp}^{\ominus}(Ag_2CrO_4) = \{c(Ag^+)/c^{\ominus}\}^2 \cdot \{c(CrO_4^{2-})/c^{\ominus}\}$$

$$= (2S_1)^2 S_1 = 1.12 \times 10^{-12}$$

$$S_1 = 6.54 \times 10^{-5} \text{ mol} \cdot L^{-1}$$

$$（2）\qquad\qquad Ag_2CrO_4(s) \rightleftharpoons 2Ag^+(aq)+CrO_4^{2-}(aq)$$

平衡浓度/$(mol \cdot L^{-1})$　　　　　　　　　$2S_2$　　　　　$0.01+S_2$

$$K_{sp}^{\ominus}(Ag_2CrO_4) = \{c(Ag^+)/c^{\ominus}\}^2 \cdot \{c(CrO_4^{2-})/c^{\ominus}\}$$

$$= (2S_2)^2(0.01+S_2) = 1.12\times10^{-12}$$

由于 S_2 很小，$0.01+S_2 \approx 0.010$

$$S_2 \approx 5.29\times10^{-6}\ mol \cdot L^{-1}$$

由例 6-9 可知，Ag_2CrO_4 在含有 CrO_4^{2-} 的溶液中的溶解度降低了。像这样在难溶电解质饱和溶液中，加入含有相同离子的易溶强电解质，而使难溶电解质的溶解度降低的作用称为同离子效应。利用同离子效应可以使某种离子沉淀趋于完全，在溶液中只要被沉淀离子的浓度小于 $1.0\times10^{-5}\ mol \cdot L^{-1}$ 时，就可以认为该离子沉淀完全了。

6.2.3　沉淀的溶解

根据溶度积规则，只要设法降低难溶电解质相关离子的浓度使 $Q<K_{sp}^{\ominus}$，沉淀就会溶解。溶解沉淀的方法有使相关离子生成气体、弱电解质和配合物等。

（1）酸溶沉淀　由强酸强碱形成的难溶电解质如 $BaSO_4$ 不能用酸溶的方法溶解。由弱酸形成的难溶电解质如 CaF_2、MnS 等可通过酸溶液而溶解。例如：

$$CaF_2(s)+2H_3O^+(aq)=Ca^{2+}(aq)+2HF(aq)+2H_2O(l)$$

$$K^{\ominus} = \frac{K_{sp}^{\ominus}(CaF_2)}{\{K_a^{\ominus}(HF)\}^2} = \frac{1.46\times10^{-10}}{(3.53\times10^{-4})^2} = 1.17\times10^{-3}$$

$$MnS(s)+2H_3O^+(aq)=Mn^{2+}(aq)+H_2S(aq)+2H_2O(l)$$

$$K^{\ominus} = \frac{K_{sp}^{\ominus}(MnS)}{K_{a_1}^{\ominus}(H_2S)K_{a_2}^{\ominus}(H_2S)} = \frac{4.65\times10^{-14}}{7.1\times10^{-12}\times9.1\times10^{-8}} = 7.20\times10^5$$

$$MnS(s)+2HAc(aq)=Mn^{2+}(aq)+H_2S(aq)+2Ac^-(aq)$$

$$K^{\ominus} = \frac{K_{sp}^{\ominus}(MnS)\{K_a^{\ominus}(HAc)\}^2}{K_{a_1}^{\ominus}(H_2S)K_{a_2}^{\ominus}(H_2S)} = \frac{4.65\times10^{-14}\times(1.76\times10^{-5})^2}{7.1\times10^{-12}\times9.1\times10^{-8}} = 2.23\times10^{-4}$$

上述反应式称酸溶反应式，相应的标准平衡常数称为酸溶平衡常数。酸溶平衡常数 $K^{\ominus}$ 大小由难溶电解质的 $K_{sp}^{\ominus}$ 和生成弱酸的 $K_a^{\ominus}$ 两个因素决定的，$K_{sp}^{\ominus}$ 越大，$K_a^{\ominus}$ 越小，则 $K^{\ominus}$ 越大，反应进行的程度越大。$K^{\ominus}>10^{+6}$ 时，反应进行得很彻底；$K^{\ominus}>10^{-6}$ 时，反应可以进行；$K^{\ominus}<10^{-6}$ 时，反应几乎不能进行。利用酸溶平衡常数可进行沉淀溶解的计算。

【例 6-10】 欲使 $0.05\ mol\ CaF_2$ 完全溶解,需要 1 L 多大浓度的 HCl?

解:

$$CaF_2(s) + 2H_3O^+(aq) = Ca^{2+}(aq) + 2HF(aq) + 2H_2O(l)$$

平衡浓度/$(mol \cdot L^{-1})$ 　　　x 　　　0.05 　　　0.10

$$K^\ominus = \frac{\{c(Ca^{2+})/c^\ominus\} \cdot \{c(HF)/c^\ominus\}}{\{c(H_3O^+)/c^\ominus\}^2} = \frac{0.05 \times (0.1)^2}{(x/c^\ominus)^2} = \frac{K_{sp}^\ominus(CaF_2)}{\{K_a^\ominus(HF)\}^2}$$

$$= \frac{1.46 \times 10^{-10}}{(3.53 \times 10^{-4})^2} = 1.17 \times 10^{-3}$$

$$x = 0.65\ mol \cdot L^{-1}$$

故溶解 $0.05\ mol\ CaF_2$ 所需 HCl 的浓度为:

$$c(HCl) = 0.65\ mol \cdot L^{-1} + 2 \times 0.05\ mol \cdot L^{-1} = 0.75\ mol \cdot L^{-1}$$

(2)通过氧化还原使沉淀溶解　溶度积很小的金属硫化物如 CuS、Ag_2S 等,即使加入高浓度的强酸也不能溶解。但加入具有氧化性的硝酸,由于发生氧化还原反应,将 S^{2-} 氧化成了单质 S,降低了 S^{2-} 的浓度,使 $Q < K_{sp}^\ominus$,沉淀便溶解。其反应方程式如下:

$$3CuS + 8HNO_3 = 3Cu(NO_3)_2 + 3S + 2NO + 4H_2O$$

$$3Ag_2S + 8HNO_3 = 6AgNO_3 + 3S + 2NO + 4H_2O$$

(3)生成配合物使沉淀溶解　许多难溶电解质因生成配离子而溶解。例如,AgCl 加入过量的盐酸因生成配离子 $[AgCl_2]^-$ 而溶解;对于溶度积更小的金属硫化物如 HgS 在浓 HNO_3 中也不溶解,但却能溶于王水、$FeCl_3$ 的盐酸溶液中,这是因为 Hg^{2+} 与 Cl^- 形成配离子 $[HgCl_4]^{2-}$,S^{2-} 被 HNO_3,$FeCl_3$ 氧化成单质硫。上述难溶电解质生成配离子的反应方程式如下:

$$AgCl + Cl^- = [AgCl_2]^-$$

$$3HgS + 12Cl^- + 2NO_3^- + 8H^+ = 3[HgCl_4]^{2-} + 3S + 2NO + 4H_2O$$

$$HgS + 4Cl^- + 2Fe^{3+} = [HgCl_4]^{2-} + S + 2Fe^{2+}$$

6.2.4　分步沉淀

向含有多种离子的溶液中加入一种沉淀剂,离子按先后顺序被沉淀出来的现象,称为分步沉淀。

【例 6-11】 向浓度均为 $0.10\ mol \cdot L^{-1}$ 的 Cl^- 和 I^- 混合溶液中,逐滴加入 $0.10\ mol \cdot L^{-1}$ $AgNO_3$ 溶液(忽略溶液体积的变化),问:

(1)哪种离子先沉淀?哪种离子后沉淀?

(2)Cl^- 和 I^- 是否能用 $AgNO_3$ 分离？

解: (1)根据溶度积规则,生成 AgCl 沉淀所需的 Ag^+ 最低浓度为:

$$c(Ag^+) = \frac{K_{sp}^{\ominus}(AgCl) \times c^{\ominus}}{c(Cl^-)/c^{\ominus}} = \frac{1.77 \times 10^{-10} \times 1 \text{ mol} \cdot L^{-1}}{0.10 \text{ mol} \cdot L^{-1}/1 \text{ mol} \cdot L^{-1}}$$

$$= 1.77 \times 10^{-9} \text{ mol} \cdot L^{-1}$$

生成 AgI 沉淀所需的 Ag^+ 最低浓度为:

$$c(Ag^+) = \frac{K_{sp}^{\ominus}(AgI) \times c^{\ominus}}{c(I^-)/c^{\ominus}} = \frac{8.51 \times 10^{-17} \times 1 \text{ mol} \cdot L^{-1}}{0.10 \text{ mol} \cdot L^{-1}/1 \text{ mol} \cdot L^{-1}}$$

$$= 8.51 \times 10^{-16} \text{ mol} \cdot L^{-1}$$

由计算可知,沉淀 I^- 所需 Ag^+ 的浓度小于沉淀 Cl^- 所需 Ag^+ 的浓度,故 I^- 先沉淀,Cl^- 后沉淀。

(2)当 AgCl 开始沉淀时,溶液中的 I^- 浓度为:

$$c(I^-) = \frac{K_{sp}^{\ominus}(AgI) \times c^{\ominus}}{c(Ag^+)/c^{\ominus}} = \frac{8.51 \times 10^{-17} \times 1 \text{ mol} \cdot L^{-1}}{1.77 \times 10^{-9} \text{ mol} \cdot L^{-1}/1 \text{ mol} \cdot L^{-1}}$$

$$= 4.8 \times 10^{-8} \text{ mol} \cdot L^{-1}$$

$$< 1.0 \times 10^{-5} \text{ mol} \cdot L^{-1}$$

故可用 $AgNO_3$ 实现 Cl^- 和 I^- 的完全分离。

6.2.5　沉淀的转化

将 $(NH_4)_2S$ 溶液加到黄色的 $PbCrO_4$ 沉淀中,有黑色的 PbS 沉淀生成。这种由一种沉淀转化为另一种沉淀的过程,称为沉淀的转化。沉淀的转化过程可表示为:

$$PbCrO_4(s) = Pb^{2+}(aq) + CrO_4^{2-}(aq)$$

$$Pb^{2+}(aq) + S^{2-}(aq) = PbS(s)$$

总的反应为:

$$PbCrO_4(s) + S^{2-}(aq) = PbS(s) + CrO_4^{2-}(aq)$$

反应的标准常数表达式为:

$$K^{\ominus} = \frac{K_{sp}^{\ominus}(PbCrO_4)}{K_{sp}^{\ominus}(PbS)} = \frac{1.77 \times 10^{-14}}{9.04 \times 10^{-29}} = 1.96 \times 10^{14}$$

计算说明,此反应转化程度很大,且反应进行得很彻底。

　　沉淀转化倾向于溶解度大的转化为溶解度小的,若类型相同,则为溶度积大的沉淀易于转化为溶度积小的沉淀。

【例 6-12】 0.10 mol CaC_2O_4 完全转化成 $CaCO_3$,需要加入 1 L 至少多大浓度的 Na_2CO_3?

解： $$CaC_2O_4(s) + CO_3^{2-}(aq) = CaCO_3(s) + C_2O_4^{2-}(aq)$$

平衡浓度/(mol·L^{-1})　　　　x　　　　　　　　0.10

$$K^{\ominus} = \frac{c(C_2O_4^{2-})/c^{\ominus}}{c(CO_3^{2-})/c^{\ominus}} = \frac{K_{sp}^{\ominus}(CaC_2O_4)}{K_{sp}^{\ominus}(CaCO_3)} = \frac{2.34 \times 10^{-9}}{4.96 \times 10^{-9}} = 0.47 = \frac{0.1 \text{ mol} \cdot L^{-1}}{x}$$

$$x = 0.21 \text{ mol} \cdot L^{-1}$$

因反应中消耗了 0.10 mol·L^{-1} 的 CO_3^{2-},故需要加入 Na_2CO_3 的浓度至少为

$$c(Na_2CO_3) = 0.10 \text{ mol} \cdot L^{-1} + 0.21 \text{ mol} \cdot L^{-1} = 0.31 \text{ mol} \cdot L^{-1}$$

6.3　配离子的解离平衡

　　历史上记载的第一个配合物是我们熟悉的普鲁士蓝,化学式为 $Fe_4[Fe(CN)_6]_3$,它是 1704 年德国柏林的染料工人狄斯巴赫为了得到蓝色染料,将兽皮、兽血和碳酸钠在铁锅中强烈煮沸得到的。配位化学的真正开端是以 1798 年法国科学家塔舍特发现的 $CoCl_3 \cdot 6NH_3$ 为标志的。随着科学技术的迅猛发展,配位化学已经成为无机化学最重要的分支学科之一。

6.3.1　配合物的基本概念

　　由一定数目的含孤对电子的分子或离子与具有空的价电子轨道的离子或原子按着一定的组成和空间构型所形成的化合物,称为配合物。

6.3.1.1　配合物的组成

　　配合物的组成分为内界和外界。内界用方括号括起来,由中心离子和一定数目的配位体组成,它是配合物的特征部分。方括号以外的则为外界。配合物的内界组分很稳定,在水溶液中几乎不解离,而外界组分可解离出来。配合物的组成如图 6-1 所示。

　　中心离子(中心原子)也称为配合物的形成体,为内界

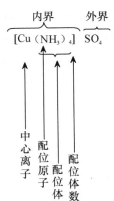

图 6-1　配合物的组成

的核心,中心离子或原子必须具有空轨道。大多数配合物的形成体是金属离子,特别是过渡金属离子,如 Cu^{2+},Ag^+,Fe^{3+},Fe^{2+},Ni^{2+} 等。一些中性金属原子如 Fe,Ni 和非金属离子如 Si^{4+},P^{5+} 也可作为配合物的形成体。

配位体是直接与中心离子结合的离子或分子,例如:F^-,Cl^-,Br^-,I^-,OH^-,CN^-,H_2O,NH_3,CO 等。在配位体中直接与中心离子配位的原子称配位原子,该原子必须至少具有一对孤对电子。常见的配位原子主要是周期表中电负性较大的非金属原子。

根据配体中所含配位原子的数目将配体分为单基配体和多基配位体。若一个配体中只含有一个配位原子,称为单基配体。常见的单基配体,见表 6-2。

表 6-2　常见的单基配位体

中性分子配体及其名称		阴离子配位体及其名称			
H_2O	水(aqua)	F^-	氟(fluoro)	NH_2^-	氨基(amide)
NH_3	氨(amine)	Cl^-	氯(chloro)	NO_2^-	硝基(nitro)
CO	羰基(carbonyl)	Br^-	溴(bromo)	ONO^-	亚硝酸根(nitrite)
NO	亚硝酰基(nitrosyl)	I^-	碘(iodo)	SCN^-	硫氰酸根(thiocyano)
CH_3NH_2	甲胺(methylamine)	OH^-	羟基(hydroxo)	NCS^-	异硫氰酸根(isothiocyano)
C_5H_5N	吡啶(Pyridine,缩写 Py)	CN^-	氰(cyano)	$S_2O_3^{2-}$	硫代硫酸根(thiosulfate)
$(NH_2)_2CO$	尿素(area)	O^{2-}	氧(oxo)	CH_3COO^-	乙酸根(acetate)
		O_2^{2-}	过氧(peroxo)		

若一个配体中含有两个或两个以上配位原子的,称为多基配体。例如,乙二胺(简写 en)$H_2N—CH_2—CH_2—NH_2$ 中,一个配位体中含有两个配位原子。常见的多基配体有草酸根($C_2O_4^{2-}$)(含有两个配位原子)、乙二胺四乙酸根(简称 EDTA)(含有六个配位原子),结构式见图 6-2。

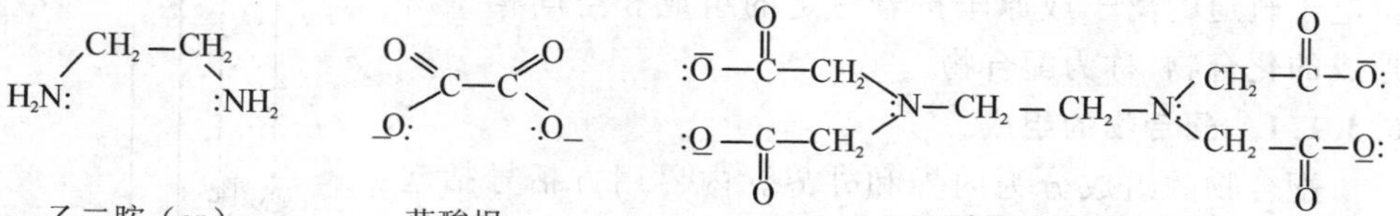

乙二胺（en）　　　草酸根　　　　　乙二胺四乙酸（EDTA）

图 6-2　一些多基配体的结构式

配位数是指直接与中心离子配位的配位原子数目。由单基配体所形成的配合物,配位数就是配位体的数目;由多基配体所形成的配合物,配位数等于配位体的数目与其基数的乘积。例如，$[Pt(en)_2]Cl_2$ 中乙二胺是双基配体，即一个 en 中含有 2 个配位原子 N 与中心离子 Pt 配位，故中心离子的配位数是 4，而不是 2。

中心离子的配位数常见的为 2,4,6,8。一些常见金属离子的配位数，见表 6-3。

表 6-3　常见的金属离子的配位数

1 价金属离子		2 价金属离子		3 价金属离子	
Cu^+	2,4	Ca^{2+}	6	Al^{3+}	4,6
Ag^+	2	Fe^{2+}	6	Sc^{3+}	6
Au^+	2,4	Co^{2+}	4,6	Cr^{3+}	6
		Ni^{2+}	4,6	Fe^{3+}	6
		Cu^{2+}	4,6	Co^{3+}	6
		Zn^{2+}	4,6	Au^{3+}	4

6.3.1.2　配合物的命名

配合物的命名按一般无机化合物的命名原则。复杂在配合物的内界，其命名方法依照下列顺序：

配位体数－配位体(不同配体之间以中圆点"·"分开)－合－中心离子(氧化数)。配位体数用中文一、二、三、四等数字表示("－"通常省略)，氧化数用罗马数字表示。

如果内界含有两个以上配体，命名时规定：无机配体在前，有机配体在后；先列出阴离子配体，然后列出阳离子、中性分子配体；同类配体按配位原子元素符号的英文字母顺序排列；同类配体的配位原子相同，则将含有较少原子数的配位体排在前；配位原子相同，配位体中所含的原子数也相同，则按结构式中与配位原子相连的原子元素符号的英文字母顺序排列。配合物的命名举例如下：

配合物	命名
$[Co(NH_3)_6]Cl_3$	三氯化六氨合钴(Ⅲ)
$[Cu(NH_3)_4]SO_4$	硫酸四氨合铜(Ⅱ)
$H_2[SiF_6]$	六氟合硅(Ⅳ)酸
$[Zn(NH_3)_4](OH)_2$	氢氧化四氨合锌(Ⅱ)
$[CoCl_2(NH_3)_3(H_2O)]Cl$	氯化二氯·三氨·水合钴(Ⅲ)
$K_3[Fe(CN)_6]$	六氰合铁(Ⅲ)酸钾
$[Ni(CO)_4]$	四羰基合镍
$Na_3[Ag(S_2O_3)_2]$	二(硫代硫酸根)合银(Ⅰ)酸钠
$[Pt(py)_4][PtCl_4]$	四氯合铂(Ⅱ)酸四(吡啶)合铂(Ⅱ)

一些常见的配合物有俗称,如 $[Ag(NH_3)_2]^+$ 称银氨配离子,$K_3[Fe(CN)_6]$ 称铁氰化钾(赤血盐),$K_4[Fe(CN)_6]$ 称亚铁氰化钾(黄血盐),K_4PtCl_6 称氯铂酸钾。

6.3.2 配离子的离解平衡

6.3.2.1 配离子的稳定常数

金属离子在水溶液中常以水合离子存在,当在溶液中加入配体时,则配体取代水分子形成配离子。配离子的形成是分步进行的,每一步都有相应的平衡常数,称逐级稳定常数。现以 $[Cu(NH_3)_4]^{2+}$ 的生成为例:

$$Cu^{2+}(aq) + NH_3(aq) \rightleftharpoons Cu(NH_3)^{2+}(aq)$$

$$K_1^{\ominus} = \frac{c[Cu(NH_3)^{2+}]/c^{\ominus}}{\{c(Cu^{2+})/c^{\ominus}\}\{c(NH_3)/c^{\ominus}\}} \tag{6-22}$$

$$Cu(NH_3)^{2+}(aq) + NH_3(aq) \rightleftharpoons Cu(NH_3)_2^{2+}(aq)$$

$$K_2^{\ominus} = \frac{c[Cu(NH_3)_2^{2+}]/c^{\ominus}}{\{c[Cu(NH_3)^{2+}]/c^{\ominus}\}\{c(NH_3)/c^{\ominus}\}} \tag{6-23}$$

$$Cu(NH_3)_2^{2+}(aq) + NH_3(aq) \rightleftharpoons Cu(NH_3)_3^{2+}(aq)$$

$$K_3^{\ominus} = \frac{c[Cu(NH_3)_3^{2+}]/c^{\ominus}}{\{c[Cu(NH_3)_2^{2+}]/c^{\ominus}\}\{c(NH_3)/c^{\ominus}\}} \tag{6-24}$$

$$Cu(NH_3)_3^{2+}(aq) + NH_3(aq) \rightleftharpoons Cu(NH_3)_4^{2+}(aq)$$

$$K_4^{\ominus} = \frac{c[Cu(NH_3)_4^{2+}]/c^{\ominus}}{\{c[Cu(NH_3)^{2+}]/c^{\ominus}\}\{c(NH_3)/c^{\ominus}\}} \tag{6-25}$$

$K_1^{\ominus}$,$K_2^{\ominus}$,$K_3^{\ominus}$,$K_4^{\ominus}$ 分别称第一、二、三、四级稳定常数。各逐级稳定常数的乘积就是 Cu^{2+} 与 NH_3 生成 $Cu(NH_3)_4^{2+}$ 配离子的总的稳定常数,即:

$$Cu^{2+}(aq) + 4NH_3(aq) \rightleftharpoons Cu(NH_3)_4^{2+}(aq)$$

$$K_f^{\ominus} = K_1^{\ominus} \cdot K_2^{\ominus} \cdot K_3^{\ominus} \cdot K_4^{\ominus} \cdot = \frac{c[Cu(NH_3)_4^{2+}]/c^{\ominus}}{\{c(Cu^{2+})/c^{\ominus}\}\{c(NH_3)/c^{\ominus}\}^4} \tag{6-26}$$

配离子的总稳定常数用 $K_f^{\ominus}$ 表示。$K_f^{\ominus}$ 值越大,说明配离子在水溶液中越稳定,也就越难解离。对于同类型的配离子可以直接用 $K_f^{\ominus}$ 比较其稳定性,对于不同类型的配离子只有通过计算才能比较它们的稳定性。配离子的 $K_f^{\ominus}$ 见附录 V 。

配离子的解离同样也是分步进行的,每一步也有相应的平衡常数,称逐级不稳定常数。配离子总离解反应的平衡常数为不稳定常数,用 $K_d^{\ominus}$ 表示。它同样

可以表示配离子在溶液中的稳定性,如$[Cu(NH_3)_4]^{2+}$在溶液中的总的解离平衡为:

$$[Cu(NH_3)_4]^{2+} \rightleftharpoons Cu^{2+} + 4NH_3$$

$$K_d^\ominus = \frac{\{c(Cu^{2+})/c^\ominus\}\{c(NH_3)/c^\ominus\}^4}{\{c[Cu(NH_3)_4^{2+}]/c^\ominus\}} \tag{6-27}$$

配离子的稳定常数和不稳定常数互为倒数关系,即:

$$K_f^\ominus = \frac{1}{K_d^\ominus} \tag{6-28}$$

由于配离子的逐级稳定常数相差不大,故计算配离子在水溶液中的各级离子浓度比较复杂。当加入过量的配位剂时,主要形成最高配位数的配合物,因此其他低配位的配合物就可以忽略不计了,这样就简化了计算。

【例 6-13】 将 $0.20 \text{ mol} \cdot \text{L}^{-1} AgNO_3$ 与 $1.0 \text{ mol} \cdot \text{L}^{-1} NH_3$ 等体积混合后,计算平衡时溶液中 Ag^+ 的浓度。已知 $Ag(NH_3)_2^+$ 的 $K_f^\ominus = 1.1 \times 10^7$

解: $Ag^+ \quad + \quad 2NH_3 \quad \rightleftharpoons \quad Ag(NH_3)_2^+$

平衡浓度/$(\text{mol} \cdot \text{L}^{-1})$ x $0.50 - 2(0.10 - x)$ $0.10 - x$

由于 $K_f^\ominus$ 很大,则有:

$$c(NH_3) = 0.50 \text{ mol} \cdot \text{L}^{-1} - 2(0.10 - x) \text{mol} \cdot \text{L}^{-1} \approx 0.30 \text{ mol} \cdot \text{L}^{-1};$$

$$c[Ag(NH_3)_2^+] = 0.10 \text{ mol} \cdot \text{L}^{-1} - x \text{ mol} \cdot \text{L}^{-1} \approx 0.10 \text{ mol} \cdot \text{L}^{-1}.$$

$$K_f^\ominus[Ag(NH_3)_2^+] = \frac{c[Ag(NH_3)_2^+]/c^\ominus}{[c(Ag^+)/c^\ominus][c(NH_3)/c^\ominus]^2}$$

$$= \frac{0.10 \text{ mol} \cdot \text{L}^{-1}/1 \text{mol} \cdot \text{L}^{-1}}{[x \text{ mol} \cdot \text{L}^{-1}/1 \text{mol} \cdot \text{L}^{-1}][0.30 \text{ mol} \cdot \text{L}^{-1}/1 \text{mol} \cdot \text{L}^{-1}]^2}$$

$$= 1.1 \times 10^7$$

$$x = 1.0 \times 10^{-7} \text{ mol} \cdot \text{L}^{-1}$$

6.3.2.2 配离子解离平衡的移动

配离子的解离平衡与其他平衡一样,是个动态平衡。当外界条件改变时,配离子的解离平衡就会发生移动。下面分别进行讨论。

(1)配位平衡与酸碱平衡 许多配体是离子碱,如 F^-,SCN^-,CN^-,$C_2O_4^{2-}$,CO_3^{2-} 等,它们都能与外加酸生成弱酸而使配位平衡发生移动。例如,向 FeF_6^{3-} 的配位平衡体系中加酸(H^+)时,F^- 与 H^+ 便生成弱酸 HF,使 FeF_6^{3-} 配离子向解离的方向移动,这种作用称配体的酸效应。

$$FeF_6^{3-} \Longrightarrow Fe^{3+} + 6F^-$$
$$+$$
$$6H^+$$
$$\Downarrow$$
$$6HF$$

总反应为：$FeF_6^{3-} + 6H^+ \Longrightarrow Fe^{3+} + 6HF \qquad K^\ominus = \dfrac{1}{K_f^\ominus (K_a^\ominus)^6}$

由此可见，$K_f^\ominus$ 越小，$K_a^\ominus$ 越小(生成的酸越弱)，则 $K^\ominus$ 值越大，配离子越容易解离。

若向 FeF_6^{3-} 溶液加入碱(OH^-)时，中心离子 Fe^{3+} 与 OH^- 生成 $Fe(OH)_3$ 沉淀，从而使 FeF_6^{3-} 向离解方向移动，这种通过降低溶液的酸度而使中心离子浓度降低，导致配位平衡向解离方向移动的现象，称为中心离子的水解效应。

$$FeF_6^{3-} \Longrightarrow Fe^{3+} + 6F^-$$
$$+$$
$$3OH^-$$
$$\Downarrow$$
$$Fe(OH)_3$$

总反应为：$FeF_6^{3-} + 3OH^- \Longrightarrow Fe(OH)_3 + 6F^- \qquad K^\ominus = \dfrac{1}{K_{sp}^\ominus \cdot K_f^\ominus}$

由此可见，$K_{sp}^\ominus$ 越小，$K_f^\ominus$ 越小，则 $K^\ominus$ 值越大，配离子越容易解离。

改变溶液的酸度可以改变配体或中心离子的浓度，使配位平衡发生移动，从而影响配合物的稳定性。故配合物稳定存在溶液需保持一定的酸度。

【例 6-14】 当溶液 pH=6.00 时，不让 $0.1 \text{ mol} \cdot L^{-1}$ 的 Fe^{3+} 生成 $Fe(OH)_3$ 沉淀，可加入固体 NH_4F，计算 1 L 溶液中最少应加多少克 NH_4F(忽略 F^- 的水解)？

解：当溶液 pH=6.00 时，$c(OH^-) = 1.0 \times 10^{-8} \text{ mol} \cdot L^{-1}$，若不产生 $Fe(OH)_3$ 沉淀，则有 $Q < K_{sp}^\ominus$，即：

$$[c(Fe^{3+})/c^\ominus] \cdot [c(OH^-)/c^\ominus]^3 < K_{sp}^\ominus[Fe(OH)_3]$$

$$c(Fe^{3+}) < \frac{K_{sp}^\ominus[Fe(OH)_3]}{[c(OH^-)/c^\ominus]^3} \cdot c^\ominus = \frac{2.64 \times 10^{-39}}{(1.0 \times 10^{-8})^3} \times 1.0 \text{ mol} \cdot L^{-1}$$
$$= 2.64 \times 10^{-15} \text{ mol} \cdot L^{-1}$$

$$Fe^{3+} \ + \ 6F^- \ = \ FeF_6^{3-}$$

平衡浓度$/(mol \cdot L^{-1})$ $\qquad 2.64 \times 10^{-15} \qquad x \qquad 0.1$

$$K_f^{\ominus}(FeF_6^{3-}) = \frac{c(FeF_6^{3-})/c^{\ominus}}{[c(Fe^{3+})/c^{\ominus}][c(F^-)/c^{\ominus}]^6}$$

因为 $c(Fe^{3+})/c^{\ominus} = \dfrac{c(FeF_6^{3-})/c^{\ominus}}{K_f^{\ominus}(FeF_6^{3-}) \cdot [c(F^-)/c^{\ominus}]^6}$

$\qquad\qquad\qquad = \dfrac{0.1}{K_f^{\ominus}(FeF_6^{3-}) \cdot (x/c^{\ominus})^6} < 2.64 \times 10^{-15}$

所以 $(x/c^{\ominus})^6 > \dfrac{0.1}{K_f^{\ominus}(FeF_6^{3-}) \times 2.64 \times 10^{-15}}$

$x > 1.80 \ mol \cdot L^{-1}$

故所需的 $c(F^-) > 1.80 \ mol \cdot L^{-1} + 6 \times 0.1 \ mol \cdot L^{-1} = 2.40 \ mol \cdot L^{-1}$

$m(NH_4F) = cVM > 2.40 \ mol \cdot L^{-1} \times 1 \ L \times 37.04 \ g \cdot mol^{-1} = 88.89 \ g$

(2)配位平衡与沉淀溶解平衡　　向配合物中加入沉淀剂,中心离子将与沉淀剂生成沉淀,使配离子向解离的方向移动。若向沉淀中加入一种能与金属离子形成配合物的配位剂,则使沉淀溶解生成配合物,这就是配位平衡与沉淀平衡的相互影响。

例如,向白色的 $AgCl$ 沉淀加入氨水,沉淀溶解生成无色的$[Ag(NH_3)_2]^+$;再加入 $NaBr$ 溶液后,有淡黄色 $AgBr$ 沉淀生成,反应式如下:

$$AgCl + 2NH_3 \Longleftrightarrow Ag(NH_3)_2^+ + Cl^-$$

$$K^{\ominus} = K_{sp}^{\ominus}(AgCl) \cdot K_f^{\ominus}[Ag(NH_3)_2^+]$$

$$Ag(NH_3)_2^+ + Br^- \Longleftrightarrow AgBr + 2NH_3$$

$$K^{\ominus} = \frac{1}{K_f^{\ominus}[Ag(NH_3)_2^+] \cdot K_{sp}^{\ominus}(AgBr)}$$

可见,$K_f^{\ominus}$、$K_{sp}^{\ominus}$ 和配位剂、沉淀剂的浓度是决定上述各反应方向的因素。若 $K_f^{\ominus}$ 越大,$K_{sp}^{\ominus}$ 越大,则沉淀越易被配位剂所溶解;$K_f^{\ominus}$ 越小,$K_{sp}^{\ominus}$ 越小,则配离子越容易被沉淀剂所沉淀。但有关配位剂和沉淀剂的加入量需进行计算。

【例 6-15】　若使 0.01 mol 的 AgCl 沉淀完全溶解,至少需要 1 L 多大浓度的氨水?
已知:$K_{sp}^{\ominus}(AgCl) = 1.77 \times 10^{-10}$,$K_f^{\ominus}[Ag(NH_3)_2^+] = 1.1 \times 10^7$。

解: $\qquad\qquad\qquad\qquad AgCl + 2NH_3 \Longleftrightarrow Ag(NH_3)_2^+ + Cl^-$

平衡浓度$/(mol \cdot L^{-1})$ $\qquad\qquad\qquad x \qquad\qquad 0.01 \qquad 0.01$

$$K^{\ominus} = \frac{\{c[Ag(NH_3)_2^+]/c^{\ominus}\}[c(Cl^-)/c^{\ominus}]}{[c(NH_3)/c^{\ominus}]^2}$$

$$= K_{sp}^{\ominus}(AgCl) \cdot K_f^{\ominus}[Ag(NH_3)_2^+]$$

$$= \frac{[0.10\ mol \cdot L^{-1}/c^{\ominus}][0.10\ mol \cdot L^{-1}/c^{\ominus}]}{[x/c^{\ominus}]^2}$$

$$= 1.77 \times 10^{-10} \times 1.1 \times 10^{-7}$$

$$x = 2.26\ mol \cdot L^{-1}$$

$$c(NH_3) = 2.26\ mol \cdot L^{-1} + 0.20\ mol \cdot L^{-1} = 2.46\ mol \cdot L^{-1}$$

要使 0.01 mol 的 AgCl 沉淀完全溶解，NH_3 浓度至少应为 $2.46\ mol \cdot L^{-1}$。

【例 6-16】　计算 AgBr 在 $1.0\ mol \cdot L^{-1} Na_2S_2O_3$ 溶液中的溶解度。

解：　　　　　　$AgBr\ +\ 2S_2O_3^{2-}\ =\ Ag(S_2O_3)_2^{3-}\ +Br^-$

平衡浓度/$(mol \cdot L^{-1})$　　　　　　$1.0-2S$　　　　S　　　　S

$$K^{\ominus} = \frac{\{c[Ag(S_2O_3)_2^{3-}]/c^{\ominus}\} \cdot \{c(Br^-)/c^{\ominus}\}}{\{c(S_2O_3^{2-})/c^{\ominus}\}^2} = \frac{(S/c^{\ominus})^2}{\{(1-2S)/c^{\ominus}\}^2}$$

$$= K_{sp}^{\ominus}(AgBr) \cdot K_f^{\ominus}[Ag(S_2O_3)_2^{3-}]$$

$$= 3.53 \times 10^{-13} \times 2.9 \times 10^{13}$$

$$S = 0.44\ mol \cdot L^{-1}$$

（3）配位平衡与氧化还原平衡　　配位平衡与氧化还原平衡也是相互影响和相互制约的。例如，向 $Fe(NCS)_3$ 溶液中加入 $SnCl_2$ 后，血红色颜色消失，这是因为 Sn^{2+} 将溶液中少量的 Fe^{3+} 还原，降低了 Fe^{3+} 的浓度，从而使配位平衡向配离子解离的方向移动。

$$2Fe(NCS)_3 \Longrightarrow 6NCS^- + 2Fe^{3+}$$
$$+$$
$$Sn^{2+}$$
$$\Updownarrow$$
$$2Fe^{2+} + Sn^{4+}$$

总反应为：

$$2Fe(NCS)_3 + Sn^{2+} \Longrightarrow 2Fe^{2+} + 6NCS^- + Sn^{4+}$$

（4）配合物之间的转化　　当一种配位剂同时能和两种金属离子配位，或两种配位剂同时能和一种金属离子配位时，它们之间就会发生争夺而相互干扰。这种争夺主要取决于配离子的稳定性,平衡总是倾向于向生成配离子稳定常数大的方向转化,稳定常数相差越大,转化就越完全。

【例 6-17】 向 $Fe(NCS)_3$ 溶液中加入足量固体 NH_4F,求反应的平衡常数。已知:$K_f^{\ominus}[Fe(NCS)_3]=2.2\times10^3$,$K_f^{\ominus}(FeF_6^{3-})=1.1\times10^{12}$

解:
$$Fe(NCS)_3+6F^-\Longrightarrow FeF_6^{3-}+3NCS^-$$

$$K^{\ominus}=\frac{K_f^{\ominus}[FeF_6^{3-}]}{K_f^{\ominus}[Fe(NCS)_3]}=\frac{1.1\times10^{12}}{2.2\times10^3}=5.0\times10^8$$

$K^{\ominus}$ 值很大,说明反应进行得很彻底,$Fe(NCS)_3$ 几乎完全转化成为 FeF_6^{3-}。

6.4 氧化还原反应

化学反应按反应物之间是否有电子转移,分为非氧化反应和氧化反应两大类。酸碱反应和沉淀反应就是非氧化反应;如果反应过程中有电子转移的就是氧化反应。

6.4.1 原电池

将锌片插入硫酸铜溶液中,锌溶解而铜析出,发生了氧化还原反应:

$$Zn(s)+Cu^{2+}(aq)\Longrightarrow Zn^{2+}(aq)+Cu(s)$$

反应的本质是 Zn 失去了电子,被氧化成了 Zn^{2+},而 Cu^{2+} 得到电子,被还原成了 Cu,由于电子的转移是无序的,因此不可能定向运动形成电流,化学能只能转变成了热能散失到环境中。

如将上述反应按图 6-3 装置。将锌片插入装有 $ZnSO_4$ 溶液的烧杯中,将铜片插入装有 $CuSO_4$ 溶液的烧杯中,将含有饱和 KCl 溶液的琼脂冻胶的倒置 U 形管作为盐桥,将两个烧杯中的溶液连接起来,在锌片和铜片间连接导线并安装一个安培计,便发现安培计的指针发生了偏转,说明有电流产生了。这种利用氧化还原反应,将化学能转变成电能的装置,就叫原电池。

在原电池中,电子流出的电极叫负极,在负极上发生氧化反应;电子流入的电极叫正极,在负极上发生还原反应。在上述 Cu-Zn 原电池中,Cu 为正极,Zn 为负极。

$$负极:Zn(s)=Zn^{2+}(aq)+2e^- \qquad 氧化反应$$
$$正极:Cu^{2+}(aq)+2e^-=Cu(s) \qquad 还原反应$$

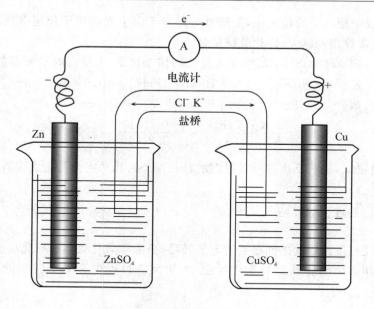

图 6-3　原电池装置图

在原电池中,组成电池的导体称为电极,在电极上发生的反应叫电极反应或半电池反应。两个半电池反应组成了原电池的电池反应。即:

$$Zn(s) + Cu^{2+}(aq) \Longleftrightarrow Zn^{2+}(aq) + Cu(s)$$

原电池的每个半电池都是同种元素不同氧化态的两种物质组成的。氧化值高的物质称为氧化态,氧化值低的物质称为还原态。氧化态和相应的还原态组成了氧化还原对(电对),通常用"氧化态/还原态"来表示。例如:Cu-Zn 原电池中,两个半电池的氧化还原对分别表示为 Zn^{2+}/Zn,Cu^{2+}/Cu。

原电池可以用简单的符号表示,称为原电池符号。例如:Cu-Zn 原电池的电池符号为:

$$(-)Zn(s)|ZnSO_4(c_1) \| CuSO_4(c_2)|Cu(s)(+)$$

在电池符号中,将负极写在左边,正极写在右边,用单竖线表示相与相的界面,用双竖线表示盐桥。c 表示溶液的浓度,若为气体,则用分压表示。

6.4.2　电极电势

原电池的两极用导线连接起来时,就有电流通过,说明两极之间存在着电势差,即两个电极的电势是不相等的。电极电势是怎样产生的呢?

6.4.2.1　电极电势的产生

现以金属电极为例说明。将金属浸入其盐溶液时,在金属与其盐溶液接触的界面上会发生金属溶解和金属离子沉积两个不同的过程,当金属溶解速率和金属离子沉积速率相等时,就达到了动态平衡,如下:

$$M(s) \Longrightarrow M^{n+}(aq) + ne^-$$

金属越活泼、其盐溶液的浓度越小,金属溶解速率就会大于金属离子的沉积速率,金属表面就带负电荷,而靠近金属的溶液带正电荷,达到平衡时,在金属与溶液的界面上形成了双电层,见图 6-4(a),这时在金属与其盐溶液界面上就产生了电势差,这个电势差称为电极电势。相反,金属越不活泼、其盐溶液的浓度越大,则金属离子的沉积速率就会大于金属溶解速率,金属表面就带正电荷,而靠近金属的溶液带负电荷,也形成了双电层,见图 6-4(b),同样也产生了电极电势。

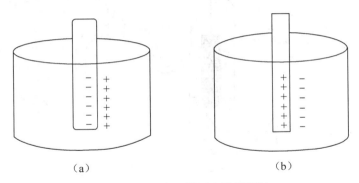

（a）　　　　　　　　　　　（b）

图 6-4　金属表面的双电层示意图

金属电极电势大小除与金属本质有关外,还与其盐溶液的浓度及温度有关。例如:Cu-Zn 原电池中,由于锌、铜的金属活泼性不同,产生的电极电势就不同,Cu^{2+}/Cu 电对的电极电势大于 Zn^{2+}/Zn,因此用导线将两极连接后,电子才能不断地从锌极流向铜极。

电极电势的大小反映了金属在水溶液中得失电子能力的大小。但到目前为止电极电势的绝对值尚无法测定,只能采取一个相对的标准,即选定一个参比电极,并以此为基准来确定其他电极的电极电势相对值。通常采用标准氢电极作为标准电极。

6.4.2.2　标准电极电势

(1)标准氢电极　标准氢电极如图 6-5 所示。将镀有一层海绵状铂黑的铂片浸入浓度为 1.0 mol·L⁻¹ 的氢离子溶液中,不断通入压力为 100 kPa 的纯氢气,铂

黑吸附 H_2 达到饱和,这样就构成了标准氢电极。被铂黑吸附 H_2 与溶液中的 H^+ 建立如下平衡:

$$2H^+(aq)+2e^- = H_2(g)$$

此时铂黑吸附 H_2 与酸溶液 H^+ 之间的电势差,就叫标准氢电极的电极电势。规定其数值为零,即 $\varphi^\ominus(H^+/H_2)=0.000\ 0\ V$。

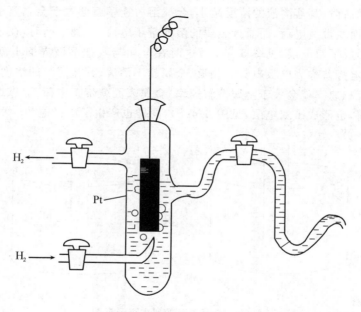

图 6-5　标准氢电极示意图

(2)标准电极电势的测定　测定某电极的标准电极电势的方法是,把被测电极和标准氢电极组成原电池,通过测定原电池的电动势,就可测出被测电极的标准电极电势。例如,将标准氢电极与标准铜电极组成原电池:

$$(-)Pt\,|\,H_2(100\ kPa)\,|\,H^+(1.0\ mol \cdot L^{-1})\,\|\,Cu^{2+}(1.0\ mol \cdot L^{-1})\,|\,Cu(+)$$

测定时,通过电流计的指针偏转方向,可知电子从由氢电极流向铜电极的,所以氢电极是负极,铜电极是正极。在 298.15 K 时,测得原电池的标准电动势为 0.341 9 V,即:

$$\varepsilon^\ominus = \varphi^\ominus_+ - \varphi^\ominus_- = \varphi^\ominus(Cu^{2+}/Cu) - \varphi^\ominus(H^+/H_2) = 0.341\ 9\ V$$

因为 $\varphi^\ominus(H^+/H_2)=0.000\ 0\ V$

所以 $\varphi^\ominus(Cu^{2+}/Cu)=0.341\ 9\ V$

同样方法,将标准氢电极与标准锌电极组成原电池时,根据电流计的指针偏转方向可知,电子是从锌电极流向氢电极的,故锌电极是负极,氢电极是正极,可组成原电池:

$$(-)Zn|Zn^{2+}(1.0\ mol \cdot L^{-1})\parallel H^+(1.0\ mol \cdot L^{-1})|H_2(100\ kPa)|Pt(+)$$

在 298.15 K 时,测得原电池的标准电动势为 0.761 8 V,所以 $\varphi^{\ominus}(Zn^{2+}/Zn)$ 为 $-0.761\ 8$ V,依此类推,可以测定许多电极的标准电极电势,见附录Ⅳ。

6.4.3 原电池的电动势和反应的布吉斯(Gibbs)自由能变

在恒温恒压下,反应的吉布斯自由能变等于系统所做的最大有用功,即 $-\Delta_r G_m = W_{max}$。对于原电池反应来说,系统所能做的最大有用功就是电功。电功等于通过的电量 Q 与电动势 ε 的乘积,即

$$W_{max} = Q\varepsilon = nF\varepsilon \tag{6-29}$$

式中:F 为 Faraday 常量,$F = 96\ 485$ C $\cdot$ mol^{-1};n 为电池反应中得失电子数。故有:

$$\Delta_r G_m = -nF\varepsilon \tag{6-30}$$

如原电池的电池反应是在标准状态下进行的,原电池的电动势就是标准电动势,则:

$$\Delta_r G_m^{\ominus} = -nF\varepsilon^{\ominus} \tag{6-31}$$

根据式(6-31),可从原电池的标准电动势 $\varepsilon^{\ominus}$ 求出电池反应的 $\Delta_r G_m^{\ominus}$,也可从反应的 $\Delta_r G_m^{\ominus}$ 求出原电池的标准电动势 $\varepsilon^{\ominus}$。

6.4.4 影响电极电势的因素

标准电极电势是在标准状态下测定的,实际中的电极反应往往不是在标准状态下进行的。那么任意状态下的电极电势与标准电极电势有怎样的定量关系呢?影响电极电势的因素又有哪些呢?

6.4.4.1 能斯特(W. Nernst)公式

能斯特从理论上推导出了浓度、温度是影响电极电势的因素,并得到了定量关系式。

设某一电极反应为:

$$a\ 氧化态 + ne^- = b\ 还原态$$

任意状态下,则有:

$$\varphi(氧化态/还原态)=\varphi^{\ominus}(氧化态/还原态)+\frac{RT}{nF}\ln\frac{\{c(氧化态)/c^{\ominus}\}^a}{\{c(还原态)/c^{\ominus}\}^b}\quad(6\text{-}32)$$

该式称为能斯特公式。式中：R 为气体常数，$R=8.314\ \text{J}\cdot\text{mol}^{-1}\cdot\text{K}^{-1}$；$n$ 为电极反应中的得失电子数；F 为法拉第常数，$F=96\,485\ \text{C}\cdot\text{mol}^{-1}$；$T$ 为热力学温度。

当 $T=298.15\ \text{K}$ 时，将自然对数变换成以 10 为底的对数，则：

$$\varphi(氧化态/还原态)=\varphi^{\ominus}(氧化态/还原态)+\frac{0.059\,2\ \text{V}}{n}\lg\frac{\{c(氧化态)/c^{\ominus}\}^a}{\{c(还原态)/c^{\ominus}\}^b}\quad(6\text{-}33)$$

利用能斯特公式可以计算任意态时的电极电势。但应用能斯特公式需要注意以下几点：

（1）在电极反应中出现纯固体或纯液体，则视为常数不写在能斯特公式中；若为气体，则用相对分压表示。例如：

$$Fe^{3+}+3e^-=Fe$$

$$\varphi(Fe^{3+}/Fe)=\varphi^{\ominus}(Fe^{3+}/Fe)+\frac{0.059\,2\ \text{V}}{3}\lg\{c(Fe^{3+})/c^{\ominus}\}$$

$$2H^++2e^-=H_2$$

$$\varphi(H^+/H_2)=\varphi^{\ominus}(H^+/H_2)+\frac{0.059\,2\ \text{V}}{2}\lg\frac{\{c(H^+)/c^{\ominus}\}^2}{\{p(H_2)/p^{\ominus}\}}$$

（2）在电极反应中有 H^+ 或 OH^- 参加，则将这些物质均写在能斯特公式中。例如：

$$MnO_4^-+8H^++5e^-=Mn^{2+}+4H_2O$$

$$\varphi(MnO_4^-/Mn^{2+})=\varphi^{\ominus}(MnO_4^-/Mn^{2+})+\frac{0.059\,2\ \text{V}}{5}\lg\frac{\{c(MnO_4^-)/c^{\ominus}\}\cdot\{c(H^+)/c^{\ominus}\}^8}{\{c(Mn^{2+})/c^{\ominus}\}}$$

$$Cr_2O_7^{2-}+14H^++6e^-=2Cr^{3+}+7H_2O$$

$$\varphi(Cr_2O_7^{2-}/Cr^{3+})=\varphi^{\ominus}(Cr_2O_7^{2-}/Cr^{3+})+\frac{0.059\,2\ \text{V}}{6}\lg\frac{\{c(Cr_2O_7^{2-})/c^{\ominus}\}\cdot\{c(H^+)/c^{\ominus}\}^{14}}{\{c(Cr^{3+})/c^{\ominus}\}^2}$$

6.4.4.2　浓度对电极电势的影响

标准电极电势是组成电对的氧化态和还原态物质的浓度均为 $1.0\ \text{mol}\cdot\text{L}^{-1}$ 时的电极电势。当氧化态或还原态物质浓度发生变化时，电极电势也将随之改变，定量值由能斯特公式计算。

【例 6-18】　已知 $\varphi^{\ominus}(Fe^{3+}/Fe^{2+})=0.771\ \text{V}$，求下列两种情况下的 $\varphi(Fe^{3+}/Fe^{2+})$。

　　　　　（1）$c(Fe^{2+})=1.0\ \text{mol}\cdot\text{L}^{-1}$，$c(Fe^{3+})=0.10\ \text{mol}\cdot\text{L}^{-1}$

　　　　　（2）$c(Fe^{2+})=0.10\ \text{mol}\cdot\text{L}^{-1}$，$c(Fe^{3+})=1.0\ \text{mol}\cdot\text{L}^{-1}$

解：电极反应为：

$$Fe^{3+} + e = Fe^{2+}$$

$(1)\ \varphi(Fe^{3+}/Fe^{2+}) = \varphi^{\ominus}(Fe^{3+}/Fe^{2+}) + \dfrac{0.059\ 2\ V}{1} \lg \dfrac{\{c(Fe^{3+})/c^{\ominus}\}}{\{c(Fe^{2+})/c^{\ominus}\}}$

$\qquad = 0.771\ V + \dfrac{0.059\ 2\ V}{1} \lg \dfrac{0.1}{1.0}$

$\qquad = 0.712\ V$

$(2)\ \varphi(Fe^{3+}/Fe^{2+}) = \varphi^{\ominus}(Fe^{3+}/Fe^{2+}) + \dfrac{0.059\ 2\ V}{1} \lg \dfrac{\{c(Fe^{3+})/c^{\ominus}\}}{\{c(Fe^{2+})/c^{\ominus}\}}$

$\qquad = 0.771\ V + \dfrac{0.059\ 2\ V}{1} \lg \dfrac{1.0}{0.1}$

$\qquad = 0.830\ V$

由上述例题计算表明，当降低氧化态物质浓度时，其电极电势减小，相应的氧化态物质的氧化能力减弱，还原态物质的还原能力增强；当降低还原态物质浓度，其电极电势增大，相应的氧化态物质的氧化能力增强，还原态物质的还原能力减弱。

6.4.4.3 酸度对电极电势的影响

当在电极反应中有 H^+ 或 OH^- 参加时，酸度的改变必将引起电极电势的变化，从而改变了电对的氧化还原能力。

【例 6-19】 已知 $MnO_4^- + 8H^+ + 5e^- = Mn^{2+} + 4H_2O$ 的 $\varphi^{\ominus}(MnO_4^-/Mn^{2+}) = 1.507\ V$，分别计算 $c(H^+)$ 为 $0.01\ mol \cdot L^{-1}$ 和 $10\ mol \cdot L^{-1}$，其他物质处于标准态时，$\varphi(MnO_4^-/Mn^{2+})$ 的值。

解：电极反应为：

$$MnO_4^- + 8H^+ + 5e^- = Mn^{2+} + 4H_2O$$

相应的能斯特公式为：

$$\varphi(MnO_4^-/Mn^{2+}) = \varphi^{\ominus}(MnO_4^-/Mn^{2+}) + \dfrac{0.059\ 2\ V}{5} \lg \dfrac{\{c(MnO_4^-)/c^{\ominus}\} \cdot \{c(H^+)/c^{\ominus}\}^8}{\{c(Mn^{2+})/c^{\ominus}\}}$$

当 $c(H^+) = 0.01\ mol \cdot L^{-1}$ 时，则有：

$$\varphi(MnO_4^-/Mn^{2+}) = \varphi^{\ominus}(MnO_4^-/Mn^{2+}) + \dfrac{0.059\ 2\ V}{5} \lg \dfrac{\{c(MnO_4^-)/c^{\ominus}\} \cdot \{c(H^+)/c^{\ominus}\}^8}{\{c(Mn^{2+})/c^{\ominus}\}}$$

$= 1.507\ V + \dfrac{0.059\ 2\ V}{5} \lg \dfrac{\{1\ mol \cdot L^{-1}/1\ mol \cdot L^{-1}\} \cdot \{0.01\ mol \cdot L^{-1}/1\ mol \cdot L^{-1}\}^8}{\{1\ mol \cdot L^{-1}/1\ mol \cdot L^{-1}\}}$

$= 1.32\ V$

当 $c(H^+) = 10 \text{ mol} \cdot L^{-1}$ 时,则有:

$$\varphi(MnO_4^-/Mn^{2+}) = \varphi^\ominus(MnO_4^-/Mn^{2+}) + \frac{0.059\,2\ V}{5}\lg\frac{\{c(MnO_4^-)/c^\ominus\}\cdot\{c(H^+)/c^\ominus\}^8}{\{c(Mn^{2+})/c^\ominus\}}$$

$$= 1.507\ V + \frac{0.059\,2\ V}{5}\lg\frac{\{1\ \text{mol}\cdot L^{-1}/1\ \text{mol}\cdot L^{-1}\}\cdot\{10\ \text{mol}\cdot L^{-1}/1\ \text{mol}\cdot L^{-1}\}^8}{\{1\ \text{mol}\cdot L^{-1}/1\ \text{mol}\cdot L^{-1}\}}$$

$$= 1.60\ V$$

计算结果表明,$\varphi(MnO_4^-/Mn^{2+})$ 随着 H^+ 浓度增大而明显增大,故 MnO_4^- 的氧化能力明显增强。

6.4.4.4 沉淀和配合物的生成对电极电势的影响

沉淀和配合物的生成对电极电势的影响,实际上也是浓度对电极电势的影响。当沉淀剂、配位剂与电对中的氧化态物质反应,氧化态物质的浓度就减小了,使得电极电势降低,增大了还原态物质的还原能力;当沉淀剂、配位剂与电对中的还原态物质反应时,还原态物质的浓度就减小了,使得电极电势升高,增大了氧化态物质的氧化能力。

【例 6-20】 已知 $\varphi^\ominus(Cu^{2+}/Cu^+) = 0.15\ V$,$\varphi^\ominus(I_2/I^-) = 0.54\ V$,计算 $\varphi^\ominus(Cu^{2+}/CuI)$。并判断 Cu^{2+} 是否能氧化 I^-?

解:电极反应为:$Cu^{2+} + I^- + e^- = CuI$

$$\varphi^\ominus(Cu^{2+}/CuI) = \varphi^\ominus(Cu^{2+}/Cu^+) + 0.059\,2\ V\lg\frac{\{c(Cu^{2+})/c^\ominus\}}{\{c(Cu^+)/c^\ominus\}}$$

$$= \varphi^\ominus(Cu^{2+}/Cu^+) + 0.059\,2\ V\lg\frac{\{c(Cu^{2+})/c^\ominus\}\cdot\{c(I^-)/c^\ominus\}}{K_{sp}^\ominus(CuI)}$$

$$= 0.15\ V + 0.059\,2\ V\lg\frac{1}{1.27\times10^{-12}}$$

$$= 0.85\ V$$

因 I^- 和还原态物质 Cu^+ 反应生成了 CuI 沉淀,Cu^+ 的浓度大大降低,从而显著地增大了 Cu^{2+} 的氧化能力,使得 $\varphi^\ominus(Cu^{2+}/CuI) > \varphi^\ominus(I_2/I^-)$,所以 I^- 能被 Cu^{2+} 氧化成 I_2。反应式为:$2Cu^{2+} + 4I^- = 2CuI + I_2$。

【例 6-21】 实验测得下列原电池

$$(-)Cu\,|\,[Cu(NH_3)_4]^{2+}(1\ \text{mol}\cdot L^{-1}),NH_3(1\ \text{mol}\cdot L^{-1})\,\|$$
$$H_3O^+(1\ \text{mol}\cdot L^{-1})\,|\,H_2(p^\ominus),Pt(+)$$

电动势 $\varepsilon = 0.054\ V$,试求 $K_f^\ominus[Cu(NH_3)_4]^{2+}$。

解：

$$\varphi(Cu^{2+}/Cu) = \varphi^{\ominus}(Cu^{2+}/Cu) + \frac{0.059\ 2\ V}{2} \lg\{c(Cu^{2+})/c^{\ominus}\}$$

$$= \varphi^{\ominus}(Cu^{2+}/Cu) + \frac{0.059\ 2\ V}{2} \lg \frac{\{c[Cu(NH_3)_4^{2+}]/c^{\ominus}\}}{K_f^{\ominus}[Cu(NH_3)_4^{2+}] \cdot \{c(NH_3)/c^{\ominus}\}^4}$$

$$= 0.34\ V + \frac{0.059\ 2\ V}{2} \lg \frac{1}{K_f^{\ominus}[Cu(NH_3)_4^{2+}]}$$

$$\varepsilon = \varphi^{\ominus}(H_2/H^+) - \varphi(Cu^{2+}/Cu)$$

$$= 0.0\ V - \left(0.34\ V + \frac{0.059\ 2\ V}{2}\right) \lg \frac{1}{K_f^{\ominus}[Cu(NH_3)_4^{2+}]}$$

$$= 0.054\ V$$

$$K_f^{\ominus}[Cu(NH_3)_4^{2+}] = 2.1 \times 10^{13}$$

6.4.5　电极电势的应用

6.4.5.1　判断氧化剂、还原剂的相对强弱

电极电势的大小,反映了氧化还原对中氧化态物质和还原态物质的氧化还原能力。$\varphi^{\ominus}(\varphi)$越大,相应电对中氧化态物质越易得电子,为越强的氧化剂,而其对应的还原态物质则越难失去电子,为越弱的还原剂;与此相反,$\varphi^{\ominus}(\varphi)$越小,相应电对中还原态物质越易失去电子,为越强的还原剂,而其对应的氧化态物质越难得电子,为越弱的氧化剂。例如 $\varphi^{\ominus}(MnO_4^-/Mn^{2+})$ 为 1.507 V,$\varphi^{\ominus}(Fe^{3+}/Fe^{2+})$ 为 0.771 V,由此可知,MnO_4^- 氧化性比 Fe^{3+} 强,Mn^{2+} 还原性比 Fe^{2+} 弱。

【例 6-22】 有 4 种氧化剂 H_2O_2,MnO_4^-,$Cr_2O_7^{2-}$ 和 Fe^{3+},选择哪种氧化剂能使 Cl^-,Br^-,I^- 混合液中的 I^- 氧化成 I_2,而 Cl^-,Br^- 不被氧化?

解:查表得到相关的 $\varphi^{\ominus}$ 值:

$Cl_2 + 2e^- = 2Cl^-$	$\varphi^{\ominus}(Cl_2/Cl^-) = 1.36\ V$
$Br_2 + 2e^- = 2Br^-$	$\varphi^{\ominus}(Br_2/Br^-) = 1.07\ V$
$I_2 + 2e^- = 2I^-$	$\varphi^{\ominus}(I_2/I^-) = 0.54\ V$
$MnO_4^- + 8H^+ + 5e^- = Mn^{2+} + 4H_2O$	$\varphi^{\ominus}(MnO_4^-/Mn^{2+}) = 1.507\ V$
$Cr_2O_7^{2-} + 14H^+ + 6e^- = 2Cr^{3+} + 7H_2O$	$\varphi^{\ominus}(Cr_2O_7^{2-}/Cr^{3+}) = 1.23\ V$
$Fe^{3+} + e^- = Fe^{2+}$	$\varphi^{\ominus}(Fe^{3+}/Fe^{2+}) = 0.771\ V$
$H_2O_2 + 2H^+ + 2e^- = 2H_2O$	$\varphi^{\ominus}(H_2O_2/H_2O) = 1.78\ V$

由上述数据可知,在酸性介质中 H_2O_2,$KMnO_4$ 能使 Cl^-,Br^-,I^- 都被氧化;而 $Cr_2O_7^{2-}$ 不能氧化 Cl^-,却能使 Br^-,I^- 都被氧化;Fe^{3+} 只能氧化 I^-,而不能氧化 Cl^-,Br^-,故选择 Fe^{3+}。

6.4.5.2　判断氧化还原反应进行的方向

判断化学反应自发进行方向的判据是 $\Delta_r G_m$。对于氧化还原反应来说,由于 $\Delta_r G_m$ 与 ε 之间的关系为 $\Delta_r G_m = -nF\varepsilon$,所以可以用 ε 判断氧化还原反应自发的方向。

$$\Delta_r G_m < 0,\quad \varepsilon > 0,反应正向自发进行;$$
$$\Delta_r G_m > 0,\quad \varepsilon < 0,反应逆向自发进行;$$
$$\Delta_r G_m = 0,\quad \varepsilon = 0,反应处于平衡状态。$$

当反应是在标准状态下进行的,则有:

$$\Delta_r G_m^\ominus < 0,\quad \varepsilon^\ominus > 0,反应正向自发进行;$$
$$\Delta_r G_m^\ominus > 0,\quad \varepsilon^\ominus < 0,反应逆向自发进行;$$
$$\Delta_r G_m^\ominus = 0,\quad \varepsilon^\ominus = 0,反应处于平衡状态。$$

若使 $\varepsilon^\ominus(\varepsilon) > 0$,则必须 $\varphi_{正}^\ominus(\varphi_{正}) > \varphi_{负}^\ominus(\varphi_{负})$,即氧化剂电对的电极电势大于还原剂电对的电极电势。氧化还原自发反应方向为由较强的氧化剂和较强还原剂生成较弱的的氧化剂和较弱还原剂。

一般来说,当两个电对的电极电势相差不大时,可通过改变氧化态和还原态物质的浓度来改变氧化还原反应方向。若两个电对的电极电势相差较大时,仅靠改变氧化态和还原态物质的浓度,不能达到改变氧化还原反应方向的目的。

【例 6-23】 298 K,标准状态下,反应 $MnO_2(s) + 4HCl(aq) = MnCl_2(aq) + Cl_2(g) + 2H_2O(l)$ 能否自发进行? 若改用 $10\ mol \cdot L^{-1}$ HCl 能否与 MnO_2 反应制取 $Cl_2(g)$?(设其他物质处于标准态)。$\varphi^\ominus(MnO_2/Mn^{2+}) = 1.224\ V, \varphi^\ominus(Cl_2/Cl^-) = 1.36\ V$

解:　正极反应:$MnO_2(s) + 4H^+(aq) + 2e^- = Mn^{2+}(aq) + 2H_2O(l)$
负极反应:$Cl_2(g) + 2e^- = 2Cl^-(aq)$
$$\varepsilon^\ominus = \varphi^\ominus(MnO_2/Mn^{2+}) - \varphi^\ominus(Cl_2/Cl^-)$$
$$= 1.224\ V - 1.36\ V$$
$$= -0.136\ V$$

因为　$\varepsilon^\ominus < 0$

所以　在标准状态下,该反应不能正向自发进行。

当 HCl 的浓度为 $10\ mol \cdot L^{-1}$,其他物质处于标态时,则有:

$$\varphi(MnO_2/Mn^{2+}) = \varphi^{\ominus}(MnO_2/Mn^{2+}) + \frac{0.059\ 2\ V}{2}\lg\frac{\{c(H^+)/c^{\ominus}\}^4}{\{c(Mn^{2+})/c^{\ominus}\}}$$

$$= 1.224\ V + \frac{0.059\ 2\ V}{2}\lg\frac{\{10\ mol \cdot L^{-1}/1\ mol \cdot L^{-1}\}^4}{\{1\ mol \cdot L^{-1}/1\ mol \cdot L^{-1}\}}$$

$$= 1.34\ V$$

$$\varphi(Cl_2/Cl^-) = \varphi^{\ominus}(Cl_2/Cl^-) + \frac{0.059\ 2\ V}{2}\lg\frac{\{p(Cl_2)/p^{\ominus}\}}{\{c(Cl^-)/c^{\ominus}\}^2}$$

$$= 1.360\ V + \frac{0.059\ 2\ V}{2}\lg\frac{\{100\ kPa/100\ kPa\}}{\{10\ mol \cdot L^{-1}/1\ mol \cdot L^{-1}\}^2}$$

$$= 1.30\ V$$

$$\varepsilon = \varphi(MnO_2/Mn^{2+}) - \varphi(Cl_2/Cl^-)$$

$$= 1.34\ V - 1.30\ V = 0.04\ V > 0$$

所以可以用 $10\ mol \cdot L^{-1}$ HCl 与 MnO_2 反应制取氯气。

6.4.5.3 判断氧化还原反应进行的程度

氧化还原反应进行的程度用标准平衡常数来衡量。标准吉布斯自由能变与标准平衡常数、原电池标准电动势的关系为：

$$\begin{cases} \Delta_r G_m^{\ominus} = -RT\ln K^{\ominus} \\ \Delta_r G_m^{\ominus} = -nF\varepsilon^{\ominus} \end{cases}$$

联立可得：

$$\ln K^{\ominus} = \frac{nF\varepsilon^{\ominus}}{RT} = \frac{nF(\varphi_{正}^{\ominus} - \varphi_{负}^{\ominus})}{RT} \tag{6-34}$$

在 $T = 298\ K$ 时，

$$\lg K^{\ominus} = \frac{n\ \varepsilon^{\ominus}}{0.059\ 2\ V} = \frac{n(\varphi_{正}^{\ominus} - \varphi_{负}^{\ominus})}{0.059\ 2\ V} \tag{6-35}$$

应用式(6-35)时应注意，n 是氧化还原反应中的得失电子数，电极电势一定是标准电极电势 $\varphi^{\ominus}$。所以说，在一定温度下，氧化还原反应进行的程度是由正、负两个电极的标准电极电势之差值决定的，差值越大，反应进行的程度越大。一个化学反应的 $K^{\ominus}$ 若大于 10^6，就可认为该反应进行得很彻底。根据式(6-35)，若 $n=1$，则 $\varepsilon^{\ominus} = 0.36\ V$；若 $n=2$，则 $\varepsilon^{\ominus} = 0.18\ V$；若 $n=3$，则 $\varepsilon^{\ominus} = 0.12\ V$，因此常用 $\varepsilon^{\ominus}$ 大于 $0.2\sim0.4\ V$ 作为氧化还原自发进行的判据。

【例 6-24】 计算 298 K 下，反应 $Zn(s) + Cu^{2+}(aq) \Longrightarrow Zn^{2+}(aq) + Cu(s)$ 的标准平衡常数。

解：　　$Zn(s) + Cu^{2+}(aq) \Longrightarrow Zn^{2+}(aq) + Cu(s)$

$$\varepsilon^{\ominus} = \varphi_{\text{正}}^{\ominus} - \varphi_{\text{负}}^{\ominus} = \varphi^{\ominus}(Cu^{2+}/Cu) - \varphi^{\ominus}(Zn^{2+}/Zn)$$
$$= 0.341\ 9\ V - (-0.761\ 8\ V)$$
$$= 1.103\ 7\ V$$

$$\lg K^{\ominus} = \frac{n\varepsilon^{\ominus}}{0.059\ 17\ V} = \frac{2 \times 1.103\ 7\ V}{0.059\ 2\ V} = 37.28$$

$$K^{\ominus} = 1.94 \times 10^{37}$$

$K^{\ominus}$值很大,说明反应进行得很彻底。

6.4.6　元素标准电极电势图及应用

将同一元素多种氧化态按着由高到低的顺序排列成横行,每两个氧化态物质之间形成电对,用直线把它们连接起来,并在直线上方标出相应电对的标准电极电势,就形成了元素的标准电极电势图。根据溶液酸、碱性介质的不同,标准电极电势图分为酸性介质 $\varphi_A^{\ominus}$ 和碱性 $\varphi_B^{\ominus}$。例如:

$$\varphi_A^{\ominus}/V \quad Cu^{2+} \underset{\underline{\hspace{3em}0.342\hspace{3em}}}{\overset{0.153}{\rule{3em}{0.4pt}}} Cu^+ \overset{0.522}{\rule{3em}{0.4pt}} Cu$$

$$\varphi_B^{\ominus}/V \quad ClO_4^- \overset{0.36}{\rule{2em}{0.4pt}} ClO_3^- \overset{0.50}{\rule{2em}{0.4pt}} ClO^- \underset{\underline{\hspace{2em}0.48\hspace{2em}}}{\overset{0.40}{\rule{2em}{0.4pt}}} Cl_2 \overset{1.36}{\rule{2em}{0.4pt}} Cl^-$$

(1)根据元素标准电极电势图可以判断物质是否发生歧化反应。

某一元素有 3 种不同氧化态的物质,其元素电势图如下:

$$A \overset{\varphi^{\ominus}(\text{左})}{\rule{5em}{0.4pt}} B \overset{\varphi^{\ominus}(\text{右})}{\rule{5em}{0.4pt}} C$$

若 $\varphi^{\ominus}(\text{右}) > \varphi^{\ominus}(\text{左})$,在两个氧化还原对 B/C、A/B 中,物质 B 既是较强的氧化剂又是较强的还原剂,可发生 B = A + C 的歧化反应,$\varphi^{\ominus}(\text{右})$ 比 $\varphi^{\ominus}(\text{左})$ 大得越多,歧化反应程度越大。故从 Cu 的标准电极电势图中可以判断 Cu^+ 在水溶液中不能稳定存在,将发生歧化反应:

$$2Cu^+(aq) = Cu^{2+}(aq) + Cu(s)$$

(2)计算未知电对的标准电极电势　若已知两个或两个以上的相关电对的标准电极电势,可求算出另一些电对的标准电极电势。例如:某元素标准电极电势图为：

$$A \underline{\quad \varphi^{\ominus}(A/B) \quad} B \underline{\quad \varphi^{\ominus}(B/C) \quad} C$$
$$\Delta_r G_m^{\ominus} \quad (1) \qquad\qquad \Delta_r G_m^{\ominus} \quad (2)$$
$$\varphi^{\ominus}(A/C)$$
$$\Delta_r G_m^{\ominus} \quad (3)$$

因为
$$\Delta_r G_m^{\ominus}(1) = -n_1 F \varphi^{\ominus}(A/B)$$
$$\Delta_r G_m^{\ominus}(2) = -n_2 F \varphi^{\ominus}(B/C)$$
$$\Delta_r G_m^{\ominus}(3) = -(n_1+n_2) F \varphi^{\ominus}(A/C)$$
$$\Delta_r G_m^{\ominus}(3) = \Delta_r G_m^{\ominus}(1) + \Delta_r G_m^{\ominus}(2)$$

所以
$$\varphi^{\ominus}(A/C) = \frac{n_1 \varphi^{\ominus}(A/B) + n_2 \varphi^{\ominus}(B/C)}{(n_1+n_2)} \qquad (6-36)$$

若有 i 个相邻电对，则：

$$\varphi^{\ominus} = \frac{n_1 \varphi_1^{\ominus} + n_2 \varphi_2^{\ominus} + \cdots + n_i \varphi_i^{\ominus}}{(n_1+n_2+\cdots+n_i)} \qquad (6-37)$$

【例 6-25】 根据碱性介质中磷元素标准电极电势图，计算 $\varphi^{\ominus}(H_2PO_2^-/PH_3)$。

$$\varphi_B^{\ominus}/V \quad H_2PO_2^- \underline{\quad -1.82 \quad} P_4 \underline{\quad -0.87 \quad} PH_3$$

解：
$$H_2PO_2^- + e^- = \frac{1}{4}P_4 + 2OH^-$$

$$\frac{1}{4}P_4 + 3H_2O + 3e^- = PH_3 + 3OH^-$$

$$\varphi^{\ominus}(H_2PO_2^-/PH_3) = \frac{n_1 \varphi^{\ominus}(H_2PO_2^-/P_4) + n_2 \varphi^{\ominus}(P_4/PH_3)}{(n_1+n_2)}$$

$$= \frac{1 \times (-1.82\ V) + 3 \times (-0.87\ V)}{(1+3)} = -1.11\ V$$

习　题

1. 在 HAc 溶液中加入下列物质，HAc 的解离平衡如何移动？

(1) HCl(aq)；　　　　　(2) NaAc(s)；

(3) KNO₃(s)；　　　　　(4) NaOH(s)。

2. 下列叙述是否正确？并说明。

(1) 根据稀释定律，将 HAc 无限稀释后就可变成强酸；

(2) 向 HCl 溶液中通入 H_2S 气体至饱和，达到平衡时，$c(S^{2-}) = K_{a_2}^{\ominus}(H_2S)$；

(3) 沉淀完全就是指溶液中被沉淀离子的浓度为零；

(4)向含有多种可被沉淀离子的溶液中逐滴加入沉淀试剂时,一定是浓度大的离子首先被沉淀出来。

3.计算下列溶液的 pH:

(1)$0.10\ mol \cdot L^{-1}$ HCOOH;

(2)$0.10\ mol \cdot L^{-1}$ NH_4Cl;

(3)$0.10\ mol \cdot L^{-1}$ Na_2CO_3。

4.下列各物质浓度均为 $0.10\ mol \cdot L^{-1}$,试按溶液 pH 由小到大的顺序排列起来。

　　NaCl　　　　　　HCl　　　　　NH_4Cl　　　　　Na_2CO_3

5.欲配制 $0.25\ L$ pH 为 5.00 的缓冲溶液,问向 $0.125\ L$ $1.0\ mol \cdot L^{-1}$ NaAc 溶液中加入多少升的 $6.0\ mol \cdot L^{-1}$ HAc 溶液?

6.人体正常血液的 pH 为 7.40,其中碳酸各种型体的总浓度为 $0.028\ 4\ mol \cdot L^{-1}$,问血液中碳酸的主要存在型体是什么? 浓度各为多少?

7.计算下列情况下 AgBr 的溶解度 S。

(1)纯水中;

(2)$0.010\ mol \cdot L^{-1}$ $AgNO_3$ 溶液中;

(3)$6.0\ mol \cdot L^{-1}$ NH_3 溶液中。

8.某溶液中含有 Ag^+、Pb^{2+}、Ba^{2+},各种离子浓度均为 $0.10\ mol \cdot L^{-1}$。如果向溶液逐滴加入 $K_2Cr_2O_7$(忽略体积的变化),计算说明离子的沉淀顺序。

9.有 $0.10\ mol\ Mg(OH)_2$ 和 $0.10\ mol\ Fe(OH)_3$,问各需要 $1\ L$ 多大浓度的 NH_4^+ 溶液才能溶解?

10.命名下列配合物,并指出其配位体、配位原子和配位数。

(1)$[Cu(NH_3)_4](OH)_2$;　　　　　　　(2)$[CrCl_2(H_2O)_4]Cl$

(3)$K_2[Co(NCS)_4]$;　　　　　　　　　(4)$Na_3[AlF_6]$;

(5)$[PtCl_2(NH_3)_2]$;　　　　　　　　　(6)HgI_4^{2-}。

11.当 $S_2O_3^{2-}$ 的平衡浓度为多大时,溶液中的 $99\%\ Ag^+$ 将转化为 $Ag(S_2O_3)_2^{3-}$?

12.在 $100\ mL$ $0.15\ mol \cdot L^{-1}$ $Ag(NH_3)_2^+$ 溶液中加入 $50\ mL$ $0.10\ mol \cdot L^{-1}$ NaCl 溶液,是否有 AgCl 沉淀生成?

13.用符号表示下列氧化还原反应所组成的原电池。

(1)$Ni(S)+Sn^{2+}(ag)=Sn(S)+Ni^{2+}(as)$

(2)$FeCl_3(aq)+Cu(s)=FeCl_2(aq)+CuCl(aq)$

(3)$Cu(S)+2H^+(ag)=Cu^{2+}(ag)+H_2(g)$

14.已知下列原电池

$(-)Pt|H_2(p^{\ominus})|H\times(0.01\ mol \cdot L^{-1}) \parallel H^+(1.0\ mol \cdot L^{-1})|H_2(p^{\ominus})|Pt(+)$ 的电动势为 $0.168\ V$,求 HX 溶液的 pH。

15.已知:$\varphi^{\ominus}(Fe^{3+}/Fe^{2+})=0.771\ V$,$\varphi^{\ominus}(Fe^{2+}/Fe)=-0.447\ V$

(1)计算 $\varphi^{\ominus}(Fe^{3+}/Fe)$;

(2)利用 $2Fe^{3+}+Fe=3Fe^{2+}$ 反应,设计一个原电池,并计算该反应的平衡常数。

7　化学与材料

【知识要点】
1. 明确金属材料的通性,了解合金的结构、性能和应用。
2. 了解陶瓷材料结构和常见的几类功能陶瓷在工程实践中的应用。
3. 熟悉高分子化合物的命名原则,明确高分子结构和性能的关系,了解常见高分子化合物在工程实践中的应用。
4. 了解复合材料的命名、分类和性能及其应用。
5. 了解液晶材料的组成、分类及其应用。
6. 理解物质的组成和结构是决定其性能的基础。

材料是人类文明进步的里程碑。一方面,材料的化学成分不同,其性能也不同;另一方面,同一种成分的材料,内部组织结构不同,其性能也会发生极大的变化。因此,掌握材料化学组成和结构对材料性能的影响,对生产实践过程中材料的选取、加工、保护具有重要的意义。

7.1　金属材料

金属是具有正的电阻温度系数的物质。在元素周期表中,已发现的元素,绝大多数都是金属元素。构成金属的化学键,主要是金属键,这决定了金属材料具有如下通性:

金属是室温导电能力最强的材料。在外加电场的作用下,金属中的自由电子能够沿着电场方向作定向运动形成电流从而显示良好的导电性,其室温电导率为 $103 \sim 105 \ \Omega \cdot cm^{-1}$;同时,自由电子的运动和正离子的振动使金属具有良好的导热性。随着温度的升高,正离子或原子本身振动的振幅加大,可阻碍电子的通过,使电阻升高,因而金属具有正的电阻温度系数;由于自由电子很容易吸收可见光的能量,而被激发到较高的能级,当它跳回到原来的能级时,就把吸收的可见光能量重新辐射出来,从而使金属不透明,具有金属光泽;因为金属键没有饱和性和方向性,所以当金属的两部分发生相对位移时,金属就能经受变形而不断裂,使其具有延展性。

按照化学组成,金属可分为纯金属和合金。与合金相比,纯金属具有良好金属通性,但强度和硬度较低,零件远不能满足各种使用性能的要求,在工程实践中,人们可通过对合金组成的控制,使其具备不同的性能,来满足工程实践的特殊要求,因此在工程实践中使用的金属材料大多数都是合金。

7.1.1　合金及其类型

合金是指两种或两种以上的金属,或金属与非金属,经熔炼或烧结,或用其他方法组合而成的具有金属特性的物质。根据组成原子间的相互作用和结构的不同,合金可分为固溶体合金、混合物合金和金属化合物合金三种类型。

7.1.1.1　固溶体合金

固溶合金是两种或多种金属不仅在熔融时,而且在凝固时也能互相"溶解"的固态溶体。固溶体的晶体结构和其基体金属(溶剂)基本相同。工业上所使用的金属材料,绝大部分是以固溶体为基体的,有的甚至完全由固溶体所组成。如广泛应用的碳钢和合金钢,均以固溶体为基体相,其含量占组织中的绝大部分。按溶质在晶格中所占位置不同,一般可分为置换固溶体和间充固溶体。不同固溶体晶格中原子分布如图 7-1 所示。

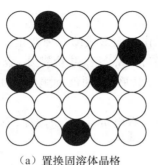
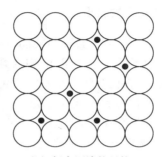

（a）置换固溶体晶格　　　　　　（b）间充固溶体晶格

○—溶剂原子;●—溶质原子

图 7-1　固溶体的两种类型

金属元素彼此之间一般都能形成置换固溶体,但固溶度的大小往往相差悬殊。影响金属固溶合金固溶度的因素有不同元素间的原子尺寸、电负性、电子浓度、晶体结构等。

合金组元间原子半径越相近,电负性相差不大,元素的原子价较低,溶剂和溶质的晶格结构类型相同则有利于形成置换固溶体,而且固溶体的固溶浓度较大。相反,原子半径较小的溶质原子,如 H、B、C、N、O 等容易形成间充固溶体。而溶质和溶剂电负性相差很大,即两者的化学亲和力很大时,则它们往往容易形成比较稳定的金属化合物,即使是固溶体,其固溶度往往也较小。

保持溶剂晶格的类型是固溶合金在晶体结构上的一大特点,但若与纯组元相比,结构还是发生了一定的变化。由于溶质和溶剂的原子大小不同,因而形成固溶体时,在溶质原子的附近造成晶格畸变,形成弹性应力场,致使晶体非变形抗力增大。同时,原子间结合力的不同,溶质原子在固溶体中形成偏聚或短程有序甚至成为有序固溶体。正因如此,固溶体的硬度、屈服强度和抗拉强度总是比组成它的纯金属的平均值高;在塑性方面,如延伸率、断面收缩率和冲击功等,固溶体要比组成它的两个纯金属的平均值低,但比一般化合物要高得多,由此形成了固溶体比纯金属和化合物具有优越的综合机械性能;在物理性能方面,随着溶质浓度的增加,固溶体的电阻率升高,电阻温度系数下降。

7.1.1.2　混合物合金

混合物合金是两种或两种以上金属在熔融状态时可完全或部分互溶,但在凝固态时各组分又分别结晶而形成的机械混合物。在性能方面,混合物合金与固溶合金不同,其导电、导热等性质是其组分金属的平均性质,典型的混合物合金如Sn-Pb合金,作为焊锡在工程实践当中被广泛使用。

7.1.2　金属化合物合金

金属化合物合金是合金组元间发生相互作用而形成的一种新相。其晶格类型及性能均不同于任何一个组元,构成其化学键除离子键、共价键外,金属键也参与作用。因此,金属化合物合金熔点比纯组分金属更高,硬度和脆性也更大,但仍能导电、导热,具有典型的金属性质。

影响金属化合物合金形成结构的主要因素有电负性、电子浓度、原子尺寸等因素,每一种影响因素对应一类化合物。

7.1.2.1　正常价化合物

正常价化合物,通常是由金属元素与周期表中第 IV, V, VI 族元素组成。如 Mg_2Sn,Mg_2Pb,MgS,Mg_2Si 等,在 Al-Mg-Si 合金中起强化作用的强化相就是 Mg_2Si。由于成分固定不变,同时具有严格的化合比,因此正常价化合物可用化学式表示。通常,这类化合物一般具有较高的硬度,脆性也较大。

7.1.2.2　电子化合物

电子化合物是第 I 族或过渡金属元素与第 II 至第 V 族金属元素形成的金属化合物。这类化合物不具有严格的化合比,形成金属化合物的过程中不遵守原子价规律,而是按照一定的电子浓度的比值形成化合物,电子浓度不同,形成的化合物的晶格类型也不同。典型的电子化合物合金如 Cu_5Zn_8,$Cu_{31}Sn_8$,Cu_5Al_3,Cu_3Si_6 等,这类合金具有很高的熔点和硬度,但脆性很大。

7.1.2.3　间隙相和间隙化合物合金

间隙相合金的特点是金属原子位于晶格正常的结点上,非金属原子则位于晶格的间隙位置,相当于以间隙相为基的固溶体。如 TiC-ZrC、VC-NbC、VC-TaC 等,这类合金具有极高的熔点和硬度,有明显的金属特性,是硬质合金的重要组成,在高速切削刀具、拉丝模及各种冷冲模具等领域得到了广泛的应用。

间隙化合物合金是具有复杂的晶体结构碳化物合金,相当于以间隙化合物为基的固溶体,如 FeC_3,Mn_3C,Cr_7C_3,Fe_3W_3C 等,这类合金具有很高的熔点和硬度,但与间隙相相比,它们的熔点和硬度要低些,而且加热时也比较易分解。这类化合物是碳钢及合金钢的重要组成相。

总之,全面了解合金的组成和属性,能够为工程实践中材料的设计、选取、加工和保护奠定坚实的基础。

7.2　陶瓷材料

陶瓷是人类生活中不可缺少的一种材料。陶瓷产品的应用范围遍及国民经济各个领域。它的生产经历了由简单到复杂、由粗糙到精细、从无釉到施釉、从低温到高温的过程,其生产工艺包括坯料制备、成型、干燥、烧成、装饰等过程。随着科学技术的进步,陶瓷产品日益丰富。

7.2.1　陶瓷种类

陶瓷是陶器和瓷器两大类产品的总称,它是以黏土为主要原料经高温烧制得到的制品。陶器具有一定吸水率,通常断面粗糙无光,不透明,有的无釉,有的施釉;瓷器的坯体致密,基本上不吸水,有一定的半透明性,通常都施有釉层;介于陶器与瓷器之间的一类产品称为半瓷或原始瓷器,这类产品坯体致密,吸水率小,颜色有深有浅,但缺乏半透明性。但随着科学技术的进步和产品品种的日益丰富,陶器和瓷器的界限越来越模糊,现代陶瓷材料已被看作是经过高温处理而成的所有无机非金属材料的简称。

7.2.2　陶瓷的组成和结构

陶瓷由晶相、玻璃相、气相组成。晶相是陶瓷的主要组成相。构成陶瓷晶相的化合物比较复杂,主要是以离子键为主的离子晶体(Al_2O_3)和以共价键为主的原子晶体(如 BN),它决定了陶瓷的钢性、导热性等物理性质,但这些晶体存在不同程度的点缺陷、线缺陷和面缺陷,这些晶体的结构缺陷对陶瓷的绝缘性能、脆性等影响很大;玻璃相是一种非晶态的低熔点固相,它是烧结过程中,由添加剂与主料之间,或主料之间形成的新相,其作用是黏结分散的晶相,填充气孔,降低烧成温度等;气相是陶瓷材料中存在的气孔,一般占体积的 $5\% \sim 10\%$ 或更多,是工艺过程中不可避免的。气孔的存在可以提高陶瓷的绝热性能,但气孔也使陶瓷的抗击穿性能下降,受力时易产生裂纹,透明度明显下降。

7.2.3　陶瓷的性能和应用

陶瓷材料的性能与其具体的组成密切相关,耐高温,绝缘性能好,是大部分陶瓷最显著的特征,部分陶瓷具有半导体性质甚至是超导体,有的还具有磁性、介电等多种功能。工程实践中经常应用的陶瓷如氧化物陶瓷、碳化物陶瓷和氮化物陶瓷等。

7.2.3.1　高温氧化物陶瓷

熔点高于石英的氧化物称为高温氧化物。所有的用纯高温氧化物为原料制成的工业陶瓷品，均称为高温氧化物陶瓷。典型的高温氧化物陶瓷有氧化铝陶瓷、氧化锆陶瓷、氧化铍陶瓷、氧化钇陶瓷等。其中氧化铝陶瓷具有很高的物理-机械性能、热性能和电性能，有良好的化学稳定性，这些性能使氧化铝陶瓷成为电子材料（电路基片）、耐高温材料，在导弹技术、热核技术、宇航技术中也有重要的应用。此外，作为生物陶瓷材料，已被制成骨移植器件，应用于临床医学；氧化锆有低的导热性和良好的化学稳定性以及高强度和高硬度，可作为高温结构材料，用作火箭和喷气发动机的耐腐蚀部件；氧化铍陶瓷用来制造存储装置的微波基板和集成电炉板，也可用作高压钠灯管；氧化钇陶瓷可用于电真空技术、原子反应堆结构、还原铀化合物的坩埚以及高温结构材料。

7.2.3.2　碳化物陶瓷

碳化物是难熔非氧化物中的一种，这类化合物具有熔点高、硬度大、特殊的电性质、磁性质和化学性质，多数碳化物具有立方晶格和类似金属性质间隙相化合物。因为这些属性，碳化陶瓷被用于硬质合金的制造、耐火材料和高温下使用的结构材料。典型的碳化物陶瓷有 TiC、WC、SiC 等。其中 TiC 是生产硬质合金的重要原料，利用其高温抗腐蚀性能好的优点，可用其制造熔炼金属的坩埚；WC 可制成切削刀具、模具耐磨零件等；SiC 的体积电阻率在 1 000～1 500℃范围内变化不大，因而用作热敏电阻或半导体电阻，同时它经常被用作耐热结构材料、隔热材料以及基板材料。

7.2.3.3　氮化物陶瓷

氮化物为间隙相结构物质，表现出明显的金属性质，具有金属光泽、能导电、硬度高。但这类物质在水、酸、碱的作用下不稳定，因此它的作用受到限制。工程上使用陶瓷制品的氮化物有 AlN，BN，Si_3N_4 等。其中 AlN 在惰性气体中可稳定使用到 1 700℃，在真空中最高使用温度为 1 600℃，在空气中的使用温度可以达到 1 300～1 400℃。高导热性，使 AlN 成为温度急剧变化的条件下使用的有前途的材料；六方 BN 具有很好热稳定性和化学稳定性，因此被用于原子能反应堆、半导体和介电体的生产实践当中；Si_3N_4 具有良好的化学稳定性和较高的断裂韧性，其抗机械冲击性能比氧化铝、碳化硅要好，在宇航工业中被成功地应用于火箭喷嘴、导弹发射台和尾气喷管的材料之中；在机械工业中用作高温轴承、切削工具。

总之，陶瓷材料与金属材料和高分子材料并称为人类社会的三大材料，陶瓷的开发和研究引起近年世界工业强国的普遍关注，各种新型功能陶瓷的出现展示出巨大应用潜力,为陶瓷工业的发展描绘出广阔的前景。

7.3　高分子材料

　　高分子材料是一种在日常生活和工程实践中应用极为广泛的材料,它是以高分子化合物为基的一类材料的总称。按照来源,高分子化合物可分为天然高分子(如蛋白质、淀粉等)和合成高分子(酚醛树脂等),工程实践中所使用的高分子材料多为合成高分子,因此,掌握不同种类合成高分子化合物的组成、结构和性能,对工程实践中高分子材料使用的选取和保护具有重要的意义。

7.3.1　高分子化合物的合成及命名

　　合成高分子是通过小分子单体聚合反应而制得,其典型的反应类型有加成聚合和缩合聚合两种。

$$加聚: nCH_2{=\!\!=}CH_2 \longrightarrow \left\{ CH_2{-}CH_2 \right\}_n$$

$$乙烯 \qquad\qquad 聚乙烯$$

$$缩聚: nHOOC(CH_2)_4COOH + nH_2N(CH_2)_6NH_2$$

$$己二酸 \qquad\qquad 己二胺$$

$$\longrightarrow \left\{ OC(CH_2)_4COHN(CH_2)_6NH \right\}_n +2nH_2O$$

$$聚酰胺66或尼龙66$$

　　反应式中,括号内为高分子化合物的链节,是一个重复单元,n 为聚合度。高分子化合物的分子量等于链节的式量和聚合度 n 的乘积,这个数值通常很大,成千上万,高分子化合物也正由此得名。

　　高分子化合物的系统命名比较复杂,习惯上通常用合成方法所用的原料或高聚物的用途来命名。用加聚反应制备的高聚物往往在单体或组成名前加"聚"(poly—),如聚乙烯、聚四氟乙烯等;若通过缩聚反应制得的高分子化合物,就在原料名前加"树脂"二字,如酚醛树脂,但对未加工成成品的加聚物,往往也称为"树脂",如聚氯乙烯树脂。有时还以高聚物的用途来命名,属习惯名称或商品名称,如聚酰胺类高聚物称尼龙或锦纶等;有的高聚物以单体的英文缩写来命名,如 PE 是聚乙烯(polyethlene)的英文缩写。

7.3.2　高分子化合物的结构及性能

　　高分子化合物是由许多链节重复连接构建而成,链节的不同连接方式往往形成线形、支链形、体形三类不同形状的大分子。其中,线形或支链形大分子彼此以物理力聚集在一起,因此加热可以熔化,并能溶于适当的溶剂中,如聚乙烯、聚苯乙烯、聚氯乙烯等热塑性聚合物就属于这一类。体形结构的高分子化合物可以看作许多线型或支链型大分子由化学键连接而成,化合物内无单个大分子可言,其性能发生了明显的改变,交联程度浅的网状结构,受热时可以软化,但不熔融;交联程度深的,加热时也不软化,也不易被溶剂所溶胀,如酚醛塑料。

高分子化合物的大分子除形状上存在差异外,其微结构也富于变化,使得高分子链存在着有规立构、旋光立构和几何立构,有规立构还可分为等规立构、间规立构、无规立构。高分子的立体构型不同其性能也不同,如等规立构的聚苯乙烯,结构比较规整,能结晶,熔点为240℃,而无规立构的聚苯乙烯,结构不规整,不能结晶,玻璃化温度为80~90℃。

高分子链中C—C单键的内旋转性决定了高分子的柔顺性。当主链全部由单键组成且无刚性侧基时,高分子链呈现较好的柔顺性;当主链含有一定芳环和杂环结构时,高分子链内旋困难,柔顺性差;主链中含有双键(共轭双键除外),双键本身不能内旋,但使连接在双键的原子或基团数目比单键少,使其间的斥力减弱,导致邻近双键的单键的内旋势垒减小,所以易于内旋,因此聚丁二烯比聚乙烯柔顺;主链上侧基极性越强,体积越大,数目越多,高分子材料的柔顺性就越差。此外,单键的内旋不仅受分子链本身结构因素的影响,同时还受邻近分子间作用力的影响,分子间作用力越强,彼此排列愈紧密,内旋阻力愈大,柔顺性越差而呈刚性;分子结构愈规整,结晶能力愈强。

固态高分子化合物可分为晶态和非晶态两种,大多数合成树脂和合成橡胶都属于非晶态结构,它们从固态变为液态一般没有固定的熔点,非晶态高聚物随温度变化,从固态到液态的过程中要经历3种不同的力学状态,即玻璃态、高弹态和黏流态。高弹态返回玻璃态的转变温度叫做玻璃化温度,通常用 T_g 表示;由高弹态向黏流态转化的温度叫做黏流化温度,通常用 T_f 表示。

玻璃化温度 T_g 和黏流态温度 T_f 是高聚物的重要性质。通常 T_g 高于室温的高聚物称为塑料,T_g 低于室温的高聚物称为橡胶。T_g 是塑料材料的最高使用温度,当温度高于 T_g 材料将发生较大的形变或断裂,所以实际使用中希望 T_g 越高越好。对于橡胶 T_g 则是最低的使用温度,当温度低于 T_g 时材料会变脆。对于橡胶类高聚物,T_g 越低越好,而 T_f 则要高,这样橡胶在较低的温度下才会保持良好的弹性,但 T_f 过高则不利于高聚物的塑制和加工。总之,正是高分子微结构才成就了不同高分子材料间性能上的差异。

高分子材料结构不同,其性能也不同。在溶解性方面,高分子化合物表现为极性高聚物溶于极性分子,非极性高分子易溶于非极性溶剂中。对于非晶态高分子化合物和溶剂,当它们分子间没有强极性基团时,两者的内聚能密度相近时能够互相溶解,而且高聚物与溶剂的溶度参数越接近,溶解性越好;相同种类的高分子化合物,在一定范围内聚合度增大,高分子材料的拉伸强度与抗冲击强度也增大;因为高分子内没有自由电子或离子,所以绝大多数高分子化合物都是电绝缘体。

高分子化合物在长期使用中,受热、光、机械力等作用以及氧、酸、碱、水蒸气及微生物等因素的作用,逐渐失去弹性并出现裂纹、变硬、变脆或变软、发黏、泛黄等,它的物理、力学性能变坏,这种现象叫做高分子老化。高分子老化过程是一个复杂的化学变化过程,主要是由外界因素作用下,高分子链发生交联反应和降解反应引起的。为防止高分子老化,在材料制备过程中,通过在高分子链中引入较多的芳环、杂环结构,或引入无机元素(如 Si,P,Al 等)来提高高分子化合物的热稳定性,在高分子化合物中加入光稳定剂(ZnO、碳黑等)、抗氧化剂来提高材料对光、氧等作用的稳定性。

7.3.3　高分子材料的种类和应用

按照材料的性质可将高分子材料分成塑料、橡胶和纤维 3 大类。

塑料是可塑性材料的简称,它是以合成树脂为主要成分,加入填料、增塑剂、稳定剂、着色剂、发泡剂等制成的材料。日常生活中广泛应用的塑料如聚乙烯、聚丙烯、聚氯乙烯、聚苯乙烯、聚甲基丙烯酸甲酯、酚醛树脂不饱和聚酯树脂、环氧树脂和聚氨酯等。工程塑料是指机械性能良好,能用于制造各种机械设备的零件的塑料,主要是聚碳酸酯、聚酰胺树脂、聚酰亚胺树脂、聚甲醛、聚氯醚、聚砜、聚苯硫醚、氟树脂、有机硅树脂和 ABS 树脂等。其中聚碳酸酯具有无毒、易加工成型的优点,在汽车、飞机、仪器仪表等行业得到了广泛的应用;聚酰胺 1010 可替代不锈钢、铝、铜等有色金属制造各种轴承、齿轮、储油器等;ABS 树脂广泛地应用于制造电信器材和汽车、飞机上的零件,洗衣机等家电外壳。

橡胶是具有高弹性的轻度交联的线型高分子化合物,其高弹性温度范围较宽,具有优良的收缩性,良好的储能能力和耐磨、隔音、绝缘性能,因而广泛应用于密封件、减振件、传动件、轮胎和电线等。橡胶本身还是一种战略物资,据统计一架喷气式飞机要用几千克橡胶,一辆坦克要用 800 kg 的橡胶。合成橡胶主要有聚丁二烯橡胶、聚异戊二烯橡胶、聚硅橡胶、丁腈橡胶和乙丙橡胶等。其中丁腈橡胶可用来制备耐油制品,或飞机汽车上的耐油零件;硅橡胶用于制造耐高温、耐低温的橡胶制品,如高温高压设备的衬垫、密封件等,同时,硅橡胶无毒、无味,制品柔软光滑,对人体无害,因而被用作医用高分子材料。

　　纤维可分为天然纤维和化学纤维两类。天然纤维有棉花、羊毛、麻等;化学纤维又分为人造纤维(如醋酸纤维)和合成纤维(如锦纶、涤纶等),合成纤维相对于天然纤维来说具有原料来源不受天然条件限制、性能可改变等特点,因此不仅日常生活应用广泛,在工程实践中也有重要的用途。

　　除了三大合成材料,高分子材料胶黏剂和涂料等。随着科学技术的进步,高分子材料愈来愈显示出它的优越性,在尖端科学技术中,人造卫星、宇宙飞船、导弹和火箭中愈来愈多的零件被高分子材料所替代。目前通过高分子材料设计,可合成出具有特异功能的高分子材料,如耐热高分子、导电高分子及液晶高分子等。可以预见,随着材料科技的发展,高分子材料将在国民经济建设中发挥更大的作用。

7.4　复合材料

　　复合材料是由两种或两种以上独立的物理相所组成的一种多相固体材料。复合材料由两部分组成,一部分是起黏结作用的基体,通常为连续的物理相;另一部分是起增强作用的增强体,一般分散在基体材料,为分散的物理相。

7.4.1　复合材料的分类与命名

　　按照复合物的来源,复合物可分为天然复合物和人工复合物两种。自然界中天然复合物的存在极其广泛,如动物的骨骼、竹材和木材等;人工复合材料更是品种繁多,根据基体复合材料类型可分为聚合物复合材料、金属基复合材料、无机非金属复合材料。

　　复合材料的命名通常根据增强材料和基体材料的名称进行命名。增强材料的名称放在前面,基体材料的名称放在后面,再加上"复合材料"。如碳纤维和环氧树脂构成的复合材料就称为"碳纤维和环氧树脂构成的复合材料",为书写方便,在增强体和基体中间用斜线隔开,如"碳/碳复合材料";有时为突出增强材料或基体材料可写为"碳纤维复合材料"或"环氧树脂复合材料"等。

7.4.2　复合材料的性能

7.4.2.1　聚合物复合材料

　　构成聚合物复合材料的分散相为塑料、橡胶、高分子纤维等,连续相为金属材料、无机材料、有机材料(塑料、橡胶),由它们所形成的复合材料有金属塑料层板、陶瓷—塑料、高冲击强度塑料(ABS)等。聚合物复合材料性能上具有比强度和比冲量较高,耐磨性能好、减震性好、材料与结构统一性良好等优点。如高模量碳纤维环氧复合材料的比强度为钛合金的 3.5 倍,是钢的 5 倍,而密度仅为钢的 1/5,在强度和钢度相同的条件下,用碳纤维环氧复合材料制成零件其结构质量可以减轻,尺寸比金属件小,可一次成型,减少了制造工序和加工量,不仅有效地节省了原材料,也缩短了工期,降低了成本。

橡胶是一种强伸缩性弹性体,但其综合性能并不能令人满意,生产橡胶制品的过程中通常需要加入碳黑来提高强度、耐磨性、耐老化性。用纳米氧化硅替代碳黑,产品的强度、耐磨性和抗老化性等性能均达到或超过传统高档的橡胶制品,而且能生产出色彩新颖,性能优异的新一代橡胶制品。

聚合物复合材料也存在一定的缺点,如材料工艺的稳定性差、材料性能的分散性大、长期耐高温与环境老化性能不好、抗冲击性能低等不足,近年来的研究表明,添加 5％～12％ 纳米级 $CaCO_3$ 的聚氯乙烯/氯化聚乙烯,复合材料体系的拉伸强度、冲击强度明显提高。

7.4.2.2　金属基复合材料

构成金属复合材料的分散相有金属纤维、金属晶须、金属板等,其连续相为金属材料、无机材料、有机材料。与树脂基复合材料相比,金属基复合材料具有工作温度高、横向机械性能好、层间剪切强度高、耐磨损、导电和导热、不吸湿、不老化、尺寸稳定、可采用金属的加工方法等优点。如硼/铝复合材料、碳/铝复合材料、碳化硅晶须/铝复合材料等。

硼/铝复合材料具有强度和弹性模量高、密度小、导热好、膨胀系数低、使用温度高等优点,因此被用于制备航天飞机的机身框架、起落架的拉杆、喷气发动机的风扇叶、机翼的蒙皮、高尔夫球棒等。利用硼/铝复合材料其对中子的屏蔽效应,用来制造贮存或运输核废料的容器;碳/铝复合材料具有比模量和比强度高、尺寸稳定等优异性能,因此在航天飞机和人造卫星上用作主要结构的外壳和构架,同时在野战装配式突击桥、高速运输车辆等方面也有应用前景;碳化硅晶须/铝复合材料可用作导弹翼、飞机门、装甲车和坦克履带、竞赛用发动机活塞等。

7.4.2.3　陶瓷基复合材料

陶瓷材料具有耐高温、耐腐蚀性强、耐磨、抗氧化等优点,但所有的陶瓷都存在脆性较大这一不足。通过在陶瓷中加入适当数量的短纤维(或晶须),制成复合材料后可以明显提高陶瓷基体的韧性,同时强度和模量也有所增加,与高温合金相比密度较低,是理想的高温结构材料,其拉伸和弯曲性能与加入陶瓷相中纤维的长度、取向和含量以及纤维与基体的匹配程度密切相关。

由于陶瓷基复合材料比强度和比模量较高,而且韧性好,因此在空间材料和高速切削等领域有着重要的应用。典型的陶瓷基复合材料有石英纤维增强二氧化硅、碳化硅增强二氧化硅、氧化铝增强玻璃等,这些陶瓷基复合材料可用作导弹的雷达罩、装甲发动机的零件、轴承和喷嘴等。利用陶瓷基复合材料良好的生物相容性,可作生体材料。用碳化硅晶须增强氧化铝制备的切削刀具,可广泛地用于镍基合金、铸铁和钢等材质的零件切削加工。

7.4.2.4 碳/碳复合材料

碳/碳复合材料是以碳纤维为增强纤维,以碳(或石墨)为基体的复合材料,这种复合材料,保持了石墨耐高温、抗热震、导热性好、弹性模量高、化学惰性、质量轻等诸多优点,同时也克服了石墨韧性差的不足,可根据实际需要进行设计,是一种具有广阔应用前景的复合材料。在碳/碳复合材料制备过程中可根据所制备复合材料的使用目的来选择参加复合的碳纤维,当所制备的复合材料用作结构材料时,应选择高强度和高模量的纤维,纤维的模量越高,复合材料的导热性越好,密度越大,膨胀系数越低;当要求所制备的复合材料导热系数较低时,应选用低模量的碳纤维。

碳/碳复合材料的出色性能,使其在一些特殊的场合及航天领域具有着重要的应用。在医疗上,利用碳/碳复合材料与人体组织的相容性,可用来接断骨、做膝关节和髋关节等,克服了使用钢制轴所存在的侵蚀问题;在汽车制造领域,利用碳/碳复合材料汽化温度高、抗热震、摩擦性能好的优点,可用来制作刹车片和热压模具材料;在宇航领域,利用碳/碳复合材料耐冲蚀、尺寸稳定和热稳定的优点,可用来制作洲际导弹弹头的鼻锥帽、固体火箭的喷管和航天飞机的机翼前缘。

多相复合,在保留原有材料优点的基础上,又获得了单一材料无法比拟的优越综合性能,这一优势使复合材料在人类社会的发展中扮演着重要的角色。目前,发达国家正大力开发新型多功能、纳米、机敏与智能、仿生等复合材料,通过材料复合,使材料可以感知外部环境的变化,并做出主动反应,最终具有自诊断、自适应和自修复的能力是复合材料研究者为之努力的目标。

7.5 液晶材料

液晶是奥地利植物学家 F. Reinitzer 于 1888 年在研究植物中的苯甲酸胆固醇酯时首次发现的。液晶是介于晶体与液体之间的一种介晶状态,具体表现为一些物质的晶态结构受热熔融或被溶剂溶解之后,变成具有流动性的液体,分子位置无序,但结构上仍然保持有序排列,即分子取向仍具有长程有序,从而在物理性质上呈现各向异性,形成一种兼有部分晶体和液体性质的过渡状态,这种中间状态称为液晶态,具有这种状态的物质材料称为液晶材料。

7.5.1　液晶的构成与分类

构成液晶的结构单元大体上有 4 类,分别为棒状分子、盘状分子、由棒状或盘状分子连接而成的柔性长链聚合物和由双亲分子自组装而成的膜。依据获得液晶方法的不同,液晶常分为热致液晶和溶致液晶两大类。

(1)热致液晶　是采用降温的方法,即将熔融的液体降温,当降温到一定程度后分子的取向有序化,从而获得液晶态,这种液晶态称为热致液晶,它包括向裂型液晶、近晶型液晶和胆甾型液晶 3 类。不同类型热致液晶分子排列模型示意图如图 7-2 所示。

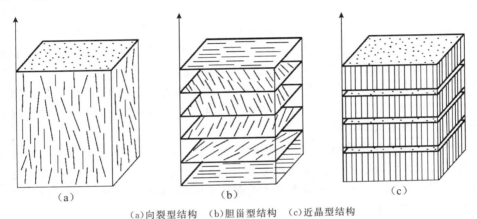

(a)向裂型结构　(b)胆甾型结构　(c)近晶型结构

图 7-2　液晶分子排列模型示意图

向裂型液晶具有相当大的流动性,分子呈细长型,分子的长轴彼此平行或近于平行,在 X 射线作用下显示模糊的衍射,其基本特征在于分子倾向于沿特定的方向排列,存在长程的方向序,而分子的质心的位置却杂乱无章,不存在长程的位置序,表现出液体的特征。向裂液晶黏度较低,其电光效应是制造液晶显示器的物理基础。

胆甾型液晶和向裂型液晶相似,缺乏长程平移序,具有流动性。构成这类液晶的分子多为胆固醇衍生物,长型分子基本上呈扁平状排列成层,层内分子长轴是在层片表面上,但不同层分子长轴不平行,其取向变化形成螺旋结构。因此,胆甾型的分子具有手征性,它造成了分子取向序在空间的方向不确定性。由于扭转分子层作用,反射的白光发生色散,透射光发生偏振方向旋转,使胆甾相液晶具有多彩的颜色和极高的旋光本领等独特的光学特性。

近晶型液晶是由棒状分子组成,分子互相平行排列形成层状结构。在层内,分子的排列方向具有二维有序性,分子的质心位置则是无序的,分子只能在本层内活动。在 X 射线作用下,具有单方向的衍射现象。

(2)溶致液晶　是由像表面活性物质一样具有"两亲"特点的化合物与极性溶剂组成的二元或多元系统,其构造单元是二维的液膜,液膜的本身结构不具有长程序,但以液膜为构造单元的溶致液晶却可能有明确的长程序。溶致液晶的研究在食品与制药工业、化妆品工业、石油回收、选矿等多种领域中获得广泛应用。

(3)高分子液晶　也称聚合物液晶,是具有类似低分子液晶有序结构的一类化合物。它与分子链的结构和组成有关。在液晶状态下,由于构成高分子中链的 C—C 键是强健,若使这些 C—C 键定向排列,则在特定方向上将具有很高的强度,当高分子液晶材料受到剪切和拉伸等作用发生流动时,高分子液晶液滴能够产生最大形变而不发生破裂,在聚合物基体中原位形成长径比较大的纤维,形成增强"骨架",克服了一般短纤维与树脂基体混合不均匀、相容性差、存在界面缺陷和易分层的不足,因此材料的强度倍增。在如聚酰胺分子在浓硫酸中形成液晶态,从硫酸中脱溶出来后所形成的纤维,其强度极高,甚至超过了金属钢琴弦,其强度密度之比是钢丝的 8 倍,是制备防弹背心的理想材料,聚合物液晶化为制备高强度聚合物提供了一条有效的途径。

液晶材料的开发推动了电子行业的发展,目前液晶平板显示,以其卓越的性能占领了电视、计算机、投影仪等大部分市场,液晶显示产品以其丰富的色彩、高清晰、零闪烁、零辐射和低能耗等诸多优点赢得了市场,随着研究深入,液晶材料的出色性能必将更好地为人类服务。

习　　题

1.合金有哪几种类型?取代固溶体和间充固溶体的晶格有何区别?

2.金属化合物有哪几种类型?其性能有何区别?

3.传统的陶器与瓷器有何区别?

4.陶瓷有哪些相组成?它们对陶瓷的性能有何影响?

5.加聚反应和缩聚反应有何区别?试举例说明。

6.高分子的柔顺性受哪些因素影响?

7.何谓高分子老化?高分子的老化与哪些因素有关?如何防止?

8.何为复合材料?复合材料如何命名?

9.复合材料分哪几类?其性能上有何特点?工程实践中有哪些具体的应用?

10.何谓液晶材料?液晶材料分哪几类?构成液晶的单元有哪几种?

8　能源化学

【知识要点】

1. 熟悉能源的分类及其标准,了解化石燃料的分类、特点及其应用,认识化石燃料在使用过程中对环境的危害。

2. 了解太阳能及其作为可再生能源的应用途径,明确核能发电的原理,掌握在核能发电过程中的安全防护知识。

3. 了解生物质能的来源及其特点,了解地热能和燃料电池及其应用。

4. 掌握工程实践过程中氢气制备的方法,了解氢能的应用。

5. 认清优化能源结构,合理开发、利用能源对社会经济可持续发展的重要意义。

能源是人类生存和发展的基础,是从事各种经济活动的原动力,也是社会经济发展水平的重要标志。了解能源的构成,优化能源供给,提高能源的效率,开发新能源和可再生能源,保障能源安全,是实现社会可持续发展的根本保证。能源化学就是从化学的基本问题做起,研究相关的理论和技术,来解决能量的转化与贮存,使能源更好地为人类生活服务。

8.1　能源分类

所谓的能源是指一切能量比较集中的含能体和能量过程,它可以直接或经过转换提供人类所需要的光、热、动力等任何一种形式能量。自然界中能源的形式很多,实践过程中,能源分类的标准也存在差异。

按照能源的来源划分,能源大体上可分为 3 大类:第一类是来自地球以外的天体的能量,其中主要太阳辐射能即太阳能;第二类是地球本身蕴藏的能量,如海洋和陆地中储有的各种燃料及地球内部热;第三类是地球在其他天体的影响下产生的能量,如潮汐能。

按照能源的形成方式划分,能源可分为一次能源和二次能源。一次能源是指自然界中存在的,可直接使用的能源,如煤炭、原油、天然气、太阳能、天然铀矿等;二次能源是一次能源经过加工、转换得到的能源,如电力、蒸汽、煤气等。

按照可否再生来划分,能源可分为再生能源和不可再生能源。再生能源是指不随人类的开发使用而减少的能源,它包括太阳能、生物质能、氢能、风能、地热能、潮汐能等;不可再生能源是指随着人们的使用而逐渐减少的能源,煤炭、石油、天然气等化石能源。

按照能源使用性质来划分,能源又可分为含能体能源和过程性能源。含能体能源是指能够提供能量的物质能源,如煤炭、石油、核燃料、生物质能,它的显著特点是既可贮存,又可运输;过程性能源是指能够提供能量的物质运动形式,它不能直接贮存,存在于"过程之中",如太阳能、风能、潮汐能、电能等。

按照能源阶段使用的成熟程度来划分,能源又可分为常规能源和新能源。常规能源是指在相当长的历史时期和一定的科学技术水平下,已经被人类长期广泛利用的能源,如化石能源、水力、电力等;新能源是指虽然已开发并少量使用,技术上还不成熟,尚未被普遍使用,但却有应用价值的能源,如太阳能、地热能、潮汐能、氢能等。

按照能源的性质划分,能源可分为燃料能源和非燃料能源。燃料能源是指通过燃烧反应产生的热量直接为人类提供能量,如化石燃料、生物燃料、化工燃料、核燃料等;非燃料能多数具有机械能,如水能、风能;有的含有光能,如太阳能;有的含有热能,如地热能。

按照能量使用过程中,对环境污染程度来划分,能源可分为非洁净能源和洁净能源。非洁净能源在使用过程中对环境造成一定程度的污染,如石油、煤使用过程中产生的废气,是形成酸雨和温室效应的根本原因;洁净能源在使用的过程中对环境无污染,因而也被称为"绿色能源",如太阳能、氢能、风能等,尤其是氢能使用过程中除清洁、无污染外,还具有高效率、贮存及输送性能好等诸多优点。

不同标准的能源划分满足了运用能源实践过程的需求,为人们认识、研究、开发能源提供了便利,在保证能源安全的前提下,科学优化能源结构,提高能源利用率,开发、使用绿色能源,是实现社会可持续发展的必由之路。

8.2 化石燃料

社会发展的历史就是人类利用能源改造自然的历史。在人类利用能源的历史舞台上,化石燃料扮演着重要角色,人类能源历史的重大转变都与化石燃料密切相关。因此,了解和认识能源,应首先从化石能源开始。化石能源,也称化石燃料,是生物有机质在地壳运动过程中,经受一定的温度和压力而形成的可燃物质,它包括煤、石油、天然气,存在的形式不同,用途也不一样。

8.2.1 煤

8.2.1.1 煤的组成

三种化石燃料,尽管都是生物有机质经历一定的地质年代所形成的,但煤炭主要是埋藏在地壳中亿万年以上的树木和植物所形成的,其含碳量很高。根据各种煤的形成年代不同,碳化程度深浅不同,可将其分为无烟煤、烟煤、褐煤、泥煤。在地球上化石燃料的总储量中,煤炭约占 80%,全世界煤炭地质总储量为 107 500 亿 t 标准煤。其中技术经济可采储量为 10 391 亿 t。

煤主要是有有机质和无机质组成的混合物。煤中的有机质主要由碳、氢和氧三种元素组成,其结构比较复杂,是以芳香核结构为主具有烷基和含氧、含氮、含硫集团的高分子化合物,无机质包括无机矿物质和水。

8.2.1.2 煤的应用

(1)煤的燃烧 煤燃烧产生的热量来自于有机质;煤燃烧时,其中的无机矿物质吸收一定的热量发生分解、氧化变成灰分,而水分吸热蒸发,从而都不同程度降低了煤的有效热值,所以煤在使用之前应通过洗选尽可能将无机矿物质去除。

为尽可能减小煤燃烧对环境的污染,相关的洁净煤技术已贯穿煤燃烧过程的始终。

煤燃烧前先经过洗选,去除原煤中所含的灰分、矸石、硫等杂质。对于粉煤还可以在型煤加工过程中通过加入适量的固硫剂(生石灰)减少燃烧过程中 SO_2 的排放量。

$$2SO_2 + O_2 + 2CaO \longrightarrow 2CaSO_4$$
$$SO_3 + CaO \longrightarrow CaSO_4$$

在燃烧的过程中使燃料和空气逐渐混合,以降低火焰温度,从而减少 NO_x 生成,或者调节燃料与空气的混合比,提供只够燃料燃烧的氧,而不足以和氮生成 NO_x。采用流化床燃烧器并加入吸附剂(石灰石)使煤粉在较低的温度(830~900℃)下实现燃烧,使 NO_x 生成量大大减少;对燃烧后的烟气进行脱硫和脱氮,也可以减少烟气对大气的污染。

(2)煤的液化和汽化　煤的液化是将煤炭转换成可替代石油的液体燃料和用于合成的化工原料。目前,煤液化的主要方法有直接液化和间接液化两类。

直接液化是把煤在高温、高压下降解加氢转化为液体油类产品,如柴油、汽油、化工原料等;间接液化是指以煤为原料,先将煤汽化制成合成气体,然后通过催化剂作用将合成气转化成烃类燃料、醇类燃料和化学品的过程。

煤的汽化技术是把煤的化学能转换成易于利用气体的化学过程,它包括以煤为原料,以氧、水蒸气、二氧化碳或氢气为介质,使煤炭经过最低限度的氧化,经过一个多相反应化学过程,将煤中的碳、氢等物质转化成一氧化碳、氢、甲烷等有效成分。

我国是一个产煤大国,煤碳蕴藏丰富,积极发展煤炭液化和汽化等洁净、高效利用煤炭技术,必将为我国国民经济的发展做出重要贡献。

8.2.2　石油

石油素有"工业血液-流动的乌金"之美称,是当今世界的主要能源,也是经济发达国家争先储备的战略能源之一。作为重要的化石燃料,石油是一种有气味的黏稠状液体,颜色是黄到褐色,色泽的深浅与密度大小有关,也与所含组成有关。

石油的组成非常复杂,主要是由碳、氢两种元素组成的各种烃类,并含有少量含氮、含硫和含氧化合物。石油中所含的烃类有烷烃、环烷烃和芳香烃三种。根据所含烃类的主要成分的不同可以把石油分为 3 类:烷基石油、环烷基石油和中间基石油。

石油中含有硫化物,这种物质对设备有腐蚀性,而且燃烧产生二氧化硫会造成空气污染,因此去除油品中的硫化物,是石油加工中的重要一环。石油中氮化物在千分之几至万分之几,胶质越多,含氮量也越高。石油中的氧化物含量变化很大,从千分之几到 1%,主要是环烷酸和酚类等,也具有腐蚀性。

直接开采出来未经加工的石油称为"原油"。原油一般不能直接利用,必须经过常、减压蒸馏、催化裂化、催化重整以及加氢裂化等工艺,才能加工制成各类石油产品。根据不同的需要对油品沸程的划分也略有不同,一般可分为:轻汽油($50\sim$ $140℃$);汽油($140\sim200℃$),航空煤油($145\sim230℃$)、煤油($180\sim310℃$)、柴油($260\sim350℃$)、润滑油($350\sim520℃$)、重油($>520℃$)等。

石油具有使用方便,易燃又不留灰烬。但石油是一次性不可再生能源,其形成受地理条件限制,从已探明的石油储量看,世界总储量为 1 034 亿 t。目前世界有七大储油区依次是中东、拉丁美洲、前苏联、非洲、北美州、西欧、东南亚。这七大油区占世界石油总量的 95%。

8.2.3 天然气

天然气是蕴藏在地下不同深度地层中的可燃性气体,是在低温条件下,有机质经细菌作用所形成的生物生成气。

天然气是由烃类和非烃类组成的混合物,其主要成分是烃类甲烷、乙烷、丙烷和丁烷组成,其中甲烷占 $80\%\sim90\%$,此外还含有少量的戊烷以上的重组分及二氧化碳、氮、硫化氢、氨等杂质。

天然气有两种不同的类型:一是伴生气,由原油中的挥发组分组成。约有 40% 的天然气与石油一起伴生,称油气田。它溶解在石油中,形成石油构造中的气帽,并对石油储藏提供气压。二是非伴生气,这种天然气与液体油的积聚无关,可能是一些植物体的衍生物。60% 的天然气为非伴生气,即气田气,它埋藏得更深。

天然气中含有害杂质,因此在使用前也需净化,即脱硫、脱水、脱二氧化碳等,从天然气中脱除 H_2S 和 CO_2 一般采用醇胺类溶剂。脱水则采用二甘醇、三甘醇、四甘醇等,其中三甘醇用得最多;采用多孔的吸附剂如活性氧化铝、硅胶、分子筛等。

天然气可直接作为燃料,在发电、燃料电池、汽车、空调机等诸多领域都有重要的应用。此外,它还是重要的化工原料,经高温催化或部分氧化可制成合成气($CO+H_2$),进一步合成甲醇、高级醇、氨、尿素以及一碳化学品;经部分氧化制造乙炔,发展乙炔化学工业;直接用于生产各种化工产品,如碳黑、氢氰酸、各种氯代甲烷、硝基甲烷等。

天然气是继煤炭和石油之后的第三大能源,优质、清洁而且开采比较方便,在煤炭和石油资源日趋紧张的今天,其开发与应用越来越引起世界各国的重视。

8.3 太阳能

能源紧缺、资源枯竭,给以化石能源为支柱的经济发展敲响了警钟,在生存环境破坏严重、能源日益紧缺的今天,太阳能作为一种免费、清洁的能源,受到世界各国的重视,使人们在开发环保能源、实现经济的可持续发展道路上坚定了信心。

8.3.1 太阳能概述

作为一颗巨大的恒星,太阳本身就是一个炽热的球体。太阳表面的有效温度为 5 762 K,而内部温度中心区域的温度高达几千万度,压力为 $3×10^{16}$ Pa,组成物质中氢约占 75%。在这样的高温、高压下,质子不断地进行的核聚变,时刻不停地释放出巨大的能量,这些能量中的一部分以宽频电磁波的形式辐射到地球。辐射到地球上的太阳能一部分为生物所利用,通过生物光合作用转化成生物质能,另一部分转化成风能、水能和海洋温差能等。

太阳能作为重要的能源与常规能源相比,其储量是无限的,根据目前太阳能产生核能的速率估算,其氢的储量足够维持 600 亿年,因此可以说太阳能是取之不尽,用之不竭的。其次,化石能源形成受地理条件的限制,太阳能则不同,其存在具有普遍性,作为一种清洁能源,利用的过程中不会产生对环境的污染,因此,太阳能在世界能源结构调整的进程中,必将扮演非常重要的角色。

8.3.2 太阳能的利用

太阳能的开发主要集中在光热、光电和光化学三个领域,其技术成熟程度各不相同。

(1)太阳能光热利用 太阳能的光热利用是把太阳能直接转换成热能为人们所使用,目前较为成熟的技术有太阳能热水系统、太阳能发电。

太阳能热水系统由集热器、贮存装置、循环管路3部分组成。水在集热器中接受太阳辐射被加热，使集热器中水与贮存装置中水出现温度的差异，而产生密度差，促使储水箱中的水和集热器中的水自然流动，沿循环管路不断地循环流动，成为热水，可被利用。

太阳能发电是太阳能利用的重要方面。太阳能发电，是利用集热器将太阳能转换成热能，以这部分热能为热源向蒸发器供热，使蒸发器内的水形成过热蒸汽，通过喷管加速后驱动叶轮，从而带动发动机发电。

此外，太阳能在制冷、干燥等多个领域，也显示出潜在的应用前景。

(2)太阳能的光电利用　太阳能电池是将太阳能直接转换成电能的装置。其工作原理是：当太阳光照射到扩散结类型的半导体 PN 结上，产生电子-空穴对，在半导体内部产生没有被复合的电子-空穴对受到内电场的吸引，电子流入 N 区，空穴流入 P 区，使 N 区和 P 区产生电动势，如果在外部接上负载就可以输出电能。

太阳能电池的种类很多，其中晶体硅电池包括单晶硅、多晶硅和非晶硅三种，化合物半导体太阳能电池更为广泛，包括砷化镓、碲化镉等多种太阳能电池。目前太阳能光电技术日趋成熟，商业推广应用也有了很大的发展，在不远的将来，随着航天技术和微波输电技术的进步，空间太阳能电站的设想有望实现。

(3)太阳能的光化学利用　光化学电池是利用光照射半导体和电解质界面，发生化学反应，在电解质液内形成电流，并使水离解产生氢的电池。光解水制氢是太阳能光化与贮存的理想途径，它可以直接将取之不尽的太阳能通过光化学反应转换为贮存于单质态氢的化学能，氢是理想的高能物质，而地球上的水的资源极其丰富，因此光化学分解水制氢技术对氢能源利用具有重要意义。

8.4　核能

核能是指在核反应过程中原子核结构发生变化释放的能量。1905 年，A. Einstein 发表了狭义相对论，作为相对论的推论他提出了质能关系式 $E=mc^2$，这一公式表明，少量的质量转换为能量是十分巨大的，它是利用核能的理论基础，揭示了核能来源的物理规律。

1938 年，德国物理化学家 O. Hahn 和 F. Strassmann 发现了铀 235 的裂变现象：铀原子核裂变的同时，释放出巨大的能量，这个能量来源于原子核内核子的结合能，它恰好等于核裂变时的质量亏损。这一发现使核能的利用走向现实，O. Hahn 也因为发现"重核裂变反应"，荣获了 1944 年的诺贝尔化学奖。

　　在核能开发领域，美国和前苏联走在世界的前列。1951 年，美国在一座 100 kW 的快中子试验堆上首次获得了源自核裂变的电能。1954 年苏联建成世界第一座核电站，电功率 5 000 kW，可供 6 000 居民的小镇用电。20 世纪 70 年代中期，核电站发展达到了高潮。70 年代后期，由于国外经济增长缓慢，以及三里岛核电站事故特别是切尔诺贝利核电站事故的影响，核电站的建设进入低潮。20 世纪 80 年代，因化石能源短缺日益突出，法国、比利时、韩国、日本等化石能源短缺的国家，已选定核能作为解决能源需求的主要能源。

　　我国自 20 世纪 80 年代以来，发展核电的决心也坚定不移，自行设计制造成功的秦山核电站于 1991 年并网发电，发电功率为 300 MW，结束了中国大陆无核电的历史，实现了零的突破。大亚湾核电站也于 1994 年并网发电，两台机组发电功率达到 900 MW。秦山和大亚湾的第二期核电工程已经建成；秦山核电三期工程自 1998 年全面展开，2003 年 7 月 24 日建成，创造了国际 33 座重水堆核电站建设周期最短的纪录。

　　近年来随着化石能源供应紧张，价格上涨，国际上发展核电的呼声又趋高涨。目前，核电与火电、水电一起成为当代电力的三大支柱。

8.4.1　核能发电原理

　　核能发电类似于火力发电，只是以核反应堆及蒸汽发生器替代火力发电的锅炉，以核裂变能或核聚变能代替矿物燃料的化学能。受控核聚变还没有达到实际应用的阶段，所以目前核能发电均利用核裂变能。

　　核能发电的能量来自核反应堆中可裂变材料（核燃料）进行裂变所释放的裂变能。裂变反应指铀 235、钚 239、铀 233 等重元素在中子作用下分裂为两个碎片，同时放出中子和大量的能量过程，该过程是一个可控的链式反应过程。

　　反应中可裂变的原子核吸收一个中子后发生裂变并放出两三个中子，但裂变产生的这些中子运动速度过快，不适用引起核裂变的继续进行，因此，必须采用减速剂使裂变产生的中子减速。核裂变所使用的减速剂本身不吸收中子，也不与中子发生反应，通常采用重水、石墨、二氧化碳或者轻水等。经过减速剂减速的中子，并不完全用于继续的裂变反应，而是根据控制的需要，除去一些中子。调节中子数量是由控制系统来完成，利用金属镉或硼 10 组成的控制棒通过反应吸收中子来完成，而未被吸收的中子继续参与原子核的裂变反应，这样核能便在可控的条件下被释放出来，利用冷却剂将核裂变所释放的能量转移到反应堆外的锅炉或涡轮机中，就可以动能转变为电能。

8.4.2 核能发电系统的安全防护

核反应堆发电过程中,核反应生成中子和其他粒子,释放出大量的热,同时产生很高的压力。因此对核反应堆,用于维持高温、高压并防止放射性物质泄漏的防护系统十分必要。对于反应容器,一般采用 3～20 cm 厚可吸收核反应中产生的大量放射线的钢制容器;同时加以 1～3 m 厚的高密度混凝土外壳进一步防护;对于操作人员采用防护罩加以防护,该防护罩是由能够吸收 γ 射线和 X 射线的轻材料制成,由此可有效地保护核电操作人员的安全。

此外,核能发电过程中要产生一定量的核废物,放射性废物的优化管理和安全处置,是保证核能可持续发展的关键因素之一。对核废物通常进行如下处理:首先对核废物进行加工分离,提取出未被完全使用的核燃料,再次利用;其次,对处理后的废物封装,放置在永久处置场,世界各中低水平放射废物永久处置场的运行史表明,永久处置场对环境的影响非常小。而对高放射性废物的处置,各国已做了大量的研究,结果也说明完全可以实现对高放射废物的安全处理。

8.4.3 核能应用展望

核能是地球上储量最丰富的能源,又是高度浓集的能源。1 t 金属铀裂变产生的能量相当于 270 万 t 标准煤。地球上已探明的核裂变燃料,即铀矿和钍矿资源,按其含能量计算,相当于有机燃料的 20 倍。只要及早开发,完全有能力替代和后继化石燃料。此外,地球上还存在大量的核聚变核燃料氘,能通过聚变反应产生核能。1 t 氘聚变产生的能量相当于 1 100 万 t 标准煤。自然界每吨海水或河水中均含有 3 g 氘,所以,将来聚变反应堆试验成功后,1 t 海水即相当于 33 t 标准煤,那时,能源问题危机将得到彻底的解决。同时,核能作为清洁能源,可以从根本上克服化石能源使用过程中给环境造成的酸雨和"温室效应",和平地使用核能,对造福人类具有重要的意义。

8.5 生物质能

生物质能是太阳能以化学能形式贮存在生物中的一种能量形式,它是当今国际新能源开发的热点。本节主要认识生物质能的来源和特点,了解生物质能开发的技术途径。

8.5.1　生物质能的来源及其特点

所谓的生物质能就是生物质所贮存的能量。作为能量的载体,生物质可分为植物类和非植物类两种。植物类中最主要的有木材、农作物、杂草、藻类等;非植物类中主要有动物粪便、动物尸体、废水中的有机成分、垃圾等,其能量的载体就是组成生物质的有机物。能量的根本来源是植物的光合作用,即植物中的叶绿素利用光能把二氧化碳和水合成有机物,使太阳能以生物质能的方式保存下来。

生物质是植物光合作用合成的,生物质能作为唯一可贮存和可运输的再生能源,其高效转换和洁净利用日益受到全世界的重视。地球上的生物数量巨大,由这些生命物质排泄和代谢出许多有机质,这些物质所蕴藏的能量相当惊人,根据生物学家估算,地球上每年生长的生物总能量为 1 400 亿～1 800 亿 t(干重),相当于目前世界总能耗的 10 倍。因此,生物质资源的开发和利用具有巨大的潜力。

8.5.2　生物质能的应用

开发利用生物质能不仅可以缓解化石能源的紧张,还有利于回收利用有机废物、处理废水和治理污染。目前,利用生物质能制备沼气、汽化发电、液化裂解等技术已相对成熟。

8.5.2.1　利用生物质能制备沼气

自然界制备沼气的原料十分丰富,如农作物的秸秆、人畜禽粪便、城镇工业废物和生活污水等,沼气是这些有机质在一定条件下,经过微生物发酵作用而生成的以甲烷为主的可燃气体。它是一种可燃性混合气体,由 CH_4(约占 60%)、CO_2(约占 40%)、少量的 H_2 和 H_2S,CO 及氧氮等气体。其中 H_2S 是一种剧毒物质,在空气中或潮湿的环境条件下,对管道、燃烧器及其他燃烧设备、计量仪表等有强烈的腐蚀作用,燃烧产生的气体污染环境,也直接危害人体的健康。因此,当沼气中 H_2S 含量超标时必须脱硫。

沼气脱硫有化学法和生物法,其中化学法又分湿式法和干式法两种。湿式法一般用液体吸收剂在脱硫塔内吸收沼气中的 H_2S,常用的吸收液有 2%～3% 的碳酸钠或稀 NaOH 溶液,这种方法脱硫率较高,一般在 90% 以上,用过的废液可再生或回用;干式法是在脱硫塔内装有多层吸附材料,将 H_2S 吸收并脱去。这种方法的吸收材料有多种,如氧化铁、活性炭等。目前通常使用的是常温氧化铁法,其反应如下:

$$Fe_2O_3 \cdot H_2O + 3H_2S \longrightarrow Fe_2S_3 \cdot H_2O + 3H_2O + 21.7 \text{ kJ} \cdot \text{mol}^{-1}$$

当脱硫剂工作能力下降,脱硫效果变差,沼气中 H_2S 含量超过 20 mg $\cdot$ m^{-3}

时,脱硫剂硫容未达到 30％时,脱硫剂可进行再生;当脱硫剂硫容超过 30％时,就要更新脱硫剂。

生物脱硫是利用无色硫细菌,在微氧的条件下,将 H_2S 氧化成单质 S。其反应方程式如下:

$$3H_2S + O_2 \longrightarrow 2H_2O + 2S + 能量$$

$$5Na_2S_2O_3 + 4O_2 \longrightarrow 5Na_2SO_4 + H_2SO_4 + 4S + 能量$$

$$CO_2 + H_2O \longrightarrow (CH_2O) + O_2$$

这种方法去除效率高,无臭味,而且不需要处理化学污泥。

8.5.2.2 生物质燃料酒精

纯酒精或汽油和酒精的混合物可作为汽车的燃料。自然界中许多含纤维素、半纤维素、淀粉、糖类和油脂的生物质均可为基本有机化学工业提供原料和产品,制备生物质燃料酒精。

将淀粉物质先进行蒸煮,使淀粉糊化,再加入一定量的水,冷却至 60℃左右,并加入淀粉酶,使淀粉依次水解为麦芽糖和葡萄糖,然后加入酵母菌进行发酵可制得乙醇。

$$2(C_6H_{10}O_5)_n \xrightarrow{H_2O} C_{12}H_{22}O_{11} \xrightarrow{H_2O} 2C_6H_{12}O_6$$

$$C_6H_{12}O_6 \longrightarrow 2C_2H_5OH + 2CO_2$$

将发酵液进行精馏,得 95％(质量)的工业乙醇并副产杂醇油。糖厂副产物糖蜜含有蔗糖、葡萄糖等糖类为 50％～60％,也是发酵制乙醇的良好原料。含有纤维素的农林副产品如木屑、碎木、植物茎秆等,经过水解后再发酵也可得到乙醇。

麸皮、玉米芯、棉籽皮、花生壳等农业副产物和农业废物中含有纤维素和半纤维素。纤维素是多缩己糖,半纤维素则由多缩己糖和多缩戊糖等组成。多缩己糖水解得己糖,经发酵可制得乙醇。

8.5.2.3 生物质汽化

生物质汽化是在一定的热力学条件下,将组成生物质的碳氢化合物转化为含有一氧化碳和氢气等可燃气体的过程。汽化的原料很多,玉米芯、棉柴、玉米秸、稻草等农副产品可用于汽化。生物质汽化包括热解、燃烧和还原反应,汽化过程中介质不同最终产气的发热值也有所不同,若以 $CH_{1.4}O_{0.6}$ 代表生物质的分子式,在以空气为介质的汽化器中,总的反应式可写作:

$$CH_{1.4}O_{0.6} + 0.4O_2 + (1.5N_2) \longrightarrow 0.7CO + 0.3CO_2 + 0.6H_2 + 0.1H_2O + (1.5N_2)$$

所得到的燃气为粗燃气,去除其中的固体杂质(炭灰粒)和液体杂质(焦油和水),净化后的燃气经过输配管网,直接输送到用户,燃烧后产生的化学能,可直接用于供热或发电。

生物质汽化系统在使用过程中,因长期与酸性的焦油、水等接触金属构件容易发生化学腐蚀或电化学腐蚀,因此必须采用防腐措施,以保证安全运行和延长设备的寿命,其中燃气输配管网使用塑料管道会大大减轻防腐的工作量。

此外,因燃气具有易燃、易爆、易中毒的特性,所以在生物质集中供气系统的设计、建设、运行和燃气使用的各个环节,必须做到"安全第一",只有保证汽化站、输配管网的安全运行,燃气的安全使用,才能使生物质汽化技术更好地为人类服务。

8.5.2.4　生物质热裂解液化技术

生物质热裂解是生物质在完全缺氧或有限氧供给的条件下热降解为液体生物油、可燃气体和固体生物质碳 3 个组成部分的过程。热裂解过程中,生物质的种类、粒径、形状、粒径分布等特性对生物质的裂解行为及产物组成有着重要的影响。裂解的直接产物是生物油、可燃性气体和生物质碳。

热裂解产生的生物油,是含氧量极高的复杂有机成分的混合物,几乎包括所有种类的含氧有机物,诸如醚、酯、醛、酮、酚、醇、有机酸等,其中,苯酚、蒽、萘和一些酸的含量相对较大,这些物质可通过进一步的分离制成燃料油和化工原料,有望成为窝轮发电机和柴油机的代用燃料;热裂解产生的气体视其热值的高低,可单独或与其他气体混合作为工业或民用燃气;生物质碳可用作活性剂。

总之,随着植物栽培技术的发展,化工技术的提高,世界范围内生物质能的利用技术的研究已取得了可喜的进展,开发能源作物,发展生物能源,逐步取代化石能源已成为世界各国能源开发的一项重要内容。

8.6　氢能源

氢是周期表中的第一号元素,是最简单的元素,在地壳中它的丰度占第三位,但地球没有足够的引力场能吸引氢,所以地球的大气中没有氢,地壳中氢以化合态存在,其主要来源于天然气和水。单质氢的燃烧热很高,每千克的燃烧热高达121 000 kJ,是煤热值的 4 倍,汽油热值的 3 倍,而且氢燃烧产物是水,杜绝了温室气体的排放,因此氢能源是一种重要的清洁能源。

氢不仅可以作为常规燃料,通过直接燃烧为用户使用,而且还可以作为燃料电池的燃料气用于发电,更重要的是氢可以作为石油和天然气的替代品,用作内燃动力机车的重要燃料,从根本上解决化石能源等一次能源因储量有限而带来的能源的危机。因此,作为一种理想的能源,在能源趋于紧张的形势下,世界发达国家都加快了氢能开发和应用的步伐。

8.6.1 氢气的制备

氢能的应用关键在于制备和贮存。目前,比较常用的工业制氢法是甲烷转化法和水煤气法。

甲烷转化法制氢是利用甲烷与水蒸气反应直接生成氢气,该过程是个强烈的吸热反应,要消耗大量的热能,反应方程式为:

$$CH_4(g) + H_2O(g) \longrightarrow 3H_2(g) + CO(g)$$

水煤气法主要是以焦炭和水蒸气为原料生产氢气,其主要反应为:

$$C(s) + H_2O(g) \longrightarrow CO(g) + H_2(g)$$

上述两种反应产物中都含有一氧化碳,必须分离。CO 和 H_2 的混合气体被称之为水煤气。将水煤气和水蒸气按适当比例通过装添有氧化铁、铬催化剂的变换炉,CO 被变换成 CO_2,并生成 H_2,用 K_2CO_3 溶液吸收,除去混合气体中的 CO_2,得到氢气。

核反应堆的高温分解水生产氢。为了降低水的温度,在水的热分解过程中引入了热化学循环,控制循环过程的高温点低于核反应堆或太阳炉的最高极限温度。现在高温石墨反应堆的温度已经高于 900℃,太阳炉的温度可达 1 200℃。

利用太阳能分解金属氧化物的热化学循环为:

$2CuO(s) \longrightarrow Cu_2O(s) + 1/2O_2$	1 080℃
$Cu_2O(s) + I_2(g) + Mg(OH)_2(s) \longrightarrow 2CuO(s) + MgI_2(aq) + H_2O(g)$	175℃
$MgI_2(aq) + H_2O(g) \longrightarrow MgO(s) + 2HI(g)$	400℃
$2HI(g) \longrightarrow H_2(g) + I_2(g)$	995℃
$MgO(s) + H_2O(l) \longrightarrow Mg(OH)_2(s)$	室温

循环生成的金属氧化物可直接在太阳炉中辐射热分解,简化了过程中的热传导问题,应用了廉价能源。

8.6.2 氢气的贮存及应用

氢气的贮存是氢能应用的前提。氢具有易燃、易扩散和质轻等特征,因此在贮存和运输中必须做到安全、高效和无泄漏。

氢气的贮存可分为物理法和化学法两大类。物理贮存法主要有液氢贮存、高压氢气贮存、活性炭贮存、碳纳米管贮存等;化学贮存有金属化合物贮存、有机液态氢贮存、铁磁性材料贮存等,不同的贮存方式具不同的特点。

高压气态贮存具有方便、可靠的优点,但高压气体具有潜在的危险性,同时钢瓶的体积和质量大,运输费用也较高;液态储氢能力较高,但储氢过程能耗较大,使用不方便;低压吸附在低温条件下完成性,储氢能力较大,但低温条件给运输和保存带来了相应的不便。金属氢化物储氢具有安全,没有爆炸危险的特点,也是近几十年来发展的新技术。主要是利用合金如镧镍合金($LaNi_5$)和钛铁合金($TiFe$)在一定的温度和压力下吸收氢气,使用时在高温或减压的条件下把氢气排放出来:

$$LaNi_5 + 3H_2 \rightleftharpoons LaNi_5H_6$$
$$TiFe + H_2 \rightleftharpoons TiFeH_2$$

尤其是镧镍合金在空气中很稳定,它的吸氢、放氢循环可以反复进行,并且性能不发生改变,所以这种储氢材料具有很大的实用价值。

氢能作为一种清洁可再生能源,其利用途径很多。可直接用于化学工业生产,如合成氨,也可直接作为燃料使用,如 20 世纪 60 年代,美国以液氢作为航天动力原料,成功地完成"阿波罗"登月计划;其次,在燃料电池上有重要的应用,为交通运输提供了环保型新能源。总之,随着制氢和储氢技术的进步,氢能以其独特的优点有望成为替代化石燃料的最佳新能源和可再生能源,为人类社会的可持续发展做出贡献。

8.7　地热能

化石能源在人类社会发展中做出了巨大贡献,但有限的储量、不可再生、使用过程中造成的不同程度的环境污染已成为社会可持续发展的最大制约,寻找替代能源一直是人类努力的方向,地热能作为一种绿色能源引起了世界各国的重视。

8.7.1　地热能概述

地热能是指蕴藏在地球内部的巨大的天然热能,它起源于地球的熔融岩浆和放射物质的衰变,是来自地球深处的可再生热能。作为人类的家园,地球是一个巨大的球状星体,半径约为 6 371 km,从内到外为地核、地幔和地壳。地球在完成自转和公转实现昼夜交替、四季更新的同时,地球内部的放射性物质也在时刻不停地进行着剧烈的热核反应,由此造成地球中心极高的温度,估计可达 6 000℃,这样高温度的热量能透过地层,通过火山喷发、间歇喷泉和温泉等途径源源不断地以热传导、对流和辐射的方式传到地面上来,由此便形成了地热能。

地热能具有地域性。地球所蕴藏的地热极其丰富,但由于不同地区的大地热流不同,在板块边界部位形成地壳高热流区而出现高温地热田,环球性的地热带主要有下列 4 个:环太平洋地热带;地中海—喜马拉雅地热带;大西洋中脊地热带;红海—亚丁湾—东非裂谷地热带。

地热资源在地下热储中形式各不相同,其地热温度也存在差异。依据贮存形式地热分 4 种类型:

①岩浆型:这部分地热资源主要贮存在熔融状或半熔状炽热岩浆中,温度在600～1 500℃,一般埋藏在钻探技术比较困难的地层当中,因此开采难度较大。

②地压型:一般蕴藏在含油气沉积盆地的深处,除地热能外还富含烃类物质,是一种综合性能源,温度可达 120～180℃。

③干热岩型:这种地热主要贮存在渗透性差而含有异常高热的地质体当中,其显著特点是含水量少或不含水,它是地热资源的主要形式。

④水热型:热储中以水为主要的对流系统的地热资源。依据该系统中水的聚集态的不同,又可分为和热水型,其中蒸汽型地热田温度可达 200～400℃。

地热能开发的主要方式是钻井,由所钻的地热井引出地热流体为人类使用。通常地热流体有两种形式:蒸汽和水,但不管是蒸汽还是热水一般都含有 CO_2,H_2S 等不凝结气体,其中 CO_2 大约占 90%。地热流体中还含有数量不等的 NaCl,KCl,$CaCl_2$、H_2SiO_3 等物质。地区不同,含盐差别很大,以质量计地热水的含盐量在 0.1%～40%之间。

8.7.2 地热能的利用

地球是一个大热库,蕴藏着巨大的热能。据估计,每年从地球内部传到地面的热能相当于 100 PW·h^{-1},全世界地热资源的总量大约为 14.5×10^{25} J,相当于4 948 亿 t 标准煤燃烧时所放出的热量。地热能作为一种洁净的能源,具有如下几方面的应用。

8.7.2.1 地热发电

地热发电是中高温地热资源利用的主要形式,利用地热水蒸气驱动汽轮机,带动发电机发电。和火力发电消耗大量燃料不同,地热发电不需要消耗任何燃料,所利用的能源就是地热能,地热发电的实质是首先将地热能转变为机械能,然后再把机械能转变为电能的过程。世界上最早开发并投入运行的是 1913 年意大利拉德瑞罗地热发电站,地热发电发展至今已有近百年的历史,目前全世界已有 22 个国家建成了地热发电站,总装机容量 800 万 kW 以上。地热发电利用程度较高的国家有美国、菲律宾、意大利、日本、墨西哥、新西兰等国。

8.7.2.2 地热供暖

地热可直接用于采暖、供热和供热水,该系统具有温度恒定、无污染的优点,在满足用户需求的同时,达到了节约能源和保护环境的目的。冰岛、日本、法国、美国、新西兰等世界各国都大量利用地热采暖,我国早在 1990 年便在天津一带开始利用地热采暖。

8.7.2.3 地热制冷

利用地热制冷是地热能直接利用的一条有效途径。地热制冷与太阳能制冷原理相同,但是比太阳能更稳定,无论白天黑夜都可以实现无动力制冷,用于制冷的地热资源要求地热水温在 65℃ 以上,地热资源与中央空调相结合,既可以解决空调制冷,又可实现制热供水。

此外,在医疗方面,利用地热水的高温以及富含的有益化学组成,可对人体进行医疗保健;在农业方面,利用地热可培育良种、种植蔬菜等。

8.7.3 地热能开发过程中应注意的问题

地热利用过程中的另一个问题就是结垢和腐蚀。结垢物质主要有氧化铁、硫酸钙、碳酸钙和硫酸盐等。水垢的传热性能差,管道结垢大大地降低换热器的传热性能,使得地热能利用率下降;另外,结垢使水的流动阻力增加,增大了流体输送的能耗。在地热的直接利用中,防腐是项重要问题,腐蚀主要由氧、氯等元素引起。为保证供暖设备的可靠性和使用寿命,可采取适当的措施减少或防止腐蚀:利用非金属材料解决腐蚀问题;从开采到利用采用密闭系统,防止空气(氧)进入系统中;对含 Cl^- 的地热水可采用前置换热器,使用间接供暖方式,这样前置换热器采用耐腐蚀材料而供暖管道和设备可采用普通碳钢,从而达到防腐的目的。

在地热资源利用过程中,回灌技术是另一个值得重视的问题。如果只开采利用而不回灌会带来一系列问题:引起地面下沉,这在我国地热开采利用较早的地区已表现出来;造成环境污染,地热水的排放一般在 $40\sim50℃$,不回灌会造成热污染,而且地热水中的砷、汞、氟等有害元素也会污染环境,大量开采地热资源而不采用回灌技术会影响地下结构的稳定性。

因此,对于地热资源,应坚持开发和保护并重的原则,只有这样才能使地热资源更大限度造福于人类,实现地热能源的可持续利用。

8.8 燃料电池

燃料电池是一种把化学能通过化学反应直接转换成电能的装置,作为一种新型的能源,其显著特点就是在能量转化的过程中化学能直接转化成电能,克服了传统能源发电过程中受卡诺循环制约的不足,无需二次转换,具有高效、洁净的优点。这在自然资源紧张、生态环境不断恶化的今天显得尤为重要,因此燃料电池的开发和使用备受世界各国的瞩目。

8.8.1 燃料电池的组成及工作原理

燃料电池是由阳极、阴极和电解质构成,所使用的燃料直接由外部提供。典型的氢—氧燃料电池的组成如图 8-1 所示。

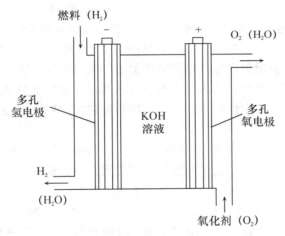

图 8-1 氢—氧燃料电池示意图(引自文献[20])

在燃料电池中,阴极和阳极一般采用多孔材料,它们是电化学反应的场所,分别接受和提供电子,起催化转换作用,电解质负责电池内部阴阳极间电子的输送。

燃料电池所使用的燃料非常广泛,如氢气、甲醇和天然气等,采用的氧化气体为氧气或空气。在工作的过程中,燃料气经阳极(负极)提供,而氧气或空气则经过阴极(正极)提供,由此两种气体在电极上发生连续的电化学反应生成水和热,并产生电流。

作为化学电源家族中的一员,燃料电池最显著的特点是燃料和氧化剂由外部供给,只要不断地为电池提供燃料和氧化剂,电极的催化反应就可以连续发生并直接产生电流。因此,燃料电池具有高效、清洁、安全、可靠的特点。

8.8.2 燃料电池的分类及应用

燃料电池的分类有很多种,根据构成燃料电池的电解质的性质可将燃料电池划分成如下五类。

(1)碱性燃料电池　采用氢氧化钾水溶液为电解质,使用的燃料为纯氢,氧化剂为纯氧,其优点是能量转化率高,同时由于电池反应产物为水,因此对环境无污染。但成本较高,不适合工业使用,主要用于太空飞行,美国宇航局在阿波罗登月计划中使用这种电池为飞船提供主要电源。

(2)熔融碳酸盐燃料电池　采用的电解质是熔融的碳酸盐,使用的燃料为沼气、煤气、天然气等,氧化剂为大气中的氧。其优点是电池构造材料廉价,易组装,而且噪声低、无污染,适合于大规模、电站使用。

(3)磷酸燃料电池　采用电解质为磷酸,使用的燃料气为氢、甲醇、天然气,氧化剂为大气中的氧。这种燃料电池具有高效、污染的特性,其制备和使用技术成熟,商业化程度较高。利用该技术,美、日、西欧建造许多功率从数千到兆瓦级的试验电厂。此外,磷酸燃料电池作为清洁能源,还在环保型汽车上得到了充分的应用。

(4)质子交换膜燃料电池　采用的电解质为质子可渗透膜,使用的燃料气为天然气、氢气、甲醇等,氧化剂为大气中的氧气。其优点是污染排放极低,固体电解质适合大规模生产,在固定电站、电动车、军用特种能源、可移动电源等方面有广阔的应用前景。

(5)固体氧化物燃料电池　采用的电解质为固体陶瓷体,使用的燃料气为天然气、煤气、沼气,氧化剂为大气中的氧气。其优点是电解质稳定,其组成不受燃料和氧化气体成分的影响,可用于分置电站和大型的发电厂。

不同的燃料电池具有各自的优缺点,其系统开发正在进行当中,随着储氢技术的发展,燃料电池必将在发电和电动车辆等方面获得突破性的进展。

习　题

1. 何谓能源? 能源如何分类?

2. 如何对煤进行脱硫? 试写出其化学反应方程式。

3. 简述石油的组成? 石油中的硫化物有哪些危害?

4. 天然气在适用前为何进行处理? 如何处理?

5. 太阳能是如何产生的? 太阳能有哪些应用?

6. 试阐述核能发电的原理? 核能发电如何进行安全防护?

7. 何谓生物质能? 生物质能有何应用?

8. 氢气制备有哪些方法? 如何贮存?

9. 地热能有哪些特点? 具体有何应用?

10. 地热能开发应注意哪些问题?

11. 试述燃料电池的工作原理? 并简述燃料电池的分类?

12. 能源的合理利用对社会经济可持续发展有何重要意义?

9　化学与生命

【知识要点】

1. 了解蛋白质、核酸、糖类和脂类这四种主要生命物质的化学组成及结构。

2. 掌握氨基酸、多肽、蛋白质、酶等基本概念，了解其分子结构。了解蛋白质四级结构的基本概念，并能举例说明。

3. 了解氢键在碱基配对中的作用，了解脂类物质的分子结构及其基本性质，了解其对生物膜的构成的作用。

4. 掌握糖类物质的基本构成，认识构型异构现象对糖类物质的重要性。

5. 了解转基因食品的安全性问题及有机食品与绿色食品的生产过程控制。

地球上的生命存在形式复杂多样,奇妙无比。尽管我们至今还不知道最初生命物质是怎么形成的,但可以肯定的是今天存在于地球上的所有生命,从细菌到高级动物,都是由几十亿年前地球表面液态水圈中简单分子通过系列化学反应演化而来的。生命体具有贮存和传递信息、繁衍后代、对外适应、合理利用环境物质与能量等功能。从化学的角度看,这些功能是由许多生物活性分子有组织的化学反应的具体表现。生命过程实质上就是一系列发生在构成生命体的基本单位——细胞内外的由生物体调控的动态化学变化过程。因此,化学在研究生命现象及其运动规律时,发挥着极其重要的作用。

构成生命体的基本单位是细胞,细胞是由包于外边的细胞膜及膜内物质——细胞核、各种细胞器等组成,结构非常复杂。若考察构成这些结构的化学成分,除水之外,其组成可分为蛋白质、核酸、糖类和脂类四大类物质,以及维生素、无机盐等成分。本章将分别介绍构成生命的这四大类物质。

9.1 蛋白质

蛋白质是构成生命体的最重要的物质,人体的肌肉、血液、皮肤、骨骼等重要部分都含有蛋白质。即使是最小的单细胞细菌也含有蛋白质。非细胞的生命体——病毒也含有蛋白质,它是核酸与蛋白质的复合物。尽管蛋白质的种类繁多、结构复杂,但它们都是由为数不多的氨基酸聚合而成的。

9.1.1 氨基酸及其性质

从各种生物体中发现的氨基酸有 180 种之多,但是参与蛋白质组成的常见氨基酸只有 20 种。180 多种天然氨基酸大多数是不参与蛋白质组成的,这些氨基酸被称为非蛋白质氨基酸。前面的 20 种氨基酸称为蛋白质氨基酸。除脯氨酸外,其余 19 种氨基酸的氨基总是处于羧基的 α-碳原子上,故称为 α-氨基酸,其结构通式为:

$$R\text{---}\overset{\displaystyle H}{\underset{\displaystyle NH_3^+}{C^*}}\text{---}COO^-$$

式中:R 为氨基酸的特性基团,在讨论蛋白质的氨基酸序列时常被称作残基。表 9-1 列出了 20 种氨基酸的名称及其缩写,以及 R 基团的结构式。其中脯氨酸的结构较为特殊,其 R 基团与氨基相连,构成一个五元环结构。除甘氨酸外,其余 19 种氨基酸的 α-碳原子都是一个不对称的碳原子,称手性碳原子。天然存在的氨基酸都为 L 构型,其结构式如下:

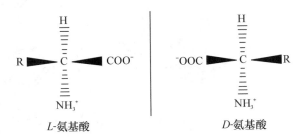

实心楔型符号表示 R 和 COO^- 基团在纸平面的外面,虚的楔型符号表示 H 和 NH_3^+ 基团在纸平面的里面。L-氨基酸与 D-氨基酸构成了一对“镜像对映体”,它们具有旋光性,即当平面偏振光通过这些物质的溶液时,光的偏振面将发生旋转。

表 9-1　氨基酸的名称、缩写及 R 基团结构

中、英文名称	缩写	R 基团的结构
甘氨酸 glycine	Gly,G	—H
丙氨酸 alanine	Ala,A	—CH_3
缬氨酸 valine	Val,V	—$CH(CH_3)_2$
亮氨酸 leucine	Leu,L	—$CH_2CH(CH_3)_2$
异亮氨酸 isoleucine	Ile,I	—$CH(CH_3)CH_2CH_3$
苯丙氨酸 phenylalanine	Phe,F	—$CH_2C_6H_5$
酪氨酸 tyrosine	Tyr,Y	—$CH_2C_6H_4OH$
丝氨酸 serine	Ser,S	—CH_2OH
苏氨酸 threonine	Thr,T	—$CH(OH)CH_3$
半胱氨酸 cysteine	Cys,C	—CH_2SH
蛋氨酸 methionine	Met,M	—$CH_2CH_2SCH_3$
天冬酰胺 asparagine	Asn,N	—CH_2CONH_2
天冬氨酸 aspartic acid	Asp,D	—CH_2COOH
谷氨酰胺 glutamine	Gln,Q	—$CH_2CH_2CONH_2$
谷氨酸 glutanic acid	Glu,E	—CH_2CH_2COOH
赖氨酸 lysine	Lys,K	—$CH_2(CH_2)_3NH_2$

续表 9-1

中、英文名称	缩写	R 基团的结构
精氨酸 arginine	Arg,R	$-CH_2(CH_2)_2NH-C(NH)NH_2$
色氨酸 tryptophan	Trp,W	
组氨酸 histidine	His,H	
脯氨酸 proline	Pro,P	

α-氨基酸都是白色晶体,熔点很高,一般在 200℃ 以上。每种氨基酸都有特殊的结晶形状。利用结晶形状可以鉴别各种氨基酸。除胱氨酸和酪氨酸外,一般都能溶于水。脯氨酸和羟脯氨酸还能溶于乙醇或乙醚中。

按 R 基的化学结构,20 种常见氨基酸可以分为脂肪族、芳香族和杂环族三类,其中以脂肪族氨基酸为最多。根据 R 的极性及其在中性环境(pH＝7 附近)中携带电荷的多少可以把氨基酸分为非极性 R 基氨基酸、不带电荷的极性 R 基氨基酸、带正电荷的 R 基氨基酸以及带负电荷的 R 基氨基酸。也可根据 R 基团与水相互作用的关系把其分为亲水性的和疏水性的。一般而言,非极性 R 基氨基酸是疏水性的,而带有净电荷的 R 基氨基酸是亲水性的,不带电荷的极性 R 基氨基酸则介于二者之间,其亲、疏水性依其极性大小而不同。认识氨基酸的这些基本的物理化学性质对于从根本上认识蛋白质的结构和性质有重要的意义。

9.1.2　肽键与多肽

一个氨基酸的 α-羧基与另一个氨基酸的 α-氨基发生脱水反应而形成的化合物叫肽,所形成的酰胺键叫肽键。由两个氨基酸经脱水而形成的肽叫二肽,其化学反应通式可表示如下:

反应式右边虚线部分为肽键结构。相应地,由 3 个氨基酸形成的肽叫三肽,依此类推。无论对于多肽还是蛋白质,其结构中都有氨基端(N 端)和羧基端(C 端),在书写氨基酸序列时,一般把 N 端置于左端,C 端置于右端。

蛋白质可以由氨基酸、小肽或多肽通过脱水反应而合成,相反地,对蛋白质进行水解,可以得到多肽或氨基酸等物质。蛋白质与多肽之间没有明确的界限,常以相对分子质量 10 000 为界。一般而言,蛋白质具有生理活性,但有些多肽也具有生理活性。如由谷氨酸、半胱氨酸和甘氨酸形成的三肽(简称为谷胱甘肽,缩写为 Glu—Cys—Gly)就是动植物和微生物细胞中的一种重要辅酶,在生物体内的氧化还原过程中起着重要作用,其结构如下:

$$\overset{+}{N}H_3-\overset{\overset{\displaystyle H}{|}}{\underset{\underset{\displaystyle CH_2CH_2COO^-}{|}}{C}}-\overset{\overset{\displaystyle O}{\|}}{C}-\overset{\overset{\displaystyle H}{|}}{N}-\overset{\overset{\displaystyle H}{|}}{\underset{\underset{\displaystyle CH_2SH}{|}}{C}}-\overset{\overset{\displaystyle O}{\|}}{C}-\overset{\overset{\displaystyle H}{|}}{N}-\overset{\overset{\displaystyle H_2}{|}}{C}-COO^-$$

肽键中由于氧原子上电子的离域作用形成了包括 O＝C＝N 在内的 π 轨道共振杂化系统,使得 C—N 键具有一定的共价性质而不能自由旋转,肽键所包括的 4 个原子 C,O,N,H 以及与之相连的 2 个 α-碳原子(标记为 $C\alpha$)都处于同一平面内,如下图所示:

这个平面叫做酰胺平面,是肽键中的刚性部分。肽链主链上只有与 α-碳原子相连的键可以自由旋转,这是肽链中的柔性部分。刚柔相济,构成了蛋白质特殊的空间结构。

9.1.3　蛋白质的结构

蛋白质是由一条或多条多肽链以特殊方式组合而成的生物大分子。蛋白质的结构非常复杂,主要包括以肽链结构为基础的肽链线形序列(一级结构),以及由肽链卷曲、折叠而形成的三维结构(通常又分为二、三、四级结构)。

(1)蛋白质的一级结构　蛋白质的一级结构包括组成蛋白质的多肽链数目,每一条多肽链的氨基酸顺序,以及多肽链内或链间二硫键的数目和位置。

现在已经有上千种不同蛋白质的一级结构被研究清楚。例如,胰岛素是由动物胰腺分泌出来的一种重要的蛋白质激素,它的一级结构如图 9-1 所示。

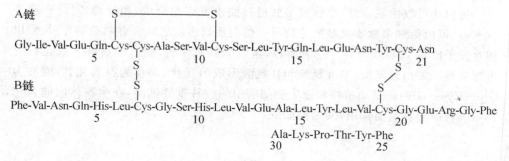

图 9-1　胰岛素的一级结构

（2）蛋白质的三维结构　任何一种蛋白质,在其自然状态或活性状态下,都具有特征而稳定的三维结构。一旦这种特征的三维结构遭到破坏,即使它的一级结构不变,蛋白质的生物功能也会完全丧失。所以,具有独特的三维结构是蛋白质区别于普通有机分子的最显著的特点。蛋白质的三维结构进一步分为二级结构、三级结构和四级结构。

蛋白质的二级结构是指肽链的主链在空间的排列。大多数天然蛋白质中的多肽链一般不是全部以松散的线状存在,而是部分卷曲成螺旋状或折叠成片层状存在。这种结构是由于一个肽键的羧基氧和另一个肽键的亚氨基形成氢键所致。即:

$$\overset{|}{H}-\overset{\delta^+}{N}-\overset{\delta^-}{C}=\overset{\delta^+}{O}\cdots\overset{\delta^-}{H}-\overset{/}{N}$$
$$\underset{C=O}{|}$$

氢键的相互作用有两种不同的形式:α 螺旋结构和 β 折叠层状结构。α 螺旋结构是在同一条多肽链上形成许多分子内氢键而组成的有序结构。β 折叠层状结构是由于不同的、互相平行的多肽链借分子间氢键而形成的。在 β 折叠层状结构中,多肽链有两种排列方式:一种是平行排列,即不同肽链的走向相同;另一种是反平行排列,即不同肽链的走向相反,一股链的 N 端基正好与另一股链的 C 端基相邻,如此交替重复排列。具有层状结构的蛋白质往往呈纤维状并难溶于水。图 9-2 给出了多肽链的 α-螺旋结构和 β 折叠层状结构示意图。

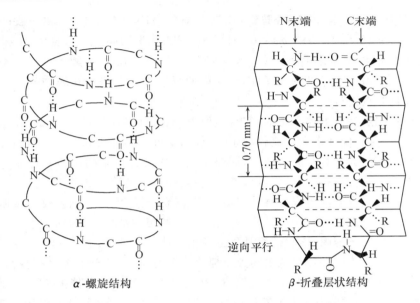

图 9-2　多肽链的 α-螺旋结构和 β-折叠层状结构

　　蛋白质的三级结构是在二级结构基础上进一步盘绕、折叠形成的,包括主、侧链构象在内的特征三维结构。由于它比二级结构更精细和复杂,目前知道的还很少。

　　蛋白质的四级结构是在三级结构基础上,以某种形式聚合成蛋白质大分子。

　　化学不仅可以研究多肽和蛋白质的结构,而且还可以人工合成多肽和蛋白质,这是化学具有创造性的具体表现。

9.1.4　酶

　　酶是具有特殊催化功能的一类蛋白质。生命的基本特征是新陈代谢,一切生物体系经常不断地进行着一系列的复杂的化学变化,这些变化又都是在十分温和的条件下发生的(如室温、常压、有氧存在等)。这些反应之所以很容易进行,是由于有生物催化剂——酶。如果没有酶的参与,绝大多数生物化学反应均无法实现。

　　酶和一般的催化剂相比,其第一个重要特点是催化效率大大超过简单的无机或有机催化剂,反应速率一般要高出 6～7 个数量级。例如,碳酸酐酶分子在 1 s 内可以将 1.4×10^6 个二氧化碳分子转化为碳酸。酶的高效催化的根本原因在于它充分降低了反应的活化能。

　　第二个特点是酶的作用具有高度专一性。一种酶只能作用于某一类或特定的物质。通常把被酶作用的物质称为该酶的底物(substrate)。例如,脲酶只能催化水解尿素[CO(NH₂)₂]中的酰胺键,而对双缩脲[HN(CONH₂)₂]和一般的酰胺(RCONH₂)键则无效。酶的高度专一性还表现在能识别同一化合物的 D- 和 L- 旋光异构体。如含锰的精氨酸酶只能水解 L- 精氨酸而对 D- 精氨酸无效。酶不仅对底物的主体构型具有高度的选择性,而且能使反应过程严格地在底物分子的确定的基团和化学键上进行。

酶催化剂虽然有上述特殊的优越性,但由于它是由生物细胞产生的,其主要成分是蛋白质,对周围环境变化比较敏感,不仅易受外界条件(如高温、强碱、强酸、重金属、紫外线等)的影响而失去活性,同时也受体内各种因素的调节和控制。一旦失调或失控,酶应起的催化作用就会消失,使生物体呈现病态或死亡。

酶按其组成可分为单成分酶和双成分酶(又称全酶)两类。前者仅由蛋白质分子组成,后者则由蛋白质部分(又称酶蛋白)和非酶蛋白部分(称为辅因子)组成,所以全酶＝酶蛋白＋辅因子,它们都是酶分子不可或缺的部分。

在酶催化过程中,并不是整个酶分子都参与作用,而是部分参与。它包括直接和底物结合的部位(称为结合基团)和直接参与催化作用的部位(称为催化基团)。结合部位是酶蛋白中邻近底物分子的氨基酸残基,一般是带有电荷或能形成氢键的残基。它们的作用在于吸住底物,使底物分子将改组的化学键部位尽量靠近催化部位。催化部位使酶催化反应的核心部分。酶的活性中心通常认为就是由这两种功能部位组成。结合部位决定酶的专一性,即酶对底物的选择性;活性部位决定酶催化反应的性质。

关于酶活性中心的作用机理,最经典的是"锁钥关系"假说。该假说认为,酶的活性部位有定型的结构,只有特定的化合物可以契合,好像一把钥匙开一把锁。这种形状互补决定了酶对底物的选择性并排斥那些形状、大小不适合的化合物。近年来的研究表明,把酶和底物看作刚性分子是不完善的。实际上,它们的柔性使两者可以相互识别,相互适应而结合,所以在锁与钥匙说的基础上,又有人提出"诱导—契合"假说。该假说认为酶原来并不是以一种与底物互补的形式存在的,而是受到底物诱导后才具有互补的形状。酶的柔性使活性部位的形状能与底物相适应。当产物离开酶表面后,酶的活性部位可恢复到原来的非互补形状。因此,酶的催化剂过程可以认为是酶首先在多肽链的确定部位与底物结合,形成酶与底物过滤活化配合物,随之发生一系列化学键的重新组合,最后导致产物的生成。

9.2　核苷酸与核酸

核酸和蛋白质都是生命的物质基础。生命活动主要通过蛋白质来体现,而生物的遗传特征则主要决定于核酸。核酸具有贮存和传递信息的生物功能,因而它在生物的个体发育、生长、繁殖和变异等方面,都起着重要作用。核酸又分为脱氧核糖核酸(DNA)和核糖核酸(RNA)两大类。DNA 主要集中在细胞核内,RNA 主要分布于细胞质中。

9.2.1　核苷酸

正如构成蛋白质结构的单元是氨基酸一样,DNA 和 RNA 的结构单元是核苷酸。DNA 和 RNA 分子都是由核苷酸按一定顺序排列组成的,因此核酸是一种线形多聚核苷酸。它在每一核苷酸分子中含有一个戊糖分子(核糖或脱氧核酸)、一个磷酸分子和一个含氮的有机碱。有机碱(又称为碱基)可分为两类:一类是嘌呤类,即双环分子;一类是嘧啶类,即单环分子。嘌呤类一般包括腺嘌呤(adenine,A)和鸟嘌呤(guanine,G)两种,嘧啶类有胸腺嘧啶(thymine,T)、胞嘧啶(cytosine,C)和尿嘧啶(uracil,U)3 种。图 9-3 给出了构成核酸分子的碱基结构式。

戊糖分子第 1 位 C 原子与嘌呤或嘧啶结合,就形成核苷。如果戊糖是脱氧核糖,形成的核苷就是脱氧核糖核苷(脱氧核苷);如果戊糖是核糖,形成的核苷就是核糖核苷。图 9-4 给出了核糖核苷(腺嘌呤核苷)和脱氧核苷(胞嘧啶核苷)的结构式。一个核糖核苷或一个脱氧核苷与一个磷酸分子结合,就构成一个核苷酸或脱氧核苷酸,也称为一磷酸核苷,如一磷酸腺苷(AMP)和一磷酸脱氧腺苷(dAMP)[这里的"d"表示脱氧(deoxy-)之意]。磷酸与核糖或脱氧核糖结合的部位通常是核糖或脱氧核糖的第 3 位或第 5 位碳原子。

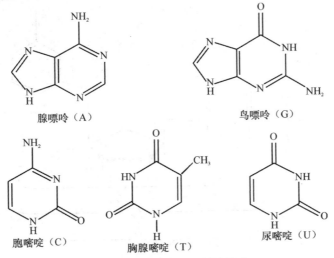

图 9-3　核酸分子的碱基结构式

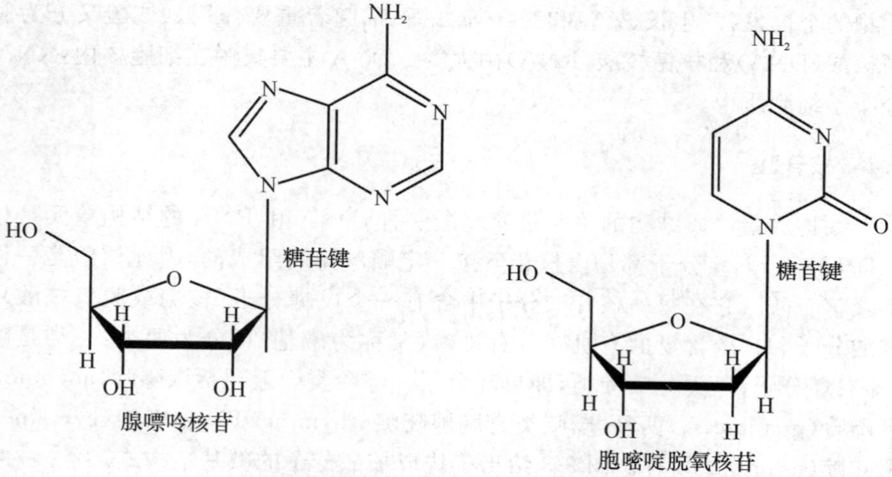

图 9-4 核糖核苷和脱氧核糖核苷的结构

核苷酸组成中,除了有单一的磷酸根(一磷酸核苷酸)外,还可有焦磷酸根(二磷酸核苷酸)、三磷酸根(三磷酸核苷酸)。以腺苷酸为例,有腺苷一磷酸(AMP)、腺苷二磷酸(ADP)和腺苷三磷酸(ATP)3种。图 9-5 给出了多磷酸核苷酸的结构图。其中 ADP 和 ATP 都是生物细胞中的高能化合物。它们分子中的"～"符号代表高能键。多磷酸核苷酸的重要功能之一就是将糖氧化释放的能量贮存于高能键中,水解时,高能键断裂放出能量供细胞的各种生理活动需要。

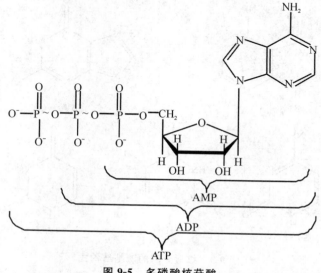

图 9-5 多磷酸核苷酸

9.2.2 核酸

由多个核苷酸以磷酸按顺序相连即形成长链的多核苷酸分子——核酸。核酸可分为脱氧核糖核酸（DNA）和核糖核酸（RNA）两类。DNA 含脱氧核糖，RNA 含核糖。DNA 的碱基有腺嘌呤（A）、鸟嘌呤（G）、胸腺嘧啶（T）和胞嘧啶（C）4 种。RNA 的碱基没有胸腺嘧啶而有尿嘧啶（U），其余同 DNA。图 9-6 所示为多聚核苷酸链——DNA 链和 RNA 链。

组成 DNA 链的核苷酸顺序称为 DNA 的一级结构，它是决定遗传信息的载体。RNA 也有它的一级结构。总起来说，核酸的一级结构是核酸中各单核苷酸的种类和排列次序，核酸的二、三级结构是指它们的空间构象。DNA 和 RNA 的功能不同，不仅在于组成它们的单核苷酸的种类和排列顺序不同，而且两者的空间构象也不同。

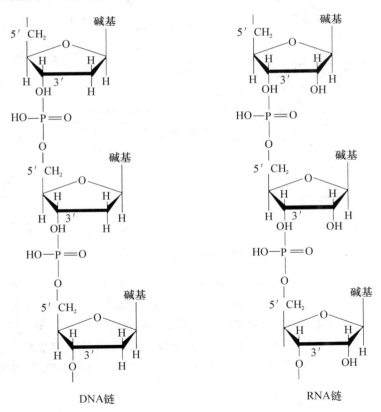

图 9-6 多聚核苷酸链——DNA 链和 RNA 链

　　DNA 的双螺旋二级结构如图 9-7(a)所示，两条反向平行的聚脱氧核苷酸主链，围绕同一中心轴形成螺旋形"阶梯"，核苷酸中磷酸—糖链在螺旋外面，碱基朝向螺旋内，一条链的碱基和另一条链的碱基通过氢键结合成对，犹如"阶梯"的"台阶"。但是，碱基间的氢键配对不是随意进行的，而是通过腺嘌呤(A)及鸟嘌呤(G)分别与另一条链的胸腺嘧啶(T)和胞嘧啶(C)之间互相配对，紧密地结合在一起，如图 9-7(b)所示，形成相当稳定的构象。

　　在 DNA 二级结构的基础上，双螺旋进一步扭曲呈橄榄绳形或闭合环状，就构成了 DNA 的三级结构。

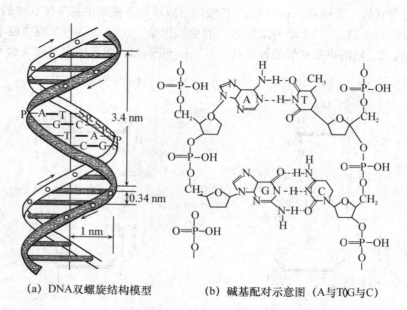

(a) DNA双螺旋结构模型　　　　(b) 碱基配对示意图 (A与T、G与C)

图 9-7　DNA 的双螺旋结构

　　根据对 RNA 的某些理化性质和 X 射线分析，证明大多数 RNA 分子是一条单链。RNA 的二、三级结构如图 9-8 所示。由于链的某些区域互补的碱基配对，使单链产生回折，在链内形成氢键，其互补碱基对为 A—U 和 G—C，在形成氢键的互补区域，可进一步扭曲，产生一至数个较短的双螺旋结构。但总的来说，大多数情况下，常以单链形式存在，这是 RNA 与 DNA 在构象上的明显差别。

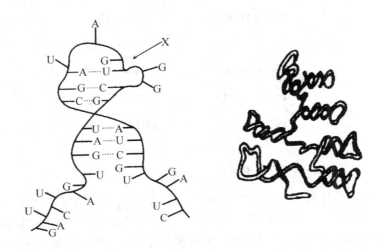

图 9-8　RNA 的二、三级结构示意图

9.3　糖类

糖类是自然界广泛存在的一类具有特征化学结构的碳水化合物,它由绿色植物经过光合作用合成而来,是生命活动所需能量的基本来源。糖类物质的组成大多数符合 $C_n(H_2O)_m$ 的表达式。糖类分子中含有如[—HC(OH)—]的结构单元,使得 C、H 和 O 的原子数目之比为 $1:2:1$。习惯上把糖分为三类:单糖、低聚糖和多糖。单糖主要有戊糖和己糖两大类,它们的分子中分别含有 5 个和 6 个碳原子。在核酸一节中我们讲到的核糖和脱氧核糖属于戊糖,葡萄糖、果糖和半乳糖等属于己糖。由 2~6 个单糖组成的糖称作寡糖,由更多单糖组成的糖便是多糖了。下面分别对单糖、双糖和多糖进行讨论。

9.3.1　单糖

以葡萄糖为例介绍单糖的结构及表示方法和单糖的基本性质。葡萄糖是哺乳动物体内最重要的单糖,常被称为血糖。它不仅是人脑及神经系统能量的提供者,同时也提供能量供肌肉运动,使消化系统能够正常工作,体温得以维持。葡萄糖在体内血液中的含量达到 $0.06\%\sim0.11\%$,1 mol 的葡萄糖在体内完全分解可释放出大约 2 870 kJ 的热能。

葡萄糖的分子式是 $C_6H_{12}O_6$,它的链状结构有两种形式。

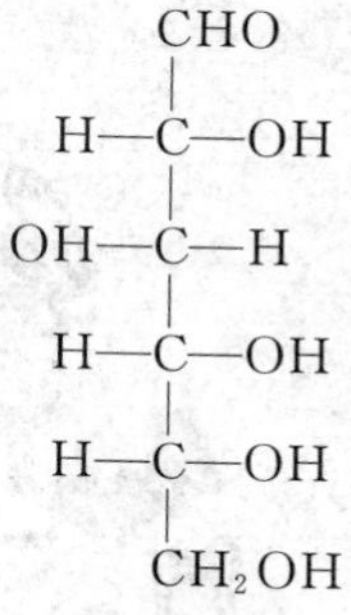

$$
\begin{array}{cc}
\text{CHO} & \text{CHO} \\
\text{H—C—OH} & \text{OH—C—H} \\
\text{OH—C—H} & \text{H—C—OH} \\
\text{H—C—OH} & \text{OH—C—H} \\
\text{H—C—OH} & \text{OH—C—H} \\
\text{CH}_2\text{OH} & \text{CH}_2\text{OH}
\end{array}
$$

$D(+)$-葡萄糖 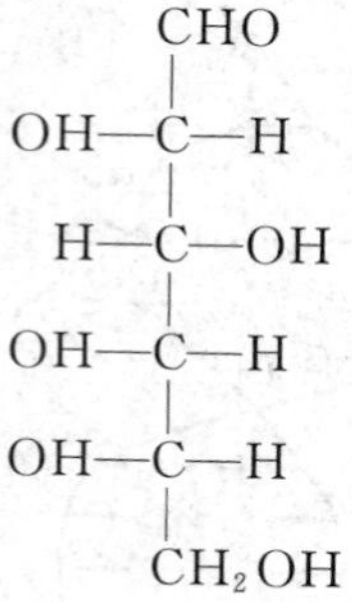 　　　　　　　$L(-)$-葡萄糖

　　碳原子的编号从上至下依次编为 1～6。由于葡萄糖分子中有不对称的碳原子,因而具有 D 和 L 两种构型。上式中"＋"和"－"分别表示两种葡萄糖所具有的旋光方向,即当平面偏振光通过此两种物质的溶液时,光的偏振面将分别向右(顺时针方向)和左(反时针方向)旋转。与氨基酸不同的是,葡萄糖还可有环状结构,而且环状结构又可分为五元环(呋喃型)和六元环(吡喃型)两类。呋喃型葡萄糖不太稳定,天然葡萄糖多以吡喃型葡萄糖形式存在。$D(+)$-葡萄糖的两种吡喃型环状结构如下:

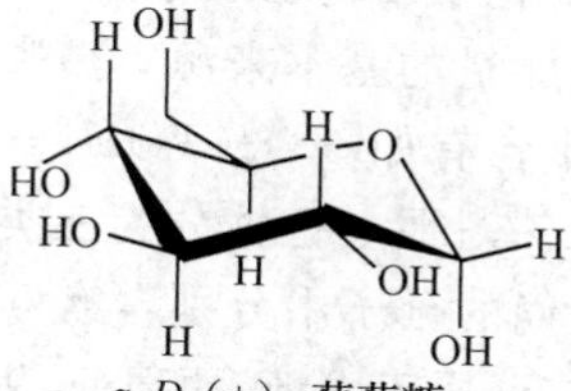

α-D(+)-葡萄糖 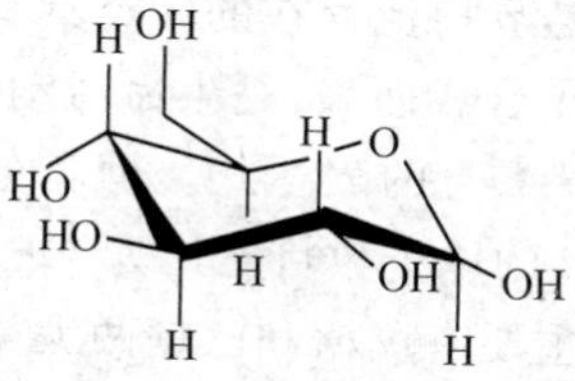 　　　　　　　β-D(+)-葡萄糖

　　α 和 β 表示 C_1 位上羟基的不同伸展方向(空间构型)。对于 D 型糖,α 和 β 分别表示 OH 基团在环平面的下面和上面。由于这两种环状结构环上的 6 个原子都为单键连接,它们并不是在一个平面上,而是形成船式和椅式两种不同的构象。椅式结构比船式结构稳定,D-葡萄糖的两种椅式结构如上所示。

　　葡萄糖的 α、β 和链式三种结构之间可以互相转化。在溶液中,通常 α-葡萄糖约占 36.2%,β-葡萄糖约占 63.8%,而链式结构的浓度很低。

　　果糖是另一种常见的单糖,广泛存在于植物、水果和蜂蜜中,是糖类中最甜的糖。它的线型及环式结构如下。其稳定结构是呋喃型结构。

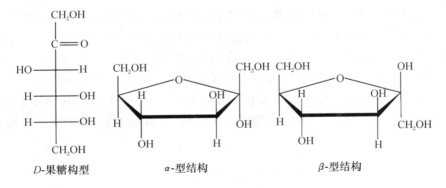

D-果糖构型　　　　α-型结构　　　　β-型结构

9.3.2 双糖

双糖可以由单糖经脱水反应缩合而成。常见的双糖有蔗糖、乳糖、麦芽糖等，其中蔗糖是日常生活中食用糖的主要成分，甘蔗、甜菜中含量丰富。它是由 α-D-葡萄糖和 β-D-果糖脱水、缩合而成的，其结构式如下：

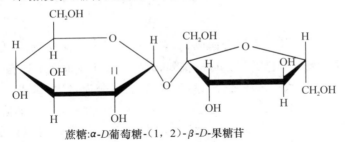

蔗糖:α-D葡萄糖-(1，2)-β-D-果糖苷

由于蔗糖是最常用的食用糖，人们设定蔗糖的甜度为 1.00，用它来比较物质的相对甜度。如果糖的甜度为 1.33，葡萄糖的甜度为 0.74，麦芽糖和半乳糖甜度相当，为 0.32。

乳糖是哺乳动物乳汁中的主要糖，其含量约为 5%。组成它的单糖是 β-D-半乳糖和 α-D-葡萄糖，分子结构式如下：

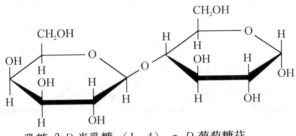

乳糖:β-D-半乳糖-（1，4)-α-D-葡萄糖苷

乳糖在消化道中无法穿过肠道壁进入血液中,它的吸收必须先由乳糖酶分解为单糖。婴儿体内有足够的乳糖酶以帮助消化乳糖,这对婴儿非常重要,因为其体内大约 40% 的热量来自于母乳中。随着年龄的增长,尤其对于成年人,其体内的乳糖酶越来越少,这就是为什么有些人进食牛奶会造成消化不良的原因。

麦芽糖是由两分子的 α-D-葡萄糖经 1,4 位羟基脱水、形成糖苷键而成,它大量存在于发芽的谷物之中,其分子结构是淀粉的组成单位,其结构式如下所示:

麦芽糖:α-D-葡萄糖-(1,4)-α-D-葡萄糖苷

9.3.3 多糖

多糖是由多个单糖分子缩合而成的,它是自然界中结构复杂、种类庞大的一类物质。从上面单糖和双糖的讨论可以推知,即使是 6 个碳原子的己糖,也有酮糖和醛糖之分(或五元环和六元环之分);对于醛糖,还可分为多达 16 种不同的单糖(包括它们的 D 和 L 形式),每一种糖还有 α 和 β 两种构型;当两个单糖缩合成二糖时,脱水的碳原子的位置可以是 1,1 位、1,2 位及 1,4 位等。可以想象,多糖的种类和结构因此非常复杂。由于缩合位置的多样性,多糖大分子可以是直链的,也可以是支链的。我们主要对淀粉、糖原和纤维素作以介绍。

淀粉是与人们的饮食相关的一类多糖,它存在于一切绿色植物中,是植物光合作用的产物,是植物营养物质的一种贮存形式。淀粉根据结构的不同又分为直链淀粉(链淀粉)和支链淀粉(胶淀粉)两类。直链淀粉是由 α-D-葡萄糖以 1,4 位缩合(形成糖苷键 C—O—C)构成的一系列直链大分子,含有数百至数千不等的葡萄糖单元,如下图所示:

支链淀粉则既有 1,4 位缩合,又有 1,6 位缩合构成带支链的多糖大分子。支链淀粉比直链淀粉的分子质量大,其结构单元约有 6 000 个葡萄糖分子。因此,与直链淀粉可以溶解于热水不同,支链淀粉在热水中一般不溶。淀粉一般都含有直链和支链两种分子,如马铃薯淀粉中 22%(质量分数,下同)是直链,78%是支链。但也有只含一种分子的,如豆类种子中所含淀粉全为直链淀粉,糯米淀粉则全为支链淀粉。

糖原是动物细胞中贮存的多糖,又称为动物淀粉。糖原也是由 α-D-葡萄糖以 1,4 位缩合而成的。但糖原的分支比支链淀粉多,主链每隔 8～12 个葡萄糖就有一个分支,每个分支有 12～18 个葡萄糖分子。糖原由于支链多,与特定酶的作用点多,在酶催化剂下,瞬时间可以产生大量的葡萄糖,迅速释放出能量。

纤维素是糖类物质中比例最大的一种,约占植物界碳素总量的 50%以上,高等植物细胞的主要成分是纤维素。如木材中含 50%纤维素,而棉花中则有 90%。纤维素分子为线形多糖大分子,分子中无支链,由 10 000～15 000 个 β-D-葡萄糖以 1,4 位缩合得到。

纤维素水解时产生纤维二糖,再进一步水解成葡萄糖。人的唾液淀粉酶能破坏 α-葡萄糖苷键,转化直链淀粉,并最终在小肠内将其变成葡萄糖被人体吸收。然而这种酶不能水解 β-1,4-葡萄糖苷键,因此,纤维素不能被人体吸收。但食物中纤维素成分能刺激肠道蠕动,降低肠道癌症的发生,因而作用也很重要。牛、马及羊等食草动物的消化系统中存在着能水解 β-1,4-葡萄糖苷键的酶,可以使树木和干草变成葡萄糖,因而这类动物能以纤维素为主要饲料。

9.4 脂类

脂类是脂肪和类脂(磷脂、固醇及固醇脂等)的总称。它们的共同特点是不溶于水,而易溶于苯、乙醚等有机溶剂。脂类具有很多生物学功能,它是构成生物膜的重要物质。按照脂类分子的组成可将其分为以下五类:①单纯脂:脂肪酸与醇类所形成的脂,如油脂、蜡;②复合脂:除脂肪酸和醇外,尚含有其他物质,如磷脂、糖脂;③萜类和类固醇及其衍生物,一般不含脂肪酸,如维生素 A、维生素 E;④衍生脂:上述脂类物质的水解产物,如甘油、脂肪酸;⑤结合脂:是指与糖和蛋白结合的脂,称为糖脂和脂蛋白。

脂类物质在生物体内的主要生物学功能包括:①磷脂、糖脂、胆固醇等是构成生物膜的重要物质;②油脂等是机体代谢所需能量的贮存和运输形式;③脂溶性维生素、脂肪酸等是动物机体的必需物质;④许多脂类物质具有信号传递、代谢调节等功能,与细胞识别、机体免疫等过程密切相关。

9.4.1 脂肪酸与脂酰甘油酯

脂肪酸由一个长的碳氢链和一个羧基构成,结构通式是 R—COOH。碳氢链一般为线性,有饱和与不饱和之分。表 9-2 列出了一些常见脂肪酸的名称和分子结构式。

表 9-2 常见的天然饱和脂肪酸和不饱和脂肪酸

习惯名称		系统名称	分子结构式
饱和脂肪酸			
月桂酸	lauric acid	n-十二烷酸	$CH_3(CH_2)_{10}COOH$
豆蔻酸	myristic acid	n-十四烷酸	$CH_3(CH_2)_{12}COOH$
软脂酸	palmitic acid	n-十六烷酸	$CH_3(CH_2)_{14}COOH$
硬脂酸	stearic acid	n-十八烷酸	$CH_3(CH_2)_{16}COOH$
花生酸	arachidic acid	n-二十烷酸	$CH_3(CH_2)_{18}COOH$
不饱和脂肪酸			
棕榈油酸	palmitoleic acid	9-十六碳烯酸	$CH_3(CH_2)_5CH{=}CH(CH_2)_7COOH$
油酸	oleic acid	9-十六碳烯酸(顺)	$CH_3(CH_2)_7CH{=}CH(CH_2)_7COOH$
亚油酸	linoleic acid	9,12-十八碳二烯酸	$CH_3(CH_2)_4CH{=}CHCH_2CH{=}CH(CH_2)_7COOH$
花生四烯酸	arachidonic acid	5,8,11,14-二十碳四烯酸	$CH_3(CH_2)_4(CH{=}CHCH_2)_3CH{=}CH(CH_2)_3COOH$

对于高等动植物,脂肪酸链长为 14～20 个碳原子的占多数,且多为偶数,以 16 和 18 个碳原子最为常见。最常见的饱和脂肪酸为软脂酸和硬脂酸,最常见的不饱和脂肪酸为油酸。在高等植物和低温生活的动物中,不饱和脂肪酸的含量高于饱和脂肪酸的含量,也许这与不饱和脂肪酸的熔点较低有关,如硬脂酸、油酸和亚油酸的熔点分别为 69.6℃、13.4℃ 和 −5℃。

哺乳动物体内所含有的脂肪酸种类较多,并且它们可以自身合成饱和脂肪酸及单不饱和脂肪酸,但不能合成亚油酸、亚麻酸等多不饱和脂肪酸,这种哺乳动物不能自身合成但正常生理又必需的脂肪酸称作必需脂肪酸。顾名思义,必需脂肪酸必须通过食物来获得,植物中的亚油酸和亚麻酸就非常丰富。哺乳动物可以用亚油酸来合成花生四烯酸。

脂酰甘油酯是脂肪酸与甘油所形成的酯。甘油也叫丙三醇,其分子式为 $CH_2OH{-}CHOH{-}CH_2OH$,当甘油分子分别与一、二或三分子的相同或不同的脂肪酸发生酯化反应便形成了单脂酰、二脂酰和三脂酰甘油,其中三脂酰甘油是脂类中含量最丰富的一大类,其反应如下:

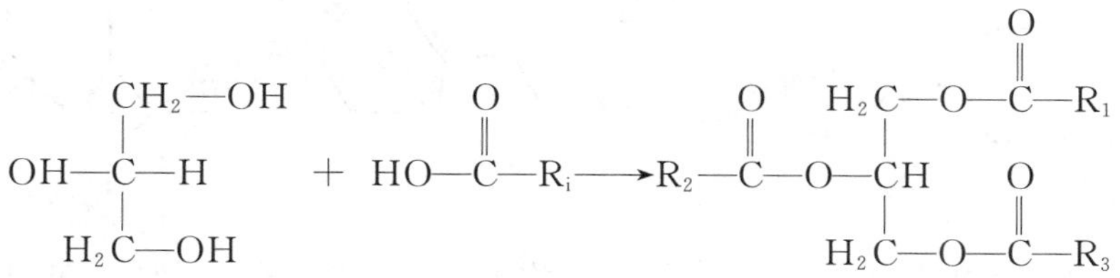

式中：烃基 R（R_1、R_2、R_3）可以相同或不同，可以是饱和的或不饱和的，但 R_2 多为不饱和。甘油三酯是动、植物细胞贮存能源的主要组分，人们称之为油脂。常温下为液体者叫油，为固体者叫脂。

9.4.2 磷脂

磷脂是生物膜中主要的脂类物质，它是含磷酸的复合脂。由于所含醇的不同，可以分为甘油磷脂类和鞘氨醇磷脂类。甘油磷脂类的结构式如下：

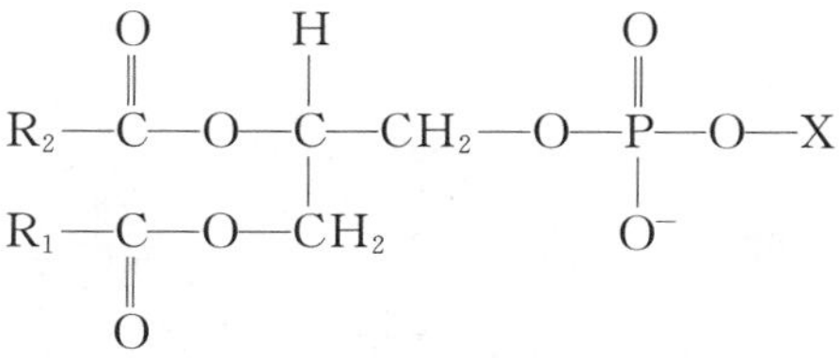

与甘油三脂相比，它只与两个脂肪酸发生酯化，第三个碳上的烃基与磷酸酯化，然后磷酸再与另一个醇类分子形成酯键。一般而言，X 在性质上较为亲水，而 R_1、R_2 则为疏水性的碳氢链，每个链上碳的个数为 14～20 个。根据 X 的不同，可以有不同的甘油磷脂。表 9-3 列出了常见的一些甘油磷脂。

表 9-3 几种常见的甘油磷脂

系统名称	习惯名称	缩写	X
磷脂酸	磷脂酸	PA	—H
磷脂酰乙醇胺	脑磷脂	PE	$-CH_2-CH_2-NH_3^+$
磷脂酰胆碱	卵磷脂	PC	$-CH_2-CH_2-N^+(CH_3)_3$
磷脂酰甘油	甘油磷脂	PG	$-CH_2-CHOH-CH_2OH$

9.4.3 类固醇

类固醇（也称为甾类化合物）是广泛分布于生物界的一类化合物，其结构以环戊烷多氢菲为基础，包括 3 个六元环和 1 个五元环。这一类分子中较著名者有胆固醇、维生素 D、胆酸等。胆固醇是脊椎动物细胞的重要成分，结构如下：

胆固醇具有重要的生理功能,它与生物膜的流动性、透性、神经髓鞘的绝缘性等有重要关系。然而,血液中存在过量的胆固醇会造成动脉硬化等疾病。人体中胆固醇的来源一是自身合成,二是从食物中摄取。因此,适当控制胆固醇的进食对于人们的身体健康非常重要。表 9-4 列出了一些食物中胆固醇和油脂的含量。

表 9-4　部分食品中胆固醇和油脂的含量(以 100 g 食物计)

食物	胆固醇/mg	油脂/g		
		饱和	单不饱和	多不饱和
鸡蛋(黄)	1 602	9.9	13.2	4.3
鸡蛋(全)	548	3.4	4.5	1.4
牛肉	91	2.7	2.7	0.5
鸡肉(去皮)	85	1.3	1.5	1.0
金枪鱼	63	0.2	0.1	0.2
牛奶(全)	14	2.3	1.2	0.1
牛奶(脱脂)	2	0.1	0.05	0.007
玉米油	0	12.7	24.2	58.7
花生油	0	16.9	46.2	32.0

由表 9-4 中数据可见,鸡蛋特别是蛋黄含有太多的胆固醇,血液中胆固醇含量过高的病人应注意减少鸡蛋的进食。动物脂肪中也含有较高含量的胆固醇,而且还含有人体合成胆固醇所需的饱和脂肪酸;与此相反,由于胆固醇只存在于动物的组织中,蔬菜、水果、植物油等不含胆固醇,在选用食物时应注意这一点。如前所述,人体不能合成多不饱和脂肪酸,需要从食物中补充,表 9-4 的数据表明,玉米油、花生油等植物油中含有较多的多不饱和脂肪酸,适当多食对人体有益。

9.4.4　生物膜

磷脂分子所具有的一端亲水和另一端亲油的性质是形成生物膜的基本性质。把这种双亲性的分子溶于有机溶剂,然后滴加到水面上,待有机溶剂挥发后磷脂分子就可以在水面上形成一个单分子膜,如图 9-9 所示。

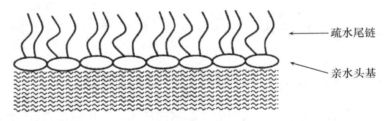

图 9-9　磷脂分子的单分子膜

　　这是因为磷脂的碳氢链与水直接接触不符合能量最低的原则,即碳氢链有一个逃逸水(疏水)的趋势。这样,磷脂的碳氢链便聚集起来在水面上形成了单分子膜。这种靠自身结构性质聚集起来的体系也称作自聚集体系。如果把磷脂分子分散于水中,这些分子还可以形成双分子膜,疏水性的碳氢链位于双层膜的中心,亲水性的头部位于外侧与水接触。这种双分子层的结构便是生物膜的基本结构。当然,真正的生物膜中还含有蛋白质、胆固醇、糖脂等多种成分,图 9-10 是生物膜的一个示意图。

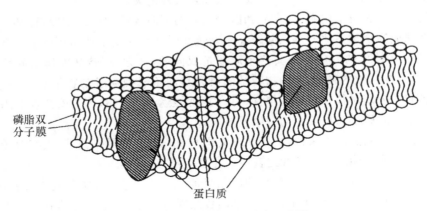

磷脂双
分子膜

蛋白质

图 9-10　生物膜的流动镶嵌示意图

　　目前,人们较为接受的生物膜模型是流动镶嵌模型。在此模型中脂类分子排列成双层结构,而且链分子部分的物理状态处于流动性的液晶状态,蛋白质分子按不同方式镶嵌于膜中或跨越双层膜、或部分嵌入或只"镶"于表面。细胞是生命活动的基本场所,但细胞膜控制着生命活动所需营养成分的进入以及废物的排出。对于多细胞生物,细胞间的识别、相互作用都必须依靠细胞膜来进行。这些正是细胞膜重要性之所在。

9.5 化学与食品安全

9.5.1 转基因食品的安全性

用基因工程方法将有利于人类的外源基因转入受体生物体内,改变其遗传组成,使其获得原先不具备的品质与特性,以这些生物为来源的食品即转基因(GM-genetically modified)食品。这项技术可增加食品原料产量,改良食品营养价值和风味,去除食品的不良特性,减少农药使用。因而,它具有无法估量的发展潜力和应用价值。

虽然目前尚无证据表明转基因食品是不安全的,但相对于传统的自然食品而言,它还是一个新生事物,的确存在着不确定的因素与未知的长期效应,其安全性还有待于进一步实践的检验。转基因食品的这一属性引发了激烈的争论。支持者认为它是新一轮农业革命的曙光,是第二次绿色革命;反对者却认为它是危险的和有污染的,会给消费者安全和环境安全造成毁灭性的灾难。

随着转基因技术向农业、食品和医药领域的不断渗透和迅速发展,转基因食品安全性现成为全球关注的热点问题之一。转基因食品的安全性问题在某种意义上制约了 GM 技术的发展。其实这个问题是双向的,一方面,转基因技术的发展时间并不长,技术还不成熟(如动物转基因研究目前正遇到克隆动物早衰、早亡的难题),造成了公众对其安全性的担忧;另一方面,公众对于转基因的安全性的恐惧心理反过来又阻碍了该项技术的健康发展。

就目前转基因生物来说,由于缺乏大样本及长时间的科研数据,人们对转基因生物的风险或可能的危害还知之甚少。主要困惑表现在:

(1)食品安全性 转基因食品的研制目前只有动物实验,并无人体实验,也无长期观察,因此安全性尚无定论。转基因食品问世 5 年来,全世界约有 2 亿人食用过数千种转基因食品,尚未报道过一例食品安全事件。

(2)生物富集度 食物链中有益物质的富集或有害物质的聚集对上一级生物的健康极为关键。目前,转基因作物大多用于饲料,这类转基因生物加入其原来没有的抗病虫害基因或抗杂草基因,其自身会有哪些富集变化,被家畜富集后又会怎样,人食用后会产生什么影响等问题,尚缺少全面系统的科研结论。

(3)药食关系 利用转基因技术可建立动物药库和植物药库,如吃一个西红柿就能预防乙肝。但这种转基因药物对人体有无风险仍需进行长期研究监测才能得出结论,目前这种关系尚不明确。

（4）生态环境影响 转基因生物具有自然生物所不具备的优势，但若将其释放到环境中，有可能造成原有的生态平衡破坏，改变物种间的竞争关系。

（5）基因污染 转基因生物造成的基因漂移可能会破坏野生生物的遗传多样性。例如：转基因作物花粉随风飘散，由此造成的基因污染将防不胜防。

（6）全球监管 现今许多转基因生物产品较多的国家，采取"外松内紧"政策，向一些发展中国家出口转基因产品却不说明。这种现象对保护全球生物安全十分不利。

9.5.2 有机食品

有机食品指来自于有机农业生产体系，根据有机农业生产的规范生产加工，并经独立的认证机构认证的农产品，包括粮食产品、蔬菜、水果、茶叶、畜禽产品、水产品、野生天然食品等及其加工产品。而有机农业指在动植物生产过程中不使用化学合成农药、化肥、生长调节剂、饲料添加剂等物质，以及基因工程生物及其产物，而是遵循自然规律和生态学原理，采取一系列可持续发展的农业技术，协调种植业和养殖业的平衡，维持农业生态系统持续稳定的一种农业生产方式。

有机（天然）食品标志（图 9-11）是用来证明食品的生产、加工、贮藏、运输和销售符合《有机（天然）食品生产和加工技术规范》要求的专用性标志，可以和食品商标同时使用。

国家环境保护总局有机（天然）食品发展中心负责有机（天然）食品标志和有机（天然）食品证书的审批和管理，监督标志的使用，定期向社会公布授予有机（天然）食品标志的食品目录。

图 9-11 有机食品标志

9.5.3 绿色食品

"绿色食品"是特指遵循可持续发展原则，按照特定生产方式生产，经专门机构认证，许可使用绿色食品标志的无污染的安全、优质、营养类食品。之所以称为"绿色"，是因为自然资源和生态环境是食品生产的基本条件，由于与生命、资源、环境保护相关的事物国际上通常冠之以"绿色"，为了突出这类食品出自良好的生态环境，并能给人们带来旺盛的生命活力，因此将其定名为"绿色食品"。

绿色食品标准分为两个技术等级，即 AA 级绿色食品标准和 A 级绿色食品标准。AA 级绿色食品标准要求，生产地的环境质量符合《绿色食品产地环境质量标准》，生产过程中不使用化学合成的农药、肥料、食品添加剂、饲料添加剂、兽药及有害于环境和人体健康的生产资料,而是通过使用有机肥、种植绿肥、作物轮作、生物或物理方法等技术,培肥土壤、控制病虫草害、保护或提高产品品质,从而保证产品质量符合绿色食品产品标准要求。A 级绿色食品标准要求,生产地的环境质量符合《绿色食品产地环境质量标准》,生产过程中严格按绿色食品生产资料使用准则和生产操作规程要求,限量使用限定的化学合成生产资料,并积极采用生物学技术和物理方法,保证产品质量符合绿色食品产品标准要求。因此,绿色食品就是安全、卫生、营养的食品。绿色食品以其鲜明的无污染、无公害形象赢得了广大消费者的好评。

绿色食品必须同时具备以下条件:

①产品或产品原料产地必须符合绿色食品生态环境质量标准;

②农作物种植、畜禽饲养、水产养殖及食品加工必须符合绿色食品的生产操作规程;

③产品必须符合绿色食品质量和卫生标准;

④产品外包装必须符合国家食品标签通用标准,符合绿色食品特定的包装、装潢和标签规定。

绿色食品与普通食品相比有 3 个显著特征:

(1)强调产品出自最佳生态环境　绿色食品生产从原料产地的生态环境入手,通过对原料产地及其周围的生态环境因子严格监测,判定其是否具备生产绿色食品的基础条件,而不是简单地禁止生产过程中化学物质的使用。

(2)对产品实行全程质量控制　绿色食品实行"从土地到餐桌"全程质量控制,而不是简单地对最终产品的有害成分含量和卫生指标进行测定,从而在农业和食品生产领域树立了全新的质量观。

(3)对产品依法实行标志管理　政府授权专门机构管理绿色食品标志,这是一种将技术手段和法律手段有机结合起来的生产组织和管理行为。

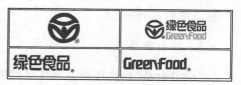

图 9-12　绿色食品标志

绿色食品标志(图 9-12)是经国家工商行政管理局注册的质量证明商标,用以标识、证明无污染的安全、优质、营养类食品及与此类食品相关的事物。由农业部中国绿色食品发展中心管理绿色食品标志商标,审查、批准绿色食品标志产品。

9.5.4　农药污染

农药(pesticides)主要是指用来防治危害农林牧业生产的有害生物(害虫、

害螨、线虫、病原菌、杂草及鼠类)和调节植物生长的化学药品,但通常也把改善有效成分物理、化学性状的各种助剂包括在内。需要指出的是,对于农药的含义和范围,不同的时代、不同的国家和地区有所差异。如美国,早期将农药称之为"经济毒剂"(economic poison),欧洲则称之为"农业化学品"(agrochemicals),还有的书刊将农药定义为"除化肥以外的一切农用化学品"。20世纪80年代以前,农药的定义和范围偏重于强调对害物的"杀死",但20世纪80年代以来,农药的概念发生了很大变化。今天,我们并不注重"杀死",而是更注重于"调节",因此,将农药定义为"生物合理农药"(biorational pesticides)、"理想的环境化合物"(ideal environmental chemicals)、"生物调节剂"(bioregulators)、"抑虫剂"(insectistatics)、"抗虫剂"(anti-insect agents)、"环境和谐农药"(environment acceptable pesticides 或 environrnent-friendly pesticides)等。尽管有不同的表达,但今后农药的内涵必然是"对害物高效,对非靶标生物及环境安全"。

　　农药的出现为防治农作物病虫害发挥了巨大的作用,同时,农药残留对环境和人体健康的影响也是非常严重的。人们进食残留有农药的食物后是否会出现中毒症状及出现症状的轻重程度要依农药的种类及进入体内农药的量来确定。并不是所有农药污染的食品都引起中毒,如果污染较轻,人吃入的量较小时可不出现明显的症状,但往往有头痛、头昏、无力、恶心、精神差等一般性表现,当农药污染较重,进入体内的农药量较多时可出现明显的不适,如乏力、呕吐、腹泻、肌颤、心慌等表现。严重者可出现全身抽搐、昏迷、心力衰竭等表现,可引起死亡。中毒的表现也依赖于毒物的种类,残留农药引起中毒的主要品种有:甲胺磷、对硫磷(1605)、甲基对硫磷、甲拌磷、氧化乐果、呋喃丹等。随着农药污染的加剧和人们对无公害食品的期盼,无公害农药应运而生。

　　所谓无公害农药就是指用药量少,防治效果好,对人畜及各种有益生物毒性小或无毒,要求在外界环境中易于分解,不造成对环境及农产品污染的高效、低毒、低残留农药。具体地说:就是在施用农药防治蔬菜病虫害时,只能使用无公害农药,每亩用药量必须从实际出发,通过试验,确定经济有效的使用浓度和药量,不宜过高过低,一般要求杀虫效果90%以上,防病效果80%以上称为高效农药;使用(LD_{50})致死中量值超过500 mL/kg体重的低毒农药;采收的商品蔬菜要注意农药安全间隔期,使其农药残留量务必低于国家规定的允许标准。

　　无公害农药包括:

　　(1)生物源农药　指直接利用生物活体或生物代谢过程中产生的具有生物活性的物质或从生物体提取的物质作为防治病、虫、草害和其他有害生物的农药。具体可分为：植物源农药、动物源农药和微生物源农药。如 B. T.、除虫菊素、烟碱大蒜素、性信息素、井岗霉素、农抗 120、浏阳霉素、链霉素、多氧霉素、阿维菌素、芸苔素内脂、除螨素、生物碱等。

（2）矿物源农药（无机农药） 有效成分起源于矿物的无机化合物的总称。主要有硫制剂、铜制剂、磷化物，如硫酸铜、波尔多液、石硫合剂、磷化锌等。而毒性较大、残留较高的砷制剂、氟化物等不在本推荐范围之内。

（3）有机合成农药 限于毒性较小、残留低、使用安全的有机合成农药。推荐经过多年应用证明使用安全的菊酯类、部分中、低毒性的有机磷、有机硫等杀虫剂、杀菌剂及部分中低毒性的二苯醚类除草剂等。如氯氰菊酯、溴氰菊酯、乐果、敌敌畏、辛硫磷、多菌灵、百菌清、甲霜灵、粉锈宁、扑海因、甲硫菌灵、抗蚜威、禾草灵、稀杀得、禾草克、果尔、都尔等。高残留的有机氯类农药、二次中毒的氟乙酰胺、代谢物为"三致"物的乙撑硫脲等诸类农药不在推荐之列。

习　题

1. 区别下列概念：

(1)淀粉与纤维素　　　　　　　(2)直链淀粉与支链淀粉

(3)油与脂　　　　　　　　　　(4)蛋白质与多肽

(5)DNA 与 RNA　　　　　　　(6)核酸与核苷酸

2. 判断下列说法是否正确：

(1)动物体中只有 20 种氨基酸。

(2)蛋白质的空间结构与其生物活性有关。

(3)酶是以蛋白质为主要成分的生物催化剂。

(4)DNA 分子中两条长核苷酸链的碱基通过共价键结合形成了双螺旋结构。

(5)血红蛋白和肌红蛋白中都含有血红素基团，它们是由 Fe(Ⅲ) 和原卟啉形成的金属卟啉配合物。

(6)牙齿和骨骼的主要成分是碳酸钙，当糖吸附在牙齿上并发酵时，就会产生 H^+，引起碳酸钙的溶解，导致牙齿的腐蚀。

3. 由 L-色氨酸、L-酪氨酸和 L-谷氨酰胺可以形成几个三肽？写出 3 种三肽的结构式，并给出命名。

4. 酶与普通化学催化剂有何不同？

5. DNA 双螺旋结构有哪些基本要点？这些特点能解释哪些基本生命现象？

6. 下列脂肪酸中哪些是饱和的：

(1)油酸；(2)亚油酸；(3)硬脂酸；(4)棕榈油酸

7. 一种生物膜含蛋白质 60%（质量分数，下同），含磷脂 40%。假设磷脂的平均相对分子质量为 800，蛋白质的平均相对分子质量为 50 000，求磷脂与蛋白质的物质的量之比。

8.分别写出与 DNA 碱基序列 ACTGACGCAATTGACCGC 互补的 DNA 和 RNA 的碱基序列。

9.何为绿色食品？简述其主要特征。

10.何为无公害农药？它包括哪些种类？

10　绿色化学

【知识要点】

1. 了解绿色化学的内涵、特点及其发展。

2. 了解绿色化学的原则和化学反应的原子经济性。

3. 了解绿色化学产品。

10.1 绿色化学及其发展

随着全球性环境污染问题的日益加剧和资源的急剧耗竭,人类的发展面临着有史以来最严重的环境和生态危机,20世纪末全球出现的十大环境问题分别是大气受到污染、臭氧层被破坏、全球气候变暖、海洋污染、淡水资源紧张和污染、土地退化及荒漠化、森林遭破坏、生物多样性锐减、环境公害和有害化学品和危险废物,这些问题无不与化学污染直接或间接有关,绿色化学就是在此背景下应运而生的。

10.1.1 绿色化学的内涵

绿色化学又称环境无害化学、环境友好化学、清洁化学。绿色化学即是用化学的技术和方法去减少或消灭那些对人类健康、社区安全、生态环境有害的原料、催化剂、溶剂和试剂在生产过程中的使用,同时也要在生产过程中不产生有毒有害的产物和副产物。绿色化学的理想在于不再使用有毒、有害的物质,不再产生废物,不再处理废物。总之,绿色化学与传统化学的"先污染,后治理"完全不同,它是一门从源头上、从根本上减少或消除污染的化学。

10.1.2 绿色化学的特点

绿色化学是21世纪化学发展的重要方向之一,现已成为化学研究的前沿和热点。从科学观点看,绿色化学是对化学基础内容的更新;从环境观点看,它是从源头上消除或减小对环境的污染;从经济观点看,它是合理利用资源和能源,降低生产成本,符合经济可持续发展的要求。绿色化学主要特点如下:

①提高化学反应的原子利用率,尽可能使原料的所有原子都转入目标产物中,实现"零排放";

②选择无毒、无害的反应条件,以减小向环境中排放废物;

③使化学反应具有极高的选择性,极少的副产物;

④产品是环境友好的。可见绿色化学是更高层次的化学。

10.1.3 绿色化学的发展

1991年,由美国化学会提出"绿色化学"的概念。1995年3月16日,美国前任总统克林顿设立了"总统绿色化学挑战奖",这是在绿色化学产生后世界上设立的第一个绿色化学奖,也是迄今为止世界上规模最大、水平最高、影响最广的绿色化学奖,也是总统级别的为化学设立的唯一奖项。所设奖项包括小企业奖、学术奖、设计安全化学品奖、更新合成路线奖以及改进溶剂和反应条件奖共 5 项。该奖项对学术界、工业界、工作小组和组织开放,不是以赢利为目的,只要在过去的 5 年内在绿色化学技术中取得了显著进展的都可以申请该奖项,项目是经由美国化学会遴选的各行业专家组成的评委会进行评审,评审结果在华盛顿公布并举行授奖仪式。所有奖项均不设奖金,只向获奖个人颁发奖状,向赞助单位授予水晶质奖。每年颁奖一次,1996 年,在华盛顿国家科学院颁发了第一届奖项,Monsanto Company 公司因开发并应用了一条新的亚氨基二乙酸钠(DSIDA)生产路线而获得了更新合成路线奖;The Chemical Company 公司因开发了用 100％ CO_2 作为生产聚苯乙烯泡沫塑料板包装材料的环境友好发泡剂技术,并使之得到了商业应用,而获得了变更溶剂反应条件奖;Rohmand Hass Company 公司由于对环境安全海水阻垢剂的设计,而获得了设计更安全化学品奖;Donlar Corporation 开发了替代聚丙烯酸(PAC)可降解的热聚天冬氨酸盐(TPA),而获得了小企业奖。TexasA & MUniversity 的 Holtzapple 教授开发了一系列技术可将废生物质转化为动物饲料、工业化学品和燃料,而获得了学术奖。

1999 年,澳大利亚化学会设立了澳大利亚化学会绿色化学挑战奖,用来奖励和促进那些通过从源头上减少污染来实现防止环境污染并在工业上有广泛应用价值的革新方法,同时对在绿色化学教育上做出重大贡献的单位和个人进行奖励。奖项包括科研技术奖、小型企业奖和绿色化学教育奖。小企业是指在澳大利亚国内外的年销售额不超过 1 000 万美元。被提名的绿色化学技术奖在过去的 5 年中至少要在替代安全化学产品设计、更新合成路径和改进反应条件三个领域中的一个领域取得显著成就。澳大利亚化学会绿色化学挑战奖评选委员会的专家是由澳大利亚化学会选出的,成员有科技界、工业界、政府部门、教育和环保部门的代表。

2000 年,开始颁发"英国绿色化学奖",它由英国皇家化学会(RSC)、Salter 公司、Jerwood 慈善基金会共同发起的。每年将产生 3 项奖,其中一项为 Jerwood Salter's 环境奖,用来奖励年龄低于 40 岁的科研人员,奖金为 10 000 英镑,由 Salter 公司和 Jerwood 基地共同赞助;另二项为工业奖和小企业奖,获得奖品和证书。2000 年度,Imperial 大学的 Chris Braddock 博士及其合作者因合成了一系列新型可反复使用的催化剂催化芳香硝化反应,而获得了首届 Jerwood Salter's 环境奖;Dystar 英国有限公司因开发了高效棉染色剂 procion XL+ 而获得了首届工业奖;工业化共聚物生产公司因在恶唑烷类稀释剂研究中贡献突出而获得了首届小企业奖。

1997 年底,德国联邦政府通过了一项名为"为环境而研究的计划",主要包括区域性和全球性环境工程、实施可持续发展的经济及进行环境教育三个主题,计划年度预算达 6 亿美元,其中将实施可持续发展的经济部分内容交给了化学工业。此外,德国联邦教育科学研究和技术部和化学工业部门建立了正常的对话,主要议题是可持续发展的化学。

　　1999 年 2 月 22 日,意大利保护环境大学化学联盟(INCA)发起了一项对采用绿色化学/清洁化学生产对工业做出贡献而进行实施的奖励计划,该计划是每年在威尼斯举行的 INCA 会议议题的一部分。自此,意大利成为响应经济合作与发展组织(OECD)工作组 1998 年可持续发展化学报告并正式实施奖励计划的第一个 OECD 国家。

　　20 世纪 90 年代,日本政府制定并开始实施"新阳光计划",其主要内容为能源和环境技术的研究开发。该计划提出了"简单化学"的概念,即采用最大程度节约能源、资源和减少排放的简化生产工艺过程来实现未来的化学工业,为了地球而变革现有的技术。该计划还指出,绿色化学就是化学与可持续发展相结合,其方向为化学的发展应适应于改善公众健康和保护环境的要求。由日本绿色和可持续发展化学网(GSCN)组织发起的"绿色和可持续发展化学奖"于 2002 年 4 月首次颁奖。自此,日本成为继意大利之后又一个响应经济合作与发展组织(OECD)工作组 1998 年可持续发展化学报告并正式实施奖励计划的 OECD 国家。日本 Nippon 涂料公司 Sakuichi KONISHI 和 Kazuo UENOYAMA 等开发了水性涂料再循环系统,日本 Fuji Photo Film 公司成功研制了涂水光热敏感(照相)软片,Osaka 大学化学工程系的 Kiyotomi Kaneda 用性质独特的无机晶体材料开发了一系列环境友好多相催化剂,而分获 2002 年"绿色和可持续发展化学奖"。

　　我国在绿色化学方面也开展了活动。1995 年,中国科学院化学部确定了《绿色化学与技术——推进化工生产可持续发展的途径》的院士咨询课题,并"建议国家科技部组织调研,将绿色化学与技术研究工作列入'九五'基础研究规划"。1996 年,召开了"工业生产中绿色化学与技术"研讨会,并出版了"绿色化学与技术研讨会学术报告汇编"。1997 年,国家自然科学基金委员会与中国石油化工集团公司联合资助了"九五"重大基础研究项目"环境友好石油化工催化化学与化学反应工程"。香山科学会议从"可持续发展问题对科学的挑战——绿色化学"为主题召开了第 72 次学术讨论会;1998 年,在合肥举办了第一届国际绿色化学高级研讨会;《化学进展》杂志出版了"绿色化学与技术"专辑。上述活动推动了我国绿色化学的发展。我国的绿色化学与发达国家相比还存在着较大差距,比如到目前为止我国还没有设置绿色化学奖,因此必须引起高度重视,以推动我国环境技术不断创新发展,来适应国际大趋势的要求。

10.2　绿色化学的原理

10.2.1　绿色化学的原则

从绿色化学的基本概念出发,1998 年 P. T. Anastas 和 J. C. Waner 提出了关于绿色化学的 12 条原则:

①不让废物产生而不是产生后再处理。

②设计的合成方法应使生产过程中所采用的原料最大量地转移到最终产品中。

③尽可能不使用和不产生对人体健康和环境无毒、无害的物质。

④设计化学产品应时应尽量保持其原有功效而降低毒性。

⑤应尽可能避免使用溶剂、分离试剂等助剂,如不可能避免,也要使用无毒、无害的助剂。

⑥合成方法必须考虑合成过程中能耗对成本和环境的影响。

⑦在技术可行和经济合理的前提下,应选用可再生资源代替消耗性资源。

⑧在可能的条件下,尽量不用不必要的衍生物。

⑨尽量选用高选择性的催化剂。

⑩化学产品在终结其使用功能后,不再滞留在环境中,可分解或降解为无害物质。

⑪分析方法应能真正实现在线监测,在有害物质生成前加以控制。

⑫尽可能选用安全的化学物质,最大程度地减少化学事故(气体释放、爆炸、着火等)发生。

这 12 条原则目前为国际化学界所公认,它也反映了近年来在绿色化学领域中所开展的多方面的研究工作内容,同时也指明了未来发展绿色化学的方向。

10.2.2　化学反应的原子经济性

绿色化学的核心内容之一是采用"原子经济"反应,而原子经济性概念最早是由美国 Stanford 大学的 B. M. Trost 教授于 1991 年提出的。原子经济性定义为在化学反应中,有多少反应物的原子转变到了目标产物中。它可用原子利用率来表达,原子利用率的定义为:

$$原子利用率 = \frac{目标产物的摩尔质量}{全部反应物的摩尔质量之和} \times 100\%$$

　　理想的原子经济反应,自然是反应物中的所有原子都转变成了产物,也就是原子利用率为 100％ 的反应,反应中没有任何副产物生成,这样就能真正实现废物的"零排放",对环境不产生污染。原子经济性反应有利于资源利用和环境保护,目前已有不少化工产品的生产采用原子经济反应。

　　例如:采用经典的氯乙醇二步法,由乙烯制备环氧乙烷:

$$CH_2{=}CH_2 + Cl_2 + H_2O \rightarrow ClCH_2CH_2OH + HCl$$

$$ClCH_2CH_2OH + 1/2Ca(OH)_2 \rightarrow \underset{\displaystyle O}{H_2C{-}CH_2} + 1/2CaCl_2 + H_2O$$

总反应为:

$$CH_2{=}CH_2 + Cl_2 + Ca(OH)_2 \rightarrow \underset{\displaystyle O}{H_2C{-}CH_2} + CaCl_2 + H_2O$$

摩尔质量/$(g \cdot mol^{-1})$	28	71	74	44	111　18
目标产物的摩尔质量/$(g \cdot mol^{-1})$				44	
废物量/$(g \cdot mol^{-1})$					111　18

$$原子利用率 = \frac{44}{28+71+74} \times 100\% = 25\%$$

　　用该方法生产 1 kg 环氧乙烷就会产生大约 3 kg 的氯化钙和水废物,而且还使用了有毒、有害的氯气,对生产设备有严格要求,原子利用率也只能达到 25％。为了克服这些缺点,采用以银为催化剂的新方法,用氧气直接氧化乙烯一步合成环氧乙烷新工艺,反应的原子利用率达到了 100％,即参与反应原料中的原子百分之百地进入产物中,不产生废物。

$$CH_2{=}CH_2 + 1/2O_2 \xrightarrow{\text{Ag 催化剂}} \underset{\displaystyle O}{H_2C{-}CH_2}$$

摩尔质量/$(g \cdot mol^{-1})$	28	16	44
目标产物的摩尔质量/$(g \cdot mol^{-1})$			44

$$原子利用率 = \frac{44}{28+16} \times 100\% = 100\%$$

根据绿色化学的 12 原则和化学反应原子经济性概念,绿色化学就是不产生或少产生废物的化学过程。

10.3 绿色化学技术

10.3.1 原料绿色化

传统的化学反应常用有毒有害的物质为原料,如苯、甲醛、硫酸、光气和氢氰酸等,或是不可再生资源,如煤、天然气和石油等。绿色化学则选择无毒无害或可再生生物质为原料,如 Monsanto 公司由乙醇胺催化脱氢取代以氢氰酸为原料合成氨基二乙酸钠,而获得了美国首届"总统绿色化学挑战奖"。Biofine 公司以废纸、废木等纤维素类生物质为原料,经高温、稀酸水解过程转化为乙酰丙酸,再经催化加氢制成涂料、除莠剂和燃料添加剂,由此获得 1999 年美国总统绿色化学挑战奖。

10.3.2 溶剂绿色化

化学污染不仅来源于原料和产品,而且与使用的溶剂有着很大的关系。如广泛使用苯、甲苯等有机溶剂,都是有毒、易挥发、易燃烧的物质。绿色化学要求使用环境友好性的绿色溶剂,在无毒无害溶剂的研究中,最具开发潜力的是超临界流体,特别是超临界二氧化碳作溶剂,它具有无毒、不可燃、廉价等优点。

10.3.3 催化剂绿色化

化学反应中使用催化剂是必不可少的,传统化学反应中催化剂多为一些酸碱或重金属作催化剂,对环境会造成严重的污染,且腐蚀损坏生产设备。绿色化学要求研发无毒无害、选择性高、对环境友好的催化剂。

10.3.4 化学反应绿色化

绿色化学的目标之一就是研究开发原子经济性。最大程度地利用原料,最大限度地减少废物的排放,有利于资源的利用和环境的保护。从原子的角度来讲,尽可能使原料中的原子百分之百参与目标产物的形成,从而达到原子经济性。例如:制备抗帕金森药物 Lazabemidel,原来是从 2-甲基-4-乙基吡啶经由 8 步反应合成,以 Pd 为催化剂可一步完成,且原子利用率为 100%,达到了废物的零排放。

10.3.5　化学产品绿色化

绿色化学产品为在加工、使用和功能消失后,均不会对人类健康和生态环境造成危害。具有可再生、可回收特点,且在终结其功能后可降解为无毒、无害物质。如生产出的农药为低残毒的绿色农药;生产出的塑料为能降解的绿色塑料;生产出制冷剂不对大气臭氧层造成破坏。

(1)绿色农药　农药主要是指用来防治农林牧业生产的有害生物(害虫、线虫、病原菌及杂草)和调节植物生长的化学药品。农药的出现为防治农作物病虫害发挥了巨大作用,同时,农药残留会破坏生态环境,一旦进入食物链,将会影响食品安全,直接威胁人类的健康。

绿色农药又称绿色无公害农药,它是药效长,对天敌不伤害,对环境不污染,对人、畜安全,对害虫和病菌不产生抗药性的农药,包括生物农药、合成类农药以及利用昆虫信息激素类等实现零残留的生物防治手段。Rohm & Hass 公司发明了一种替代有机磷酸酯的含二酰基肼的杀虫剂,可模仿昆虫体内的 20-羟基脱皮素。该杀虫剂进入昆虫体内停留的时间比 20-羟基脱皮素长得多,致使昆虫无法脱去旧皮,而停留在脱皮阶段不能进食,最后只能脱水死亡或者饿死。

(2)生物柴油　生物柴油是一种清洁的可再生能源,它以植物油(如大豆油、菜籽油、野生植物小桐子油等)、油料水生植物(工程微藻等)以及动物油脂、废餐饮油等为原料,经过酯基转移反应制成的液体燃料。生物柴油具有高的十六烷、无硫和芳香烃化合物,燃烧时产生的废气少,对环境污染小;其闪点和浊点比柴油的更高,有利于安全运输和贮存;作为优质的石油柴油代用品,可以缓解对石油的依赖。用生物柴油的发动机排放的废气指标能够达到欧洲 III 号排放标准,因而生物柴油被称为绿色柴油。制备生物柴油主要化学合成法为主,即用动物和植物油脂与甲醇或乙醇等低碳醇发生酯化反应,生成脂肪酸甲酯(乙酯)。主要反应可表示为:

$$
\begin{array}{l}
CH_2\!-\!OOCR_1 \\
| \\
CH\ \!-\!OOCR_2\ +\ 3ROH \ \Longleftrightarrow \ \\
| \\
CH_2\!-\!OOCR_3
\end{array}
\quad
\begin{array}{l}
CH_2\!-\!OH \\
| \\
CH\ \!-\!OH\ +\ \\
| \\
CH_2\!-\!OH
\end{array}
\quad
\begin{array}{l}
R_1COOR \\
\\
R_2COOR \\
\\
R_3COOR
\end{array}
$$

式中:R_1,R_2,R_3 为 $C_7 \sim C_{17}$ 烷基或烯烃基。

生物柴油由于具有环保性和可再生性,引起了世界发达国家,尤其是资源贫乏国家的高度重视。20 世纪 90 年代初美国开始生产生物柴油,2001 年美国生物柴油的产量已达 5.7 亿~7.6 亿 t,到 2010 年将达到 130 亿 t。德国是目前生物柴油利用最广泛的国家,在 1.7 万家加油站中,生物柴油的加油站就有 1 400 个,2002 年生物柴油消费量达 110 万 t,并规定在主要交通要道上只准销售生物柴油,对使用生物柴油的生产企业全额免除税收,以鼓励使用生物柴油。法国则拥有 7 个生产生物柴油的企业,年生产能力为 40 万 t,对生物柴油的税率为零。我国在开发生物柴油方面还处于相对落后的地位,生物柴油作为可再生的、对环境友好的绿色能源,其开发和应用的前景十分广阔。

(3)可降解塑料　塑料在工程材料总产量中列钢铁之后,居第二位。我国塑料年消耗量为 4 000 万 t,废弃塑料高达 3 500 万 t,塑料遍及城市周边、农田、铁路沿线,造成了"白色污染"。处理废弃塑料有填埋和焚烧两种方式,废弃塑料很难降解,填埋后 200 多年才能分解,且分解过程中产生的有毒物质会严重破坏土质。而焚烧废弃塑料产生的有毒气体排放到大气中,直接造成大气污染,废弃塑料引发的公害越来越严重。为了保护人类的生存环境,一方面可以利用废弃塑料使它变成有用的资源,如热解成柴油、煤油和汽油等;另一方面需开发使用可降解塑料,从根本上彻底解决"白色污染"问题。目前开发的可降解塑料主要有光降解塑料,生物降解塑料和光、生物降解塑料。

光降解塑料是在塑料中添加光敏剂,如二苯甲酮化合物,在日光照射下发生光反应,使塑料大分子链断裂和分解成小分子。光降解塑料降解需要光照射,如埋在土壤中,则不能降解或降解速率降低,所以不能彻底解决污染问题。

生物降解塑料是在细菌、酶和微生物的作用下,将塑料分解成小分子量的碎片,然后进一步分解成二氧化碳和水等物质。生物降解塑料一般具有一定的机械强度,在自然环境中全部或部分分解,是对环境没有污染的新型塑料。

光、生物降解塑料是光降解和微生物降解相结合的一类塑料,它兼具光、生物双重降解功能。目前多以聚烯烃为原料,并添加光敏剂、自动氧化剂、生物降解剂和降解控制剂。

(4)绿色洗衣粉　洗衣粉是纺织品最主要的洗涤剂,传统的洗衣粉是以磷酸盐为主要助剂,其含磷量近 20%,世界上销售的洗衣粉约有 60% 仍是含磷洗衣粉。从 20 世纪 60 年代开始,全世界都在寻求磷酸盐的取代品,掀起了世界性限磷禁磷浪潮。如美国洗衣粉均为无磷产品;西欧含磷粉仅为 1/4 左右;日本已基本实现洗涤剂无磷化。在欧洲全面禁磷的国家有挪威和瑞士,基本上实现无磷化的国家有荷兰、德国、奥地利和意大利;法国已经采取了限磷措施,而瑞典、芬兰和比利时等实现了自动禁磷。我国洗衣粉的年销量约为 350 万 t,而无磷洗衣粉仅为 20 万 t,每年约有 66 万 t 的磷被排放进入水体,造成水体的富营养化,致使蓝藻猛长,水生物的正常营养遭破坏,引起大量死亡。80% 以上河段不能饮用,也不能养鱼,内河入海口赤潮泛滥成灾。因此,开发磷酸盐的替代品势在必行,现已研制了以乙二胺四乙酸(EDTA)、氨基三乙酸(NTA)、酒石酸钠、柠檬酸盐、4A 沸石等助剂的多种无磷洗衣粉。最理想也最有发展前途的是层状硅酸钠,层状硅酸钠的分子结构为层状,故称层硅,它能有效地结合钙、镁离子。在中等硬度的水中,每升水中投入 $1.5\,g$ 层硅,就可以使水软化一个硬度。层硅的主要成分是 SiO_2,其洗涤排放物完全符合生态、毒理学的要求,最重要的是无磷、无毒、无公害、不污染水源和水域,对环境没有污染。

习　题

1. 20 世纪末全球十大环境问题是什么?

2. 什么是绿色化学? 有什么特点?

3. 什么是原子经济性? 原子利用率和产率有何不同?

4. 美国总统绿色化学挑战奖下设几个奖项? 分别指出各自的名称?

5. 合成甲基丙烯酸甲酯有以下两种方法:

(1) $CH_3COCH_3 + HCN + CH_3OH + H_2SO_4 \rightarrow CH_2=C(CH_3)COOCH_3 + NH_4HSO_4$

(2) $CH_3C\equiv CH + CO + CH_3OH \xrightarrow{Pb(OAc)_2} CH_2=C(CH_3)COOCH_3$

分别计算这两个反应的原子利用率,并评价哪种方法优。

附　录

附录 I　常用物理常数

物理量	符号	数值	SI 单位
真空中光的速度	c	$2.997\ 924\ 58(1)\times10^8$	$m\cdot s^{-1}$
电子静止质量	m_e	$9.109\ 543(47)\times10^{-31}$	kg
质子静止质量	m_p	$1.672\ 648\ 5(86)\times10^{-27}$	kg
中子静止质量	m_n	$1.674\ 954\ 3(86)\times10^{-27}$	kg
质子质量单位	d(u)	$1.660\ 565\ 5(86)\times10^{-27}$	kg
电子电荷	e	$1.602\ 189\ 2(46)\times10^{-19}$	C
质子电荷		$1.602\ 189\times10^{-19}$	C
电子的荷质比	e/m	$1.758\ 796\times10^{-1}$	$C\cdot kg^{-1}$
普朗克常数	h	$6.626\ 176(30)\times10^{-34}$	$J\cdot Hz^{-1}$
阿伏加德罗常数	N_A	$6.022\ 045(31)\times10^{23}$	mol^{-1}
波耳兹曼常数	k	$1.380\ 662\times10^{-23}$	$J\cdot K^{-1}$
玻尔半径	a_0	$5.291\ 770\ 6(44)\times10^{-11}$	m
法拉第常数	F	$9.648\ 456\times10^4$	$C\cdot mol^{-1}$
气体常数	R	$8.314\ 41(26)$	$J\cdot K^{-1}\cdot mol^{-1}$
标准压力		$1.013\ 25\times10^5$	$N\cdot m^{-2}(Pa)$
水在常压下的冰点	T_0	273.150	K
水的三相点		273.160	K

附录 II　不同温度下水的饱和蒸气压

温度/K	饱和蒸气压/Pa	温度/K	饱和蒸气压/Pa	温度/K	饱和蒸气压/Pa	温度/K	饱和蒸气压/Pa
273.2	610.5	277.7	842.3	282.2	1 148.0	286.7	1 547.1
273.7	633.3	278.2	872.3	282.7	1 187.0	287.2	1 598.1
274.2	656.7	278.7	903.3	283.2	1 228.0	287.7	1 650.8
274.7	680.9	279.2	935.0	283.7	1 269.0	288.2	1 704.9
275.2	705.8	279.7	967.8	284.2	1 312.0	288.4	1 726.9
275.7	731.4	280.2	1 002.0	284.7	1 356.7	288.6	1 749.3
276.2	757.9	280.7	1 037.0	285.2	1 402.3	288.8	1 771.9
276.7	785.1	281.2	1 073.0	285.7	1 449.2	289.0	1 794.7
277.2	813.4	281.7	1 110.0	286.2	1 497.3	289.2	1 817.7

附录Ⅲ　物质的热力学性质

物质	状态	$\dfrac{\Delta_f H_m^{\ominus}}{(kJ \cdot mol^{-1})}$	$\dfrac{\Delta_f G_m^{\ominus}}{(kJ \cdot mol^{-1})}$	$\dfrac{S_m^{\ominus}}{(J \cdot mol^{-1} \cdot K^{-1})}$
Ag	s	0	0	42.55
Ag^+	aq	105.58	77.12	72.68
AgCl	s	−127.1	−100.8	96.2
AgBr	s	−100.4	−96.90	107.1
AgI	s	−61.84	−66.19	115.5
Al	s	0	0	28.3
Al^{3+}	aq	−531	−485	−322
Al_2O_3（α,刚玉）	s	−1 676	−1 582	50.92
B	s	0	0	5.86
B	g	562.7	518.8	153.3
BF_3	g	−1 137.0	−1 120.3	254.0
BCl_3	g	−403.8	−388.7	290.0
BBr_3	g	−205.6	−232.5	324.1
BI_3	g	71.13	20.8	349.1
B_2H_6	g	35.6	86.6	232.0
Ba	s	0	0	62.3
Ba^{2+}	aq	−537.64	−560.74	9.6
BaO	s	−548.1	−520.41	72.09
$Ba(OH)_2$	s	−944.7	—	—
$BaCl_2$	s	−858.6	−810.4	123.7
$BaCO_3$	s	−1 216	−1 138	112
$BaSO_4$	s	−1 465.2	−1 353.1	132.2
Br_2	l	0	0	152.23
Br_2	g	30.91	3.14	245.35
Br	g	111.88	82.429	174.91
HBr	g	−36.4	−53.43	198.59
Br^-	aq	−121.5	−104.0	82.4
BrO^-	aq	−94.1	−33	42
BrO_3^-	aq	−67.07	18.5	161.7
C（石墨）	s	0	0	5.694
C（金刚石）	s	1.897	2.900	2.38
C	g	716.682	671.289	157.99

续附录Ⅲ

物质	状态	$\dfrac{\Delta_f H_m^{\ominus}}{(kJ \cdot mol^{-1})}$	$\dfrac{\Delta_f G_m^{\ominus}}{(kJ \cdot mol^{-1})}$	$\dfrac{S_m^{\ominus}}{(J \cdot mol^{-1} \cdot K^{-1})}$
CO	g	−110.54	−137.3	197.90
CO_2	g	−393.51	−394.4	213.7
CO_2	aq	−413.8	−386.0	118
HCO_3^-	aq	−691.99	−586.85	91.2
CO_3^{2-}	aq	−677.14	−527.90	−56.9
CS_2	l	87.9	63.6	151.0
CH_4	g	−74.81	−50.75	186.15
$C_2O_4^{2-}$	aq	−824.1	−674.8	51.0
CH_3COO^-	aq	−488.8		
CH_4	g	−74.85	−50.79	186.19
C_2H_2	g	226.75	209.2	200.82
C_2H_4	g	52.28	68.12	219.45
C_2H_6	g	−84.67	−32.89	229.49
C_6H_6	g	82.93	129.66	269.20
C_6H_6	l	49.03	172.80	124.50
CH_3OH	g	−201.25	−161.92	237.6
CH_3OH	l	−238.64	−166.31	126.8
C_2H_5OH	l	−277.63	−174.76	160.7
C_2H_5OH	g	−235.3	−168.6	282
CH_3CHO	g	−166.35	−133.72	262.7
HCOOH	l	−409.2	−346.0	128.95
HCOOH	g	−362.6	−335.7	251
CH_3COOH	l	−487.0	−392	160
$(COOH)_2$（乙二酸）	s	−826.7	−697.9	120.1
C_7H_8（甲苯）	g	49.999	112.29	319.7
Ca	s	0	0	41.4
Ca^{2+}	aq	−542.83	−553.54	−53.1
$CaCO_3$	s	−1 206.9	−1 128.8	92.9
CaC_2O_4	s	−1 361		
CaO	s	−635.13	−603.54	38.2
$Ca(OH)_2$	s	−986.17	−898.51	83.39
$CaCl_2$	s	−795.8	−748.1	105

续附录Ⅲ

物质	状态	$\dfrac{\Delta_{\mathrm{f}} H_{\mathrm{m}}^{\ominus}}{(\mathrm{kJ} \cdot \mathrm{mol}^{-1})}$	$\dfrac{\Delta_{\mathrm{f}} G_{\mathrm{m}}^{\ominus}}{(\mathrm{kJ} \cdot \mathrm{mol}^{-1})}$	$\dfrac{S_{\mathrm{m}}^{\ominus}}{(\mathrm{J} \cdot \mathrm{mol}^{-1} \cdot \mathrm{K}^{-1})}$
Cl_2	g	0	0	222.96
Cl	g	121.68	105.70	165.09
HCl	g	-92.307	-95.299	186.80
Cl^-	aq	-167.15	-131.25	56.48
ClO^-	aq	-107	-36.8	42
ClO_2^-	aq	-66.5	17.2	101
ClO_2^-	aq	-129.3	-8.62	182
Co	s	0	0	30.0
Co^{2+}	aq	-58.2	-54.4	-113
Co^{3+}	aq	92	134	-305
Cr	s	0	0	23.6
$Cr_2 O_3$	s	$-1\,135$	$-1\,053$	81.2
$Cr_2 O_7^{2-}$	aq	$-1\,490$	$-1\,301$	262
Cu	s	0	0	33.1
Cu^+	aq	71.67	50.00	41
Cu^{2+}	aq	64.77	65.52	-99.6
CuO	s	-157.3	-130	42.63
$Cu(NH_3)_4^{2+}$	aq	-334.3	-256.1	806.7
$Cu_2 O$	s	-168.6	-146	93.14
$CuBr$	s	-105	-101	96.11
$CuCl$	s	-137	-119.9	86.2
CuC_2	s	-206	-162	108.1
CuI	s	-67.8	-69.5	96.7
CuS	s	-53.1	-53.6	66.5
$CuSO_4$	s	-771.36	-661.9	109
$CuSO_4 \cdot 5H_2O$	s	$-2\,278.2$	$-1\,879.9$	305.4
F_2	g	0	0	202.7
F^-	aq	-332.63	-278.82	-13.8
HF	g	-271	-273	173.7
Fe	s	0	0	27.3
Fe^{2+}	aq	-89.1	-78.87	-138
Fe^{3+}	aq	-48.5	-4.6	-316
$Fe(CN)_6^{3-}$	aq	561.9	729.3	270

续附录Ⅲ

物质	状态	$\dfrac{\Delta_f H_m^{\ominus}}{(kJ \cdot mol^{-1})}$	$\dfrac{\Delta_f G_m^{\ominus}}{(kJ \cdot mol^{-1})}$	$\dfrac{S_m^{\ominus}}{(J \cdot mol^{-1} \cdot K^{-1})}$
$Fe(CN)_6^{4-}$	aq	455.6	694.92	95.0
$Fe(CO)_5$	l	-774.0	-705.4	338
FeO	s	-266.3	-245.1	57.49
Fe_2O_3	s	-824.2	-742.2	87.40
Fe_3O_4	s	$-1\,118$	$-1\,015$	146
$Fe(OH)_3$	s	-823.0	-696.6	107
FeS	s	-100	-100	60.29
$FeCl_2$	s	-341.8	-302.3	117.9
H_2	g	0	0	130.59
H^+	aq	0	0	0
Hg	l	0	0	76.02
Hg^{2+}	aq	171	164.4	-32
Hg_2^{2+}	aq	172	153.6	84.5
HgO(红)	s	-90.83	-53.56	70.29
$HgCl_2$	s	-224	-179	146
Hg_2Cl_2	s	-265.2	-210.8	192
I_2	s	0	0	116.1
I_2	g	62.438	19.36	260.6
HI	g	26.5	1.72	206.48
I^-	aq	-55.19	-51.59	111
K	s	0	0	64.18
K^+	aq	-252.4	-288.3	103
KOH	s	-424.76	-379.1	78.87
KI	s	-327.9	-324.9	106.3
K_2SO_4	s	$-1\,438.0$	$-1\,321.4$	175.6
$KClO_4$	s	-432.8	-303.2	151.0
KNO_3	s	-494.63	-394.9	133.1
K_2CO_3	s	$-1\,151$	$-1\,064$	155.5
Mg	s	0	0	32.7
Mg^{2+}	aq	-466.85	-454.8	-138
MgO	s	-601.7	-569.4	26.9
$Mg(OH)_2$	s	-924.54	-833.58	63.18

续附录Ⅲ

物质	状态	$\dfrac{\Delta_f H_m^{\ominus}}{(kJ \cdot mol^{-1})}$	$\dfrac{\Delta_f G_m^{\ominus}}{(kJ \cdot mol^{-1})}$	$\dfrac{S_m^{\ominus}}{(J \cdot mol^{-1} \cdot K^{-1})}$
$MgCl_2$	s	-641.62	-592.12	89.62
$MgSO_4$	s	$-1\,285$	$-1\,171$	91.6
$Mg(NO_3)_2$	s	-790.65	-589.5	164
Mn	s	0	0	32
Mn^{2+}	aq	-220.7	-228	-73.6
MnO_2	s	-520.0	-465.18	53.05
MnO_4^{2-}	aq	-653	-500.8	59
MnO_4^-	aq	-541.4	-447.3	191
$MnCl_2$	s	-481.29	-440.53	118.2
$MnSO_4$	s	$-1\,065.2$	-957.42	112
N_2	g	0	0	191.5
NO	g	90.25	86.57	210.65
NO_2	g	33.2	51.30	240.0
NO_2^-	aq	-105	-32	123
NO_3^-	aq	-207.4	-111.3	146
N_2O_4	l	-19.6	97.4	209.2
NH_3	g	-46.11	-16.5	192.3
NH_3	aq	-80.29	-26.6	111
N_2H_4	l	50.63	149.2	121.2
N_2H_4	aq	34.3	128	138
NH_4^+	aq	-132.5	-79.37	113
NH_4F	s	-463.96	-348.8	71.96
NH_4Cl	s	-314.4	-203.0	94.6
NH_4HCO_3	s	-849.4	-666.1	121
Na	s	0	0	51.21
Na^+	aq	-240.1	-261.9	59.0
Na_2O	s	-414.2	-375.5	75.06
Na_2O_2	s	-510.87	-447.69	94.98
$NaOH$	s	-425.60	-379.5	64.48
$NaCl$	s	-411.1	-384.0	72.55
NaI	s	-287.8	-286.1	98.53
Na_2SO_4	s	$-1\,387.1$	$-1\,269.4$	149.5
Na_2CO_3	s	$-1\,131$	$-1\,044.5$	135.0

续附录Ⅲ

物质	状态	$\dfrac{\Delta_f H_m^{\ominus}}{(kJ \cdot mol^{-1})}$	$\dfrac{\Delta_f G_m^{\ominus}}{(kJ \cdot mol^{-1})}$	$\dfrac{S_m^{\ominus}}{(J \cdot mol^{-1} \cdot K^{-1})}$
O_2	g	0	0	205.03
O_3	g	143	163	238.8
OH^-	aq	−229.99	−157.29	−10.8
H_2O	l	−285.83	−237.18	69.9
H_2O	g	−241.82	−228.59	188.7
H_2O_2	l	−187.8	−120.4	109.6
H_2O_2	g	−136.3	−105.6	233
P(白)	s	0	0	41.09
P(红)	s	−17.57	−12.13	22.8
Pb	s	0	0	64.77
Pb^{2+}	aq	−1.7	−24.4	10
PbO_2	s	−274.5	−215.5	71.80
$Pb(OH)_2$	s		−452.3	
PbS	s	−98.32	−96.73	91.34
$PbCl_2$	s	−359.4	−314.2	136
S(斜方)	s	0	0	31.9
S	g	277.4	238.3	167.7
SO_2	g	−296.83	−300.19	248.1
SO_3	g	−395.7	−371.1	256.5
SO_4^{2-}	aq	−909.27	−744.63	20
H_2S	g	−20.2	−33.1	205.8
Si	s	0	0	18.8
SiO_2(石英)	s	−910.94	−856.67	41.84
SiH_4	g	34	56.9	204.5
SiF_4	g	−1 614.9	−1 572.7	282.4
$SiCl_4$	g	−662.7	−621.7	330.6
Sn(白)	s	0	0	51.55
Sn(灰)	s	−2.1	0.13	44.14
Sn^{2+}	aq	−8.8	−27	−17
SnO	s	−286	−257	56.5
SnO_2	s	−580.7	−519.7	52.3
Zn	s	0	0	41.6
Zn^{2+}	aq	−153.9	−147.0	−112
ZnO	s	−348.3	−318.3	43.64
$ZnCl_2$	s	−415.1	−369.4	108

附录 Ⅳ　弱酸、弱碱的电离平衡常数 $K^{\ominus}$

弱电解质	$t/℃$	电离常数	弱电解质	$t/℃$	电离常数
H_3AsO_4	18	$K_{a_1}^{\ominus}=5.62\times10^{-3}$	H_2S	18	$K_{a_1}^{\ominus}=9.1\times10^{-8}$
	18	$K_{a_2}^{\ominus}=1.70\times10^{-7}$		18	$K_{a_2}^{\ominus}=1.1\times10^{-12}$
	18	$K_{a_3}^{\ominus}=3.95\times10^{-12}$	HSO_4^-	25	1.2×10^{-2}
H_3BO_3	20	7.3×10^{-10}	H_2SO_3	18	$K_{a_1}^{\ominus}=1.54\times10^{-2}$
$HBrO$	25	2.06×10^{-9}		18	$K_{a_2}^{\ominus}=1.02\times10^{-7}$
H_2CO_3	25	$K_{a_1}^{\ominus}=4.30\times10^{-7}$	H_2SiO_3	30	$K_{a_1}^{\ominus}=2.2\times10^{-10}$
	25	$K_{a_2}^{\ominus}=5.61\times10^{-11}$		30	$K_{a_2}^{\ominus}=2\times10^{-12}$
$H_2C_2O_4$	25	$K_{a_1}^{\ominus}=5.90\times10^{-2}$	$HCOOH$	25	1.77×10^{-4}
	25	$K_{a_2}^{\ominus}=6.40\times10^{-5}$	CH_3COOH	25	1.76×10^{-5}
HCN	25	4.93×10^{-10}	$CH_2ClCOOH$	25	1.4×10^{-3}
$HClO$	18	2.95×10^{-5}	$CHCl_2COOH$	25	3.32×10^{-2}
H_2CrO_4	25	$K_{a_1}^{\ominus}=1.8\times10^{-1}$	$H_3C_6H_5O_7$	20	$K_{a_1}^{\ominus}=7.1\times10^{-4}$
	25	$K_{a_2}^{\ominus}=3.20\times10^{-7}$	（柠檬酸）	20	$K_{a_2}^{\ominus}=1.68\times10^{-5}$
HF	25	3.53×10^{-4}		20	$K_{a_3}^{\ominus}=4.1\times10^{-7}$
HIO_3	25	1.69×10^{-1}	$NH_3\cdot H_2O$	25	1.77×10^{-5}
HIO	25	2.3×10^{-11}	$AgOH$	25	1×10^{-2}
HNO_2	12.5	4.6×10^{-4}	$Al(OH)_3$	25	$K_{b_1}^{\ominus}=5\times10^{-9}$
NH_4^+	25	5.64×10^{-10}		25	$K_{b_2}^{\ominus}=2\times10^{-10}$
H_2O_2	25	2.4×10^{-12}	$Be(OH)_2$	25	$K_{b_1}^{\ominus}=1.78\times10^{-6}$
H_3PO_4	25	$K_{a_1}^{\ominus}=7.52\times10^{-3}$		25	$K_{b_2}^{\ominus}=2.5\times10^{-9}$
	25	$K_{a_2}^{\ominus}=6.23\times10^{-8}$	$Ca(OH)_2$	25	$K_{b_2}^{\ominus}=6\times10^{-2}$
	25	$K_{a_3}^{\ominus}=2.2\times10^{-13}$	$Zn(OH)_2$	25	$K_{b_1}^{\ominus}=8\times10^{-7}$

摘自 Robert C. West，"CRC Handbook Chemistry and Physics," 69 ed, 1988—1989，D 159－164（～0.1－0.01 N）。

附录 Ⅴ　常见难溶电解质的溶度积 $K_{sp}^{\ominus}$（298.15 K）

难溶电解质	$K_{sp}^{\ominus}$	难溶电解质	$K_{sp}^{\ominus}$
$AgCl$	1.77×10^{-10}	$Fe(OH)_2$	4.87×10^{-17}
$AgBr$	5.35×10^{-13}	$Fe(OH)_3$	2.64×10^{-39}
AgI	8.51×10^{-17}	FeS	1.59×10^{-19}
Ag_2CO_3	8.45×10^{-12}	Hg_2Cl_2	1.45×10^{-18}
Ag_2CrO_4	1.12×10^{-12}	HgS（黑）	6.44×10^{-53}
Ag_2SO_4	1.20×10^{-5}	$MgCO_3$	6.82×10^{-6}
$Ag_2S(\alpha)$	6.69×10^{-50}	$Mg(OH)_2$	5.61×10^{-12}
$Ag_2S(\beta)$	1.09×10^{-49}	$Mn(OH)_2$	2.06×10^{-13}
$Al(OH)_3$	2×10^{-33}	MnS	4.65×10^{-14}
$BaCO_3$	2.58×10^{-9}	$Ni(OH)_2$	5.47×10^{-16}
$BaSO_4$	1.07×10^{-10}	NiS	1.07×10^{-21}
$BaCrO_4$	1.17×10^{-10}	$PbCl_2$	1.17×10^{-5}
$CaCO_3$	4.96×10^{-9}	$PbCO_3$	1.46×10^{-13}
$CaC_2O_4 \cdot H_2O$	2.34×10^{-9}	$PbCrO_4$	1.77×10^{-14}
CaF_2	1.46×10^{-10}	PbF_2	7.12×10^{-7}
$Ca_3(PO_4)_2$	2.07×10^{-33}	$PbSO_4$	1.82×10^{-8}
$CaSO_4$	7.10×10^{-5}	PbS	9.04×10^{-29}
$Cd(OH)_2$	5.27×10^{-15}	PbI_2	8.49×10^{-9}
CdS	1.40×10^{-29}	$Pb(OH)_2$	1.42×10^{-20}
$Co(OH)_2$（桃红）	1.09×10^{-15}	$SrCO_3$	5.60×10^{-10}
$Co(OH)_2$（蓝）	5.92×10^{-15}	$SrSO_4$	3.44×10^{-7}
$CoS(\alpha)$	4.0×10^{-21}	$ZnCO_3$	1.19×10^{-10}
$CoS(\beta)$	2.0×10^{-25}	$Zn(OH)_2(\gamma)$	6.68×10^{-17}
$Cr(OH)_3$	7.0×10^{-31}	$Zn(OH)_2(\beta)$	7.71×10^{-17}
CuI	1.27×10^{-12}	$Zn(OH)_2(\varepsilon)$	4.12×10^{-17}
CuS	1.27×10^{-36}	ZnS	2.93×10^{-25}

摘自 Robert C. West,"CRC Handbook Chemistry and Physics",69 ed,1988—1989,B 207—208。

附录 Ⅵ 酸性溶液中的标准电极电势 $\varphi^{\ominus}$ (298.15 K)

	电 极 反 应	$\varphi^{\ominus}/V$
Ag	$AgBr + e^- = Ag + Br^-$	$+0.071\ 33$
	$AgCl + e^- = Ag + Cl^-$	$+0.222\ 3$
	$Ag_2CrO_4 + 2e^- = 2Ag + CrO_4^{2-}$	$+0.447\ 0$
	$Ag^+ + e^- = Ag$	$+0.799\ 6$
Al	$Al^{3+} + 3e^- = Al$	-1.662
As	$HAsO_2 + 3H^+ + 3e^- = As + 2H_2O$	$+0.248$
	$H_3AsO_4 + 2H^+ + 2e^- = HAsO_2 + 2H_2O$	$+0.560$
Bi	$BiOCl + 2H^+ + 3e^- = Bi + H_2O + Cl^-$	$+0.158\ 3$
	$BiO^+ + 2H^+ + 3e^- = Bi + H_2O$	$+0.320$
Br	$Br_2 + 2e^- = 2Br^-$	$+1.066$
	$BrO_3^- + 6H^+ + 5e^- = \frac{1}{2}Br_2 + 3H_2O$	$+1.482$
Ca	$Ca^{2+} + 2e^- = Ca$	-2.868
Cl	$ClO_4^- + 2H^+ + 2e^- = ClO_3^- + H_2O$	$+1.189$
	$Cl_2 + 2e^- = 2Cl^-$	$+1.358\ 27$
	$ClO_3^- + 6H^+ + 6e^- = Cl^- + 3H_2O$	$+1.451$
	$ClO_3^- + 6H^+ + 5e^- = \frac{1}{2}Cl_2 + 3H_2O$	$+1.47$
	$HClO + H^+ + e^- = \frac{1}{2}Cl_2 + H_2O$	$+1.611$
	$ClO_3^- + 3H^+ + 2e^- = HClO_2 + H_2O$	$+1.214$
	$ClO_2 + H^+ + e^- = HClO_2$	$+1.277$
	$HClO_2 + 2H^+ + 2e^- = HClO + H_2O$	$+1.645$
Co	$Co^{3+} + e^- = Co^{2+}$	$+1.83$
Cr	$Cr_2O_7^{2-} + 14H^+ + 6e^- = 2Cr^{3+} + 7H_2O$	$+1.232$
Cu	$Cu^{2+} + e^- = Cu^+$	$+0.153$
	$Cu^2 + 2e^- = Cu$	$+0.341\ 9$
	$Cu^+ + e^- = Cu$	$+0.522$
Fe	$Fe^{2+} + 2e^- = Fe$	-0.447
	$Fe(CN)_6^{2+} + 6e^- = Fe(CN)_6^{4-}$	$+0.358$
	$Fe^{3+} + e^- = Fe^{2+}$	$+0.771$
H	$2H^+ + e^- = H_2$	$0.000\ 00$

续附录 VI

	电 极 反 应	$\varphi^{\ominus}/V$
Hg	$Hg_2Cl_2 + 2e^- = 2Hg + 2Cl^-$	$+0.281$
	$Hg_2^{2+} + 2e^- = 2Hg$	$+0.797\ 3$
	$Hg^{2+} + 2e^- = Hg$	$+0.851$
	$2Hg^{2+} + 2e^- = Hg_2^{2+}$	$+0.920$
I	$I_2 + 2e^- = 2I^-$	$+0.535\ 5$
	$I_3^- + 2e^- = 3I^-$	$+0.536$
	$IO_3^- + 6H^+ + 5e^- = \frac{1}{2}I_2 + 3H_2O$	$+1.195$
	$HIO + H^+ + e^- = \frac{1}{2}I_2 + H_2O$	$+1.439$
K	$K^+ + e^- = K$	-2.931
Mg	$Mg^{2+} + 2e^- = Mg$	-2.372
Mn	$Mn^{2+} + 2e^- = Mn$	-1.185
	$MnO_4^- + e^- = MnO_4^{2-}$	$+0.558$
	$MnO_2 + 4H^+ + 2e^- = Mn^{2+} + 2H_2O$	$+1.224$
	$MnO_4^- + 8H^+ + 5e^- = Mn^{2+} + 4H_2O$	$+1.507$
	$MnO_4^- + 4H^+ + 3e^- = MnO_2 + 2H_2O$	$+1.679$
Na	$Na^+ + e^- = Na$	-2.71
N	$NO_3^- + 4H^+ + 3e^- = NO + 2H_2O$	$+0.957$
	$2NO_3^- + 4H^+ + 2e^- = N_2O_4 + 2H_2O$	$+0.803$
	$HNO_2 + H^+ + e^- = NO + H_2O$	$+0.983$
	$N_2O_4 + 4H^+ + 4e^- = 2NO + 2H_2O$	$+1.035$
	$NO_3^- + 3H^+ + 2e^- = HNO_2 + H_2O$	$+0.934$
	$N_2O_4 + 2H^+ + 2e^- = 2HNO_2$	$+1.065$
O	$O_2 + 2H^+ + 2e^- = H_2O_2$	$+0.695$
	$H_2O_2 + 2H^+ + 2e^- = 2H_2O$	$+1.776$
	$O_2 + 4H^+ + 4e^- = 2H_2O$	$+1.229$
P	$H_3PO_4 + 2H^+ + 2e^- = H_3PO_3 + H_2O$	-0.276

续附录Ⅵ

	电　极　反　应	$\varphi^{\ominus}/V$
Pb	$PbI_2 + 2e^- = Pb + 2I^-$	-0.365
	$PbSO_4 + 2e^- = Pb + SO_4^{2-}$	$-0.358\ 8$
	$PbCl_2 + 2e^- = Pb + 2Cl^-$	$-0.267\ 5$
	$Pb^{2+} + 2e^- = Pb$	$-0.126\ 2$
	$PbO_2 + 4H^+ + 2e^- = Pb^{2+} + 2H_2O$	$+1.455$
	$PbO_2 + SO_4^{2-} + 4H^+ + 2e^- = PbSO_4 + 2H_2O$	$+1.691\ 3$
S	$H_2SO_3 + 4H^+ + 4e^- = S + 3H_2O$	$+0.449$
	$S + 2H^+ + 2e^- = H_2S$	$+0.142$
	$SO_4^{2-} + 4H^+ + 2e^- = H_2SO_3 + H_2O$	$+0.172$
	$S_4O_6^{2-} + 2e^- = 2S_2O_3^{2-}$	$+0.08$
	$S_2O_8^{2-} + 2e^- = 2SO_4^{2-}$	$+2.010$
Sb	$Sb_2O_3 + 6H^+ + 6e^- = 2Sb + 3H_2O$	$+0.152$
	$Sb_2O_5 + 6H^+ + 4e^- = 2SbO^+ + 3H_2O$	$+0.581$
Sn	$Sn^{4+} + 2e^- = Sn^{2+}$	$+0.151$
V	$V(OH)_4^+ + 4H^+ + 5e^- = V + 4H_2O$	-0.254
	$VO^{2+} + 4H^+ + e^- = V^{3+} + 2H_2O$	$+0.337$
	$V(OH)_4^+ + 2H^+ + e^- = VO^{2+} + 3H_2O$	$+1.00$
Zn	$Zn^{2+} + 2e^- = Zn$	$-0.761\ 8$

附录Ⅶ　碱性溶液中的标准电极电势 $\varphi^{\ominus}$ (298.15 K)

	电　极　反　应	$\varphi^{\ominus}/V$
Ag	$Ag_2S + 2e^- = 2Ag + S^{2-}$	-0.691
	$Ag_2O + H_2O + 2e^- = 2Ag + 2OH^-$	$+0.342$
Al	$H_2AlO_3^- + H_2O + 3e^- = Al + 4OH^-$	-2.33
As	$AsO_2^- + 2H_2O + 3e^- = As + 4OH^-$	-0.68
	$AsO_4^{3-} + 2H_2O + 2e^- = AsO_2^- + 4OH^-$	-0.71
Br	$BrO_3^- + 3H_2O + 6e^- = Br^- + 6OH^-$	$+0.61$
	$BrO^- + H_2O + 2e^- = Br^- + 2OH^-$	$+0.761$

续附录 Ⅶ

	电 极 反 应	$\varphi^{\ominus}/V$
Cl	$ClO_3^- + H_2O + 2e^- = ClO_2^- + 2OH^-$	+0.33
	$ClO_4^- + H_2O + 2e^- = ClO_3^- + 2OH^-$	+0.36
	$ClO_2^- + H_2O + 2e^- = ClO^- + 2OH^-$	+0.66
	$ClO^- + H_2O + 2e^- = Cl^- + 2OH^-$	+0.81
Co	$Co(OH)_2 + 2e^- = Co + 2OH^-$	−0.73
	$Co(NH_3)_6^{3+} + e^- = Co(NH_4)_6^{2+}$	+0.108
	$Co(OH)_3 + e^- = Co(OH)_2 + OH^-$	+0.17
Cr	$Cr(OH)_3 + 3e^- = Cr + 3OH^-$	−1.48
	$CrO_2^- + 2H_2O + 3e^- = Cr + 4OH^-$	−1.2
	$CrO_4^{2-} + 4H_2O + 3e^- = Cr(OH)_3 + 5OH^-$	−0.13
Cu	$Cu_2O + H_2O + 2e^- = 2Cu + 2OH^-$	−0.360
Fe	$Fe(OH)_3 + e^- = Fe(OH)_2 + OH^-$	−0.56
H	$2H_2O + 2e^- = H_2 + 2OH^-$	−0.827 7
Hg	$HgO + H_2O + 2e^- = Hg + 2OH^-$	+0.097 7
I	$IO_3^- + 3H_2O + 6e^- = I^- + 6OH^-$	+0.26
	$IO^- + H_2O + 2e^- = I^- + 2OH^-$	+0.485
Mg	$Mg(OH)_2 + 2e^- = Mg + 2OH^-$	−2.690
Mn	$Mn(OH)_2 + 2e^- = Mn + 2OH^-$	−1.56
	$MnO_4^- + 2H_2O + 3e^- = MnO_2 + 4OH^-$	+0.595
	$MnO_4^{2-} + 2H_2O + 2e^- = MnO_2 + 4OH^-$	+0.60
N	$NO_3^- + H_2O + 2e^- = NO_2^- + 2OH^-$	+0.01
O	$O_2 + 2H_2O + 4e^- = 4OH^-$	+0.401
S	$S + 2e^- = S^{2-}$	−0.476 27
	$SO_4^{2-} + H_2O + 2e^- = SO_3^{2-} + 2OH^-$	−0.93
	$2SO_3^{2-} + 3H_2O + 4e^- = S_2O_3^{2-} + 6OH^-$	−0.571
	$S_4O_6^{2-} + 2e^- = 2S_2O_3^{2-}$	+0.08
Sb	$SbO_2^- + 2H_2O + 3e^- = Sb + 4OH^-$	−0.66
Sn	$Sn(OH)_6^{2-} + 2e^- = HSnO_2^- + H_2O + 3OH^-$	−0.93
	$HSnO_2^- + H_2O + 2e^- = Sn + 3OH^-$	−0.909

摘自 Robert C. West,"CRC Handbook of Chemistry and Physics",69 ed,1988—1989,D151−158。

附录Ⅷ　常见配离子的稳定常数 $K_f^{\ominus}$

配离子	$K_f^{\ominus}$	配离子	$K_f^{\ominus}$
$Ag(CN)_2^-$	1.3×10^{21}	$FeCl_3$	98
$Ag(NH_3)_2^+$	1.1×10^7	$Fe(CN)_6^{4-}$	1.0×10^{35}
$Ag(SCN)_2^-$	3.7×10^7	$Fe(CN)_6^{3-}$	1.0×10^{42}
$Ag(S_2O_3)_2^{3-}$	2.9×10^{13}	$Fe(C_2O_4)_3^{3-}$	2×10^{20}
$Al(C_2O_4)_3^{3-}$	2.0×10^{16}	$Fe(NCS)^{2+}$	2.2×10^3
AlF_6^{3-}	6.9×10^{19}	FeF_3	1.13×10^{12}
$Cd(CN)_4^{2-}$	6.0×10^{18}	$HgCl_4^{2-}$	1.2×10^{15}
$CdCl_4^{2-}$	6.3×10^2	$Hg(CN)_4^{2-}$	2.5×10^{41}
$Cd(NH_3)_4^{2+}$	1.3×10^7	HgI_4^{2-}	6.8×10^{29}
$Cd(SCN)_4^{2-}$	4.0×10^3	$Hg(NH_3)_4^{2+}$	1.9×10^{19}
$Co(NH_3)_6^{2+}$	1.3×10^5	$Ni(CN)_4^{2-}$	2.0×10^{31}
$Co(NH_3)_6^{3+}$	2×10^{35}	$Ni(NH_3)_4^{2+}$	9.1×10^7
$Co(NCS)_4^{2-}$	1.0×10^3	$Pb(CH_3COO)_4^{2-}$	3×10^8
$Cu(CN)_2^-$	1.0×10^{24}	$Pb(CN)_4^{2+}$	1.0×10^{11}
$Cu(CN)_4^{3-}$	2.0×10^{30}	$Zn(CN)_4^{2-}$	5×10^{16}
$Cu(NH_3)_2^+$	7.2×10^{10}	$Zn(C_2O_4)_2^{2-}$	4.0×10^7
$Cu(NH_3)_4^{2+}$	2.1×10^{13}	$Zn(OH)_4^{2-}$	4.6×10^{17}
		$Zn(NH_3)_4^{2+}$	2.9×10^9

摘自"Lange's Handbook of Chemistry",13 ed,1985(5),71−91。

附录 IX　元素周期表与原子电子层结构

能级组 或周期	内状态	I A	II A	III B	IV B	V B	VI B	VII B	VIII B			I B	II B	III A	IV A	V A	VI A	VII A	VIII A	元素数
1	1s	1 H s^1																	2 He s^2	2
2	2s,2p	3 Li s^1	4 Be s^2											5 B $[s^2]p^1$	6 C p^2	7 N p^3	8 O p^4	9 F p^5	10 Ne p^6	8
3	3s,3p	11 Na s^1	12 Mg s^2											13 Al $[s^2]p^1$	14 Si p^2	15 P p^3	16 S p^4	17 Cl p^5	18 Ar p^6	8
4	4s,3d,4p	19 K s^1	20 Ca s^2	21 Sc s^2d^1	22 Ti s^2d^2	23 V s^2d^3	24 Cr s^1d^5	25 Mn s^2d^5	26 Fe s^2d^6	27 Co s^2d^7	28 Ni s^2d^8	29 Cu s^1d^{10}	30 Zn s^2d^{10}	31 Ga $[s^2d^{10}]p^1$	32 Ge p^2	33 As p^3	34 Se p^4	35 Br p^5	36 Kr p^6	18
5	5s,4d,5p	37 Rb s^1	38 Sr s^2	39 Y s^2d^1	40 Zr s^2d^2	41 Nb s^1d^4	42 Mo s^1d^5	43 Tc s^2d^5	44 Ru s^1d^7	45 Rh s^1d^8	46 Pd s^0d^{10}	47 Ag s^1d^{10}	48 Cd s^2d^{10}	49 In $[s^2d^{10}]p^1$	50 Sn p^2	51 Sb p^3	52 Te p^4	53 I p^5	54 Xe p^6	18
6	6s,4f,5d,6p	55 Cs s^1	56 Ba s^2	57-71 s^2df	72 Hf $[f^{14}]s^2d^2$	73 Ta s^2d^3	74 W s^2d^4	75 Re s^2d^5	76 Os s^2d^6	77 Ir s^2d^7	78 Pt s^1d^9	79 Au s^1d^{10}	80 Hg s^2d^{10}	81 Tl $[f^{14}s^2d^{10}]p^1$	82 Pb p^2	83 Bi p^3	84 Po p^4	85 At p^5	86 Rn p^6	32
7	7s,5f,6d,…	87 Fr s^1	88 Ra s^2	89-103 s^2df	104 Rf s^2d^2	105 Ha s^2d^3	106 Unh	107 Uns	108 Uno	109 Une										未完
元素分区		s 区				d 区						ds 区					p 区			
价电子构型		ns^{1-2}				$(n-1)d^{1-9}ns^{1-2}$						$(n-1)d^{10}ns^{1-2}$					ns^2np^{1-6}			

f 区：$(n-2)f^{0-14}(n-1)d^{0-2}ns$

57-71 镧系元素 s^2df	57 La d^1	58 Ce f^1d^1	59 Pr f^3	60 Nd f^4	61 Pm f^5	62 Sm f^6	63 Eu f^7	64 Gd f^7d^1	65 Tb f^9	66 Dy f^{10}	67 Ho f^{11}	68 Er f^{12}	69 Tm f^{13}	70 Yb f^{14}	71 Lu $f^{14}d^1$
89-103 锕系元素 s^2df	89 Ac d^1	90 Th d^2	91 Pa f^2d^1	92 U f^3d^1	93 Np f^4d^1	94 Pu f^6	95 Am f^7	96 Cm f^7d^1	97 Bk f^9	98 Cf f^{10}	99 Es f^{11}	100 Fm f^{12}	101 Md f^{13}	102 No (f^{14})	103 Lr (df^{14})

参 考 文 献

1. 王运,胡先文.无机及分析化学.4版.北京:科学出版社,2016.

2. 郑雪凌,沈萍,孙义.无机及分析化学.北京:化学工业出版社.2017.

3. 高松.普通化学.北京:北京大学出版社,2013.

4. 杨宏秀,傅希贤,宋宽秀.大学化学.天津:天津大学出版社,2001.

5. 唐玉海,张雯.大学化学.北京:科学出版社,2015.

6. 华彤文,王颖霞,卞江,等.普通化学原理.4版.北京:北京大学出版社,2013.

7. 陈亚光.无机化学.2版.上册.北京:北京师范大学出版社,2016.

8. 钟国清.普通化学.北京:高等教育出版社,2017.

9. 谢吉民.基础化学.3版.北京:科学出版社,2017.

10. 刘兆荣,谢曙光,王雪松.环境化学教程.2版.北京:化学工业出版社,2010.

11. 中国工程院、中国科学院《中国材料发展现状及迈入新世纪对策》.材料科学与工程国际前
    沿.济南:山东科学技术出版社,2003.

12. 蔡珣.材料科学与工程基础.上海:上海交通大学出版社,2010.

13. 朱美芳.纳米复合纤维材料.北京:科学出版社,2014.

14. 潘鸿章.化学与能源.北京:北京师范大学出版社,2012.

15. 李传统.新能源与可再生能源技术.2版.南京:东南大学出版社,2012.

16. 王革华.能源与可持续发展.2版.北京:化学工业出版社,2014.

17. 孙献斌.清洁煤发电技术.北京:中国电力出版社,2014.

18. 杨启岳.国内太阳能热利用现状与发展.能源技术,2002,22(4):162-164.

19. 约翰·施塔赫尔端.范岱年,许良英译.爱因斯坦奇迹年——改变物理学面貌的5篇论文.上
    海:上海科技教育出版社,2001.

20. 卫波,施明恒.基于地热能利用的生态建筑能源技术.能源技术,2005,26(6),251-256.

21. 黄倬.质子交换膜燃料电池的开发与应用.北京:冶金工业出版社,2000.

22. 李瑛,王林山.燃料电池.北京:冶金工业出版社,2000.

23. 李清寒,赵志刚.绿色化学.北京:化学工业出版社,2017.

24. 胡利红,朱传方,覃章兰.世界各国绿色化学奖介绍.化学教育,2003,7-8:91-94.

25. 蔡卫权.日本绿色和可持续发展化学奖.中国环保产业,2003,2:32-33.

26. 王珂历.绿色洗衣粉的开发前景.吉林农业科技学院学报,2006,15(3):32-34.

27. 徐宝财,马立萌.洗涤剂绿色化学进展.日用化学品科学,2005,28(6):19-36.

28. 李进军,吴峰.绿色化学导论.2版.武汉:武汉大学出版社,2015.

29. 王蓉辉,曹祖宾,王亮,等.葵花油制备生物柴油的研究.广州化工,2006,34(1):35-37.

30. 陈军,陶占良. 能源化学. 2 版. 北京:化学工业出版社,2014.

31. JeanB,Umland Jon M,Bellama. 普通化学(英文版),北京:机械工业出版社,2004:694-740.

32. Robert A. ,Alberty,Farrington Daniels. Physical Chemistry. 5th Edition,SI Version. John Wiley & Sons. 1980.

33. D. D. Wagma,W. H. Evans,V. L. Parker,I. Halow,S. M. Bailey and R. H. Schumm. Selected Values of chemical Thermodynamic Properties,NBS Technology Note,1968.

34. A. W. Whittaker,M. R. Heal. Physical Chemistry. 北京:科学出版社,2001.

35. Shriver DM,et al. 高忆慈译. 无机化学. 2 版. 北京:高等教育出版社,1997.

36. Robert A. ,Alberty,Farrington Daniels. Physical Chemistry. 5th Edition,SI Version. John Wiley & Sons. 1980.

37. A. W. Whittaker,M. R. Heal. Physical Chemistry. 北京:科学出版社,2001.

38. Troy M A. Bioengineering of soils and ground waters. In:Baker and D S Herson(ed). Bioremediation. New York:McGraw-Hill. 1994,173-201.

39. P. W. Atkins. Physical chemistry. Oxford University Press,1998.

40. Turco R T and Sadowsky M J. The microflora of bioremediation. In: H D Skipper and R F Truco(ed.) Bioremediation:Science and applications. SSSA Spec. Publ. 43. ASA,CSSA and SSSA. Madison,WI,1995:87-102.

元素周期表

图例说明：

95	——原子序数（红色的为放射性元素）
Am 镅	——元素符号（注▲的是人造元素） ——元素名称
+2 +3 +4 +5 +6	——氧化态
5f⁷7s²	——价层电子构型
243.06	

氧化态（单质的氧化态为0，未列入；常见的为红色）

以¹²C=12为基准的相对原子质量（注▲的是半衰期最长同位素的相对原子质量）

电子层：K L M N O P Q

族/周期	IA	IIA	IIIB	IVB	VB	VIB	VIIB	VIII			IB	IIB	IIIA	IVA	VA	VIA	VIIA	VIIIA
1	1 **H** 氢 1s¹ 1.00794(7)																	2 **He** 氦 1s² 4.002602(2)
2	3 **Li** 锂 2s¹ 6.941(2)	4 **Be** 铍 2s² 9.012182(3)											5 **B** 硼 2s²2p¹ 10.811(7)	6 **C** 碳 2s²2p² 12.0107(8)	7 **N** 氮 2s²2p³ 14.0067(2)	8 **O** 氧 2s²2p⁴ 15.9994(3)	9 **F** 氟 2s²2p⁵ 18.9984032(5)	10 **Ne** 氖 2s²2p⁶ 20.1797(6)
3	11 **Na** 钠 3s¹ 22.989770(2)	12 **Mg** 镁 3s² 24.3050(6)											13 **Al** 铝 3s²3p¹ 26.981538(2)	14 **Si** 硅 3s²3p² 28.0855(3)	15 **P** 磷 3s²3p³ 30.973761(2)	16 **S** 硫 3s²3p⁴ 32.065(5)	17 **Cl** 氯 3s²3p⁵ 35.453(2)	18 **Ar** 氩 3s²3p⁶ 39.948(1)
4	19 **K** 钾 4s¹ 39.0983(1)	20 **Ca** 钙 4s² 40.078(4)	21 **Sc** 钪 3d¹4s² 44.955910(8)	22 **Ti** 钛 3d²4s² 47.867(1)	23 **V** 钒 3d³4s² 50.9415	24 **Cr** 铬 3d⁵4s¹ 51.9961(6)	25 **Mn** 锰 3d⁵4s² 54.938049(9)	26 **Fe** 铁 3d⁶4s² 55.845(2)	27 **Co** 钴 3d⁷4s² 58.9332(9)	28 **Ni** 镍 3d⁸4s² 58.6934(2)	29 **Cu** 铜 3d¹⁰4s¹ 63.546(3)	30 **Zn** 锌 3d¹⁰4s² 65.409(4)	31 **Ga** 镓 4s²4p¹ 69.723(1)	32 **Ge** 锗 4s²4p² 72.64(1)	33 **As** 砷 4s²4p³ 74.92160(2)	34 **Se** 硒 4s²4p⁴ 78.96(3)	35 **Br** 溴 4s²4p⁵ 79.904(1)	36 **Kr** 氪 4s²4p⁶ 83.798(2)
5	37 **Rb** 铷 5s¹ 85.4678(3)	38 **Sr** 锶 5s² 87.62(1)	39 **Y** 钇 4d¹5s² 88.90585(2)	40 **Zr** 锆 4d²5s² 91.224(2)	41 **Nb** 铌 4d⁴5s¹ 92.90638(2)	42 **Mo** 钼 4d⁵5s¹ 95.94(2)	43 **Tc**▲ 锝 4d⁵5s² 97.907¹	44 **Ru** 钌 4d⁷5s¹ 101.07(2)	45 **Rh** 铑 4d⁸5s¹ 102.90550(2)	46 **Pd** 钯 4d¹⁰ 106.42(1)	47 **Ag** 银 4d¹⁰5s¹ 107.8682(2)	48 **Cd** 镉 4d¹⁰5s² 112.411(8)	49 **In** 铟 5s²5p¹ 114.818(3)	50 **Sn** 锡 5s²5p² 118.710(7)	51 **Sb** 锑 5s²5p³ 121.760(1)	52 **Te** 碲 5s²5p⁴ 127.60(3)	53 **I** 碘 5s²5p⁵ 126.90447(3)	54 **Xe** 氙 5s²5p⁶ 131.293(6)
6	55 **Cs** 铯 6s¹ 132.90545(2)	56 **Ba** 钡 6s² 137.327(7)	57~71 **La~Lu** 镧系	72 **Hf** 铪 5d²6s² 178.49(2)	73 **Ta** 钽 5d³6s² 180.9479(1)	74 **W** 钨 5d⁴6s² 183.84(1)	75 **Re** 铼 5d⁵6s² 186.207(1)	76 **Os** 锇 5d⁶6s² 190.23(3)	77 **Ir** 铱 5d⁷6s² 192.217(3)	78 **Pt** 铂 5d⁹6s¹ 195.078(2)	79 **Au** 金 5d¹⁰6s¹ 196.96655(2)	80 **Hg** 汞 5d¹⁰6s² 200.59(2)	81 **Tl** 铊 6s²6p¹ 204.3833(2)	82 **Pb** 铅 6s²6p² 207.2(1)	83 **Bi** 铋 6s²6p³ 208.98038(2)	84 **Po**▲ 钋 6s²6p⁴ 208.98²	85 **At**▲ 砹 6s²6p⁵ 209.99¹	86 **Rn**▲ 氡 6s²6p⁶ 222.02¹
7	87 **Fr**▲ 钫 7s¹ 223.02¹	88 **Ra**▲ 镭 7s² 226.03¹	89~103 **Ac~Lr** 锕系	104 **Rf**▲ 𬬻 6d²7s² 261.11¹	105 **Db**▲ 𬭊 6d³7s² 262.11¹	106 **Sg**▲ 𬭳 6d⁴7s² 263.12¹	107 **Bh**▲ 𬭛 6d⁵7s² 264.12¹	108 **Hs**▲ 𬭶 6d⁶7s² 265.13¹	109 **Mt**▲ 鿏 6d⁷7s² 266.13¹	110 **Ds**▲ 𫟼 (281)	111 **Rg**▲ 𬬭 (281)	112 **Cn**▲ 鿔 (285)	113 **Nh**▲ 鿭 (284)	114 **Fl**▲ 𫓧 (289)	115 **Mc**▲ 镆 (289)	116 **Lv**▲ 𫟷 (293)	117 **Ts**▲ 鿬 (294)	118 **Og**▲ 鿫 (294)

镧系：

57 **La**★ 镧 5d¹6s² 138.9055(2)	58 **Ce** 铈 4f¹5d¹6s² 140.116(1)	59 **Pr** 镨 4f³6s² 140.90765(2)	60 **Nd** 钕 4f⁴6s² 144.24(3)	61 **Pm**▲ 钷 4f⁵6s² 144.91¹	62 **Sm** 钐 4f⁶6s² 150.36(3)	63 **Eu** 铕 4f⁷6s² 151.964(1)	64 **Gd** 钆 4f⁷5d¹6s² 157.25(3)	65 **Tb** 铽 4f⁹6s² 158.92534(2)	66 **Dy** 镝 4f¹⁰6s² 162.500(1)	67 **Ho** 钬 4f¹¹6s² 164.93032(2)	68 **Er** 铒 4f¹²6s² 167.259(3)	69 **Tm** 铥 4f¹³6s² 168.93421(2)	70 **Yb** 镱 4f¹⁴6s² 173.04(3)	71 **Lu** 镥 4f¹⁴5d¹6s² 174.967(1)

锕系：

89 **Ac**★ 锕 6d¹7s² 227.03¹	90 **Th** 钍 6d²7s² 232.0381(1)	91 **Pa** 镤 5f²6d¹7s² 231.03588(2)	92 **U** 铀 5f³6d¹7s² 238.0289(1)	93 **Np**▲ 镎 5f⁴6d¹7s² 237.05¹	94 **Pu**▲ 钚 5f⁶7s² 244.06¹	95 **Am**▲ 镅 5f⁷7s² 243.06¹	96 **Cm**▲ 锔 5f⁷6d¹7s² 247.07¹	97 **Bk**▲ 锫 5f⁹7s² 247.07¹	98 **Cf**▲ 锎 5f¹⁰7s² 251.08¹	99 **Es**▲ 锿 5f¹¹7s² 252.08¹	100 **Fm**▲ 镄 5f¹²7s² 257.10¹	101 **Md**▲ 钔 5f¹³7s² 258.10¹	102 **No**▲ 锘 5f¹⁴7s² 259.10¹	103 **Lr**▲ 铹 5f¹⁴6d¹7s² 260.10¹